Jörg Grunert
Beiträge zum Problem der Talbildung in ariden Gebieten
am Beispiel des zentralen Tibestigebirges (Republique du Tchad)

BERLINER GEOGRAPHISCHE ABHANDLUNGEN

Herausgegeben von Gerhard Stäblein, Georg Jensch, Hartmut Valentin, Wilhelm Wöhlke

Schriftleitung: Dieter Jäkel

Heft 22

Jörg Grunert

Beiträge zum Problem der Talbildung in ariden Gebieten am Beispiel des zentralen Tibestigebirges ⟨République du Tchad⟩

Arbeit aus der Forschungsstation Bardai/Tibesti

(3 Tabellen, 6 Figuren, 58 Profile, 41 Abbildungen, 2 Karten)

1975

Im Selbstverlag des Institutes für Physische Geographie der Freien Universität Berlin
ISBN 3-88009-021-1

Diese Arbeit wurde als Inaugural-Dissertation des Fachbereichs 24, Geowissenschaften, der Freien Universität Berlin gedruckt.

Inhaltsverzeichnis

	Vorwort	6
1.	Einleitung	7
1.1	Problemstellung	7
1.2	Fragestellungen	7
1.3	Methodischer Aufbau der Arbeit	8
1.4	Bemerkungen zur Kartierung	8
1.5	Vorbemerkungen zum Klima und zur Geologie	9
1.5.1	Das Klima des Tibestigebirges	9
1.5.2	Die Geologie des Arbeitsgebietes	12
2.	Der Formenschatz des Arbeitsgebietes	14
2.1	Die SN2-Vulkanmassive Tarso Tieroko und Tarso Toon (Luftbilder NF 33 VI, 54-56, 64-66, 112-114; NF 34 I, 22-24, 90-94; NF 33 XII, 204, 246 IGN, Paris)	14
2.2	Das SCI-Plateau westlich des Yebbigué (Luftbilder NF 33 VI, 3-7, NF 33 XII, 118-120, 132-134, 188-192, 199-202, 248-252 IGN, Paris)	15
2.3	Die junge Basalthochfläche östlich des Tarso Tieroko (Luftbilder NF 34 I, 26-34, 80-88, 94-98 IGN, Paris)	17
2.4	Das Sandsteinrelief nördlich der Basalthochfläche (Luftbilder NF 34 I, 16, 74, 76 IGN, Paris)	20
2.5	Die große Sandschwemmebene nordöstlich von Yebbi Bou (Luftbilder NF 34 VII, 334-336, 344-346 IGN, Paris)	21
2.6	Das Zertalungs- und Plateaurelief östlich des mittleren Yebbigué (Luftbilder NF 33 XII, 194, 197, 198, 254; NF 34 VII, 304-306, 337, 338 IGN, Paris)	21
2.7	Das Sandsteinrelief im Nordosten des Kartierungsgebietes (Luftbilder NF 33 XII, 121, 122, 129, 130; NF 34 VII, 298, 299, 300 IGN, Paris)	22
2.8	Das Yebbigué-Tal von Yebbi Bou über Yebbi Zouma und Kiléhégé bis zum Nordrand der Karte als besondere Reliefeinheit	23
2.9	Ergebnisse	24
2.9.1	Die großen Reliefeinheiten des Arbeitsgebietes	24
2.9.2	Die Entwicklung des fluvialen Formenschatzes anhand der Karte	25
3.	Die Entwicklung des Yebbigué-Tales	26
3.1	Die Talentwicklung vor der Verschüttung durch Talbasaltströme	26
3.1.1	Terrassen- und Bodenreste sowie vulkanische Ablagerungen an den Hängen oberhalb des Talbasaltes	26
3.1.1.1	Ergebnisse	31
3.1.2	Terrassenreste und Bodenrelikte unter dem Talbasalt sowie die rezente Wandabtragung	34
3.1.2.1	Ergebnisse	40

3.2	Die Talentwicklung nach der Verschüttung durch Talbasaltströme: Die Untersuchung der jungen Flußterrassen	41
3.2.1	Terrassenuntersuchung vom Tarso Tieroko bis etwa zur Mitte der östlich vorgelagerten Vorlandschwemmebene	41
3.2.1.1	Zusammenfassung und Deutung	46
3.2.2	Terrassenuntersuchungen auf der nördlichen Schotterschwemmebene bis zum Beginn der Yebbigué-Schlucht	48
3.2.2.1	Zusammenfassung und Deutung	54
3.2.3	Terrassenuntersuchung im Oberlauf der Schlucht zwischen Schluchtbeginn und der Oase Yebbi Bou	56
3.2.3.1	Zusammenfassung und Deutung	64
3.2.4	Terrassenuntersuchung im Yebbigué-Tal von Yebbi Bou über Yebbi Zouma und Kiléhégé bis in Höhe der Pistenabzweigung (P 54)	66
3.2.4.1	Zusammenfassung und Deutung	73
3.2.5	Ergebnisse	74
3.2.5.1	Zusammenfassende Deutung der jungen Flußterrassen (Aufbau, Vorkommen, Bildungsbedingungen, Vergleich)	74
3.2.5.2	Folgerungen für die Schluchtentwicklung	78
3.2.5.3	Zum Mechanismus von Erosion und Akkumulation	79
4.	Zusammenfassung	82
	Résumé	83
	Summary	85
	Literaturverzeichnis	91
	Abbildungen	

Vorwort

Die vorliegende Arbeit will sowohl zur regionalgeomorphologischen Kenntnis des Tibestigebirges als auch insbesondere zur Erforschung der Talbildung in ariden Gebirgen allgemein beitragen.

Die Arbeit gründet sich im wesentlichen auf Untersuchungen, die während eines halbjährigen Geländeaufenthaltes in der Forschungsstation Bardai (Rép. du Tchad) der Freien Universität Berlin im Winterhalbjahr 1966/67 durchgeführt werden konnten. Ergänzt wurden die Geländearbeiten durch gründliche Luftbildstudien während der folgenden Jahre.

Mein besonderer Dank gebührt Herrn Prof. Dr J. HÖVERMANN, der als Initiator und Leiter des Bardai-Programms meinen Forschungsaufenthalt ermöglichte, sowie Herrn Prof. Dr. K. KAISER, der im Winterhalbjahr 1966/67 die Geländearbeiten in Bardai koordinierte.

Ihnen, sowie allen Mitgliedern des Bardai-Programms gilt außerdem mein Dank für zahlreiche anregende Diskussionen insbesondere während meiner Zeit in Berlin.

Ebenfalls danken möchte ich Herrn Prof. Dr. H. HAGEDORN für seine Anregungen sowie für die guten Arbeitsmöglichkeiten während meiner Assistentenzeit in Aachen und Würzburg.

Dank schulde ich außerdem den Mitarbeitern des Geographischen Instituts der Universität Würzburg, insbesondere meinem Kollegen Herrn Dr. D. BUSCHE für weitere, wertvolle Anregungen und für die gute Zusammenarbeit, sowie Herrn WUCHER für die gelungenen Fotoarbeiten und Herrn WEPLER für seine hervorragende Arbeit bei der Reinzeichnung der Karte.

1. Einleitung

1.1 Problemstellung

Ähnlich wie die Hochgebirge der feuchten Tropen eine prägnante Höhenstufung besitzen (TROLL, 1941, 1959), weisen auch die Hochgebirge der ariden Tropen eine, wenn auch infolge der extremen Vegetationsarmut wesentlich schwerer faßbare Höhenstufung auf. Diesen Nachweis erbrachte HÖVERMANN (1963, 1966, 1972) am Beispiel des mitten im hochariden Raum der östlichen Zentralsahara gelegenen Tibestigebirges. Das im Emi Koussi (3410 m) kulminierende Gebirge überragt das Vorland um durchschnittlich mehr als 2000 m und gliedert sich nach HÖVERMANN von unten nach oben in folgende Höhenstufen bzw. Formungsstockwerke:

1. das Stockwerk des aerodynamischen Reliefs im Vorland des Gebirges,

2. die Übergangszone der Treibsand-Schwemmebenen in der unmittelbaren Fußzone des Gebirges,

3. das unmittelbar oberhalb an die Treibsand-Schwemmebenen anschließende Zertalungs- bzw. Schluchtrelief des Gebirges, dessen extremster Bereich zwischen rund 1000 und 2000 m Höhe „Schluchtregion" genannt wird und damit im engeren Sinne ein eigenes Formungsstockwerk darstellt. Es wird auch als „Region der Wüstenschluchten" bezeichnet.

4. Das Stockwerk der „periglazialen Höhenstufe" oberhalb von etwa 2000 m Höhe, in dem von unten nach oben zunehmend flächenhafte Umlagerung von Hangschutt zu beobachten ist.

Das Charakteristikum der drei Hauptformungsstockwerke — aerodynamische Region, Schluchtregion und periglaziale Region — sollte, trotz des durch periodische Klimaänderungen (Nordpluvial, Südpluvial, Interpluvial) im Quartär hervorgerufenen mehrmaligen Wechsels der Formungsbedingungen, eine Persistenz während langer Zeiträume sein. Als Beweis für einen mehrmaligen Wechsel der Formungsbedingungen können insbesondere die in allen Tälern des Gebirges vorhandenen Flußterrassen betrachtet werden.

Für die durch permanente Tiefenerosion gekennzeichnete Schluchtregion sollte sich dieser mehrmalige Wechsel der Formungsbedingungen in dem Sinne auswirken, daß sie zwar während der quartären Akkumulationsphasen von oben und unten her eingeengt, nicht aber völlig verschüttet wurde und somit in einer mittleren, etwa zwischen 1000 und 2000 m gelegenen Höhenstufe überdauert hätte.

Eine gegenwärtig vorhandene Gliederung des Tibestigebirges in verschiedene Formungsstockwerke konnte insbesondere HAGEDORN (1966, 1971) bestätigen. Allerdings liegt nach ihm die Schluchtregion im Südwest-Tibesti nur etwa zwischen 1500 und 2000 m Höhe. Auch hinsichtlich einer periglazialen Höhenstufe drückt er sich vorsichtiger aus, indem er von einer „arid-periglazial-fluvialen Stufe" spricht. MESSERLI (1972) gar führt die flächenhafte Abtragung in der Hochregion allein auf Spülprozesse zurück, während sie nach KAISER (1970, 1972) eine Form der „ariden Solifluktion" (Salzverwitterung) darstellt. Im Gegensatz zu HÖVERMANN, HAGEDORN und MESSERLI lehnt KAISER eine Höhenstufung des Gebirges unter Hinweis auf zu große Trockenheit weitgehend ab.

Ein Vergleich mit dem „benachbarten" Hoggar-Gebirge zeigt, daß auch dort eine Gliederung in verschiedene Formungsstockwerke umstritten ist. ROGNON (1967) beispielsweise spricht sich weder eindeutig dafür noch dagegen aus, während MENSCHING (1970) eine Höhenstufung des Gebirges ablehnt.

Deutlich ausgeprägt war jedoch eine Höhenstufung im Sinne verschiedener Formungsstockwerke in beiden Gebirgen während der nordpluvialen Feuchtzeiten. Dies geht aus den glazialen und periglazialen Relikten der Hochregion beider Gebirge, wie etwa Nivationsformen und Blockgletscher (MESSERLI, 1972; ROGNON, 1967) und Strukturböden (HAGEDORN, 1971; HÖVERMANN, 1967, 1972; JANNSEN, 1970; ROGNON, 1967; u. a.) hervor. HÖVERMANN (1972) konnte außerdem anhand von oberhalb etwa 1700 m Höhe im Tibestigebirge vorkommenden fossilen Rutschungen und Erdfließungen eine ausgeprägte hygrische Höhenstufung während früherer Feuchtzeiten nachweisen.

1.2 Fragestellungen

Hieraus ergibt sich eine Reihe von Fragestellungen, zu denen im Verlauf der Arbeit Stellung genommen werden soll:

1. Gibt es unter den gegenwärtigen klimatischen Bedingungen eine Gliederung des Gebirges in verschiedene Formungsstockwerke? Im speziellen Fall die Frage: Gibt es eine Höhenstufe mit absoluter Vorherrschaft der Tiefenerosion, eine sogenannte „Schluchtregion" bzw. „Region der Wüstenschluchten", in etwa 1000 bis 2000 m Höhe?

2. In welcher Weise, wenn überhaupt, wurde die Formungstendenz in dieser Höhenstufe durch die wechselnden klimatischen Verhältnisse, insbesondere während der sogenannten Pluvialzeiten des Quartärs verändert?

3. Wie beeinflussen bzw. beeinflußten die verschiedenen Gesteinsarten und deren Lagerung die Formungstendenz, etwa durch ihre verschiedene Verwitterungsfähigkeit unter gleichen klimatischen Bedingungen?

4. Welche gesteinsbedingten Talformen treten in der „Schluchtregion" auf; gibt es möglicherweise eine einheitliche, vom Gestein unabhängige Leitform der Täler?

5. Besitzen die Täler bzw. Schluchten dieser Höhenregion gleiches Alter, oder sind sie verschieden alt und damit ungleichwertig? Im speziellen Fall die Frage: Lassen sich im Arbeitsgebiet mehrere Talgenerationen unterscheiden?

6. Gibt es in den Tälern der „Schluchtregion" durchgehende Terrassen und wenn ja, nach welchem Mechanismus sind sie entstanden, d. h. wie vollzog sich der Ablauf von Akkumulations- und Erosionsphasen?

1.3 Methodischer Aufbau der Arbeit

Angesichts dieser Fragestellungen mußte das Arbeitsgebiet folgende Voraussetzungen erfüllen:

1. es mußte den Höhenbereich zwischen etwa 1000 und 2000 m umfassen und
2. eine deutliche Zunahme der Niederschläge von unten nach oben, d. h. eine deutliche hygrische Höhenstufung aufweisen;
3. ferner sollte es einerseits eine gewisse Petrovarianz, gleichzeitig aber zumindest eine Gesteinsart in allen Höhenbereichen besitzen.

Ein Gebiet, das diese Voraussetzungen annähernd erfüllt, ist das im östlichen Zentralteil des Gebirges gelegene Einzugsgebiet des oberen Yebbigué.

Anhand von Luftbildern des ungefähren Maßstabs 1 : 50 000 und Felduntersuchungen wurde eine Reliefanalyse durchgeführt, mit dem Ziel, eine detaillierte geomorphologische Karte des Arbeitsgebietes, die sowohl Detailkarte als auch Übersichtskarte sein konnte, herzustellen.

Auf der Grundlage dieser Karte im Maßstab 1 : 75 000 erfolgt in einem ersten Hauptteil der Arbeit im wesentlichen die Beschreibung des gesamten Formenschatzes des Arbeitsgebietes, wobei der fluviale Formenschatz besonders hervorgehoben wird. In einem zweiten, wesentlich umfangreicheren Hauptteil wird die Talentwicklung in dieser Region am Beispiel des oberen Yebbigué-Tales behandelt. Dabei läßt sich gliedern in die Talentwicklung vor (3.1) sowie nach (3.2) der Verschüttung durch Talbasaltströme.

Methodisch wird dabei so verfahren, daß das Tal anhand einer Profilreihe vom Ursprung bis zum Mittellauf dargestellt wird. Alle Talquerprofile sind in die Karte 1 : 75 000 mit fortlaufenden Nummern (P1 bis P54) eingetragen. Aus Gründen der besseren Vergleichbarkeit wurden sowohl die Großprofile in Kap. 3.1.1 als auch die kleineren Querprofile in den Kap. 3.1.2 und 3.2 jeweils in dem gleichen Maßstab gezeichnet.

Dies gilt ebenso für die ergänzenden Detailprofile.

Die Schichten in den Profilen werden fortschreitend vom Älteren zum Jüngeren mit Ziffern benannt; Diskordanzen werden durch den Buchstaben „D" gesondert vermerkt. Weitere Abkürzungen werden für die Niveaus des rezenten Flußbettes: HW (Hoch-), MW (Mittel-) und NW (Niedrigwasserbett) sowie für die Flußterrassen: oT (obere bzw. Hauptterrasse) und uT (untere bzw. Niederterrasse) verwendet.

Nicht alle in der Karte eingetragenen Profile sind im Text dargestellt. Dies gilt insbesondere für Kap. 3.1.2 („Terrassenreste und Bodenrelikte unter dem Talbasalt"), wo nur wenige, besonders aufschlußreiche Profile gezeichnet, die übrigen jedoch im Text fortlaufend erwähnt und beschrieben sind.

In Ergänzung zu der großen Übersichtskarte 1 : 75 000 wurden Detailkartierungen ausgewählter Bereiche im ungefähren Maßstab 1 : 25 000 angefertigt und der Arbeit beigelegt. Daneben sind wichtige Bereiche zusätzlich noch durch einige Luftbilder im ungefähren Maßstab 1 : 50 000 erläutert (siehe bei Abbildungen).

1.4 Bemerkungen zur Kartierung

Die Karte wurde auf der Grundlage eines unkontrollierten Luftbildplanes aus Luftbildern im ungefähren Maßstab[1] 1 : 50 000 auf Folie gezeichnet und später fotografisch auf den Maßstab 1 : 75 000 verkleinert. Die ursprünglich geplante Verkleinerung auf 1 : 100 000 mußte unterbleiben, da die Karte damit unleserlich geworden wäre.

Beispiele für eine geomorphologische Kartierung lagen in Form großmaßstäbiger Terrassenkartierungen aus verschiedenen Bereichen des Gebirges, so vor allem von JÄKEL (1971), MOLLE (1971) und OBENAUF (1971) sowie großmaßstäbiger Geländekartierungen von HÖVERMANN (1972), JANNSSEN (1970) und STOCK und PÖHLMANN (1969) vor. Insbesondere die Karten einiger ausgewählter Bereiche des Tarso Ourari (HÖVERMANN, 1972) im Maßstab 1 : 25 000 sowie die Karte des Tarso Voon im Maßstab 1 : 100 000 (JANNSSEN, 1970) gaben wertvolle Anregungen.

Um den engen Zusammenhang zwischen Oberflächenformen und Gestein, der allgemein in ariden Gebieten vorhanden ist, zu betonen, wurden die geologischen Verhältnisse als schwach farbige Grundlage in die Karte eingetragen. Das Relief selbst ist nicht farbig differenziert, sondern einheitlich schwarz dargestellt. Die geologische Gliederung in verschiedene vulkanische Serien lehnt sich zwar an die Terminologie von VINCENT (1963) an; die geologische Kartierung des Gebietes mußte jedoch anhand eigener Geländearbeiten und mit Hilfe des Luftbildplanes selbst durchgeführt werden, da in den kleinmaßstäbigen Karten von KLITZSCH (1965) und insbesondere WACRENIER (1958) die Geologie des östlichen Zentraltibesti nur unzureichend dargestellt ist.

Der Formenschatz des Arbeitsgebietes wurde gegliedert in Flächen, Hänge, Täler, Schwemmfächer, Flußterrassen und Einzelformen, wobei die Abgrenzung von Flächen und Hängen willkürlich erfolgte. Der Grenzwert liegt bei 10° bis 15° Neigung. Aus Gründen der Übersichtlichkeit und leichteren Lesbarkeit der Karte wurden die Flächen ohne Signatur belassen und auch nicht weiter untergliedert, die Hänge dagegen mit einer schwachen Strichsignatur versehen. Die Untergliederung der Hänge erfolgte nach der Neigung, wobei die Trennung zwischen mäßig steilen und sehr steilen Hängen bei etwa 45° ebenfalls willkürlich ist, sowie nach der Form (Stufung) und Be-

---

[1] Bei allen Luftbildern handelt es sich um Clichés des Institut Géographique National, Paris. Es wurden Luftbilder folgender Serien verwendet: NF 33 VI, NF 33 XII, NF 34 I und NF 34 VII.

deckung (Schuttdecken). Die Täler ließen sich gliedern nach Form und Größe; auf die Darstellung kleiner Tälchen mußte aus Maßstabsgründen verzichtet werden. Schwemmfächer und Flußterrassen wurden genetisch gegliedert, jedoch nur in den Bereichen, die im Gelände untersucht oder anhand von Luftbild-Stereopaaren ausgewertet werden konnten. Die Darstellung verschiedener Schwemmfächergenerationen sowie von Flußterrassen in der Karte ist daher nur unvollständig. Die Einzelformen ließen sich gliedern in Vollformen, wie etwa Vulkankegel und Zeugenberge sowie in Hohlformen, wie etwa die zahlreichen Depressionen der Basalthochflächen.

Die Karte enthält ein Netz von Höhenangaben, die sich alle auf den eingemessenen Fixpunkt Ordimi (1474 m, 18° 7' ö. L. und 20° 56' n. Br.) beziehen. Entlang des Yebbigué und im östlichen Tieroko-Massiv sowie auf dessen Vorlandschwemmebene wurden die Werte in wiederholten Meßreihen mit dem Anaeroid-Höhenmesser bestimmt, im übrigen Arbeitsgebiet geschätzt. Der Orientierung auf der Karte dienen ein durchgehendes Gradnetz sowie die Luftbildserien bzw. -Nummern (nur jedes zweite Luftbild ist vermerkt!). Beide Angaben wurden der Carte photogrammétrique 1 : 200 000 (Blätter: Aozou, Tarso Yéga, Guézenti und Yebbi Bou) entnommen. Ebenfalls aus dieser Karte sowie der Carte de l'Afrique 1 : 1 Mill. (Blätter: Bardai und Tibesti est) stammen die Angaben für die Beschriftung.

1.5 Vorbemerkungen zum Klima und zur Geologie

1.5.1 Das Klima des Tibestigebirges

Die folgenden Ausführungen beschränken sich auf die Darstellung der für die geomorphologischen Prozesse wesentlichen Klimaelemente Niederschlag und Temperatur, über die mehrjähriger Meßreihen der drei Stationen Trou au Natron in der Hochregion des Westtibesti (2450 m), Bardai auf der Nordabdachung (1020 m) und Zouar am Südfuß des Gebirges (775 m) vorliegen. Eine Zusammenstellung und Auswertung dieser Meßreihen erfolgte bislang vor allem durch GAVRILOVIC (1969), HECKENDORFF (1969, 1972) und WINIGER (1972), deren Ergebnisse hier zugrundegelegt werden. Daneben werden auch Ausführungen von HAGEDORN (1971), KAISER (1970), INDERMÜHLE (1972), MESSERLI (1972), OBENAUF (1971) u. a. zum Klima des Tibestigebirges berücksichtigt.

Niederschläge: Die mittleren monatlichen Niederschlagswerte sowie die Jahressummen der Niederschläge der drei Meßstationen Zouar, Trou au Natron und Bardai sind in Tabelle 1 dargestellt:

Aus der Tabelle ergeben sich folgende Schlußfolgerungen:

1. Die Jahresniederschläge aller drei Stationen, einschließlich der „regenreichsten" Station Trou au Natron, sind sehr gering und sprechen für aride bis hocharide Verhältnisse im gesamten Gebirge.

2. Denoch ergibt sich eine deutliche Zunahme der Jahresniederschläge mit der Höhe und damit eine klare hygrische Höhenstufung des Gebirges.

3. Diese hygrische Höhenstufung wird aber durch die Exposition der Gebirgsflanken stark beeinflußt. So verhalten sich die Niederschlagswerte der Station Trou au Natron (2450 m) zu der auf der Nordabdachung des Gebirges gelegenen Station Bardai (1020 m) etwa wie 10 : 1, zu der auf der Südabdachung des Gebirges gelegenen Station Zouar (775 m) dagegen nur wie etwa 2 : 1.

4. Die starken Expositionsunterschiede zwischen Nord- und Südabdachung des Gebirges haben ihre Ursache in der Lage des Tibestigebirges im Grenzbereich von tropisch-monsunalen und ektropisch-zyklonalen Luftmassen (siehe hierzu das Schaubild von WINIGER, 1972, Fig. 2, sowie die Karte von DUBIEF, 1963, Fig. 1).

Die sommerlichen, feuchten Monsunluftmassen, die von SW her auf das Gebirge treffen, bringen der Südwestflanke relativ ergiebige Aufgleitniederschläge mit einem Maximum im August. Dies geht aus den hochsommerlichen Niederschlagsspitzen vor allem der Station Zouar, aber auch der Station Trou au Natron hervor. Die auf der Nordabdachung des Gebirges und damit im Regenschatten der Monsunvorstöße liegende Station Bardai dagegen empfängt im August nur unbedeutende Niederschläge. Ihr monatliches Maximum liegt im Frühsommer (Mai). Hervorgerufen wird es durch Kaltluftvorstöße von Norden her, die beim Auftreffen auf die feuchtwarme Tropikluft Gewitterregen auslösen. Diese Gewitterregen gehen auch in der Hochregion nieder, wie aus dem zweiten Niederschlagsmaximum der Station Trou au Natron im Mai hervorgeht. In der Hochregion überlagern sich also die beiden Einflüsse. Die durch zwei Niederschlagsmaxima gekennzeichnete sommerliche „Regenzeit" ist demnach nicht nur stärker, sondern vor allem sehr viel länger als in tieferen Gebirgslagen sowohl der Nord- als auch der Südabdachung.

Tabelle 1 Die Niederschlagsverhältnisse im Tibestigebirge, aus GAVRILOVIC (1969).

	I	II	III	IV	V	VI	VII	VIII	IX	X	XI	XII	Jahr
Zouar 775 m (15 Jahre)	0,1	0,0	0,0	0,0	0,4	0,8	10,6	38,6	1,3	0,3	0,0	0,3	56,0
Trou au Natron 2450 m (4 Jahre)	0,0	0,1	0,0	2,0	38,4	5,4	14,6	24,3	7,9	0,6	0,0	0,0	93,3
Bardai 1020 m (12 Jahre)	0,7	0,2	0,8	0,4	5,3	0,8	2,0	0,1	0,2	0,0	0,0	0,7	11,2

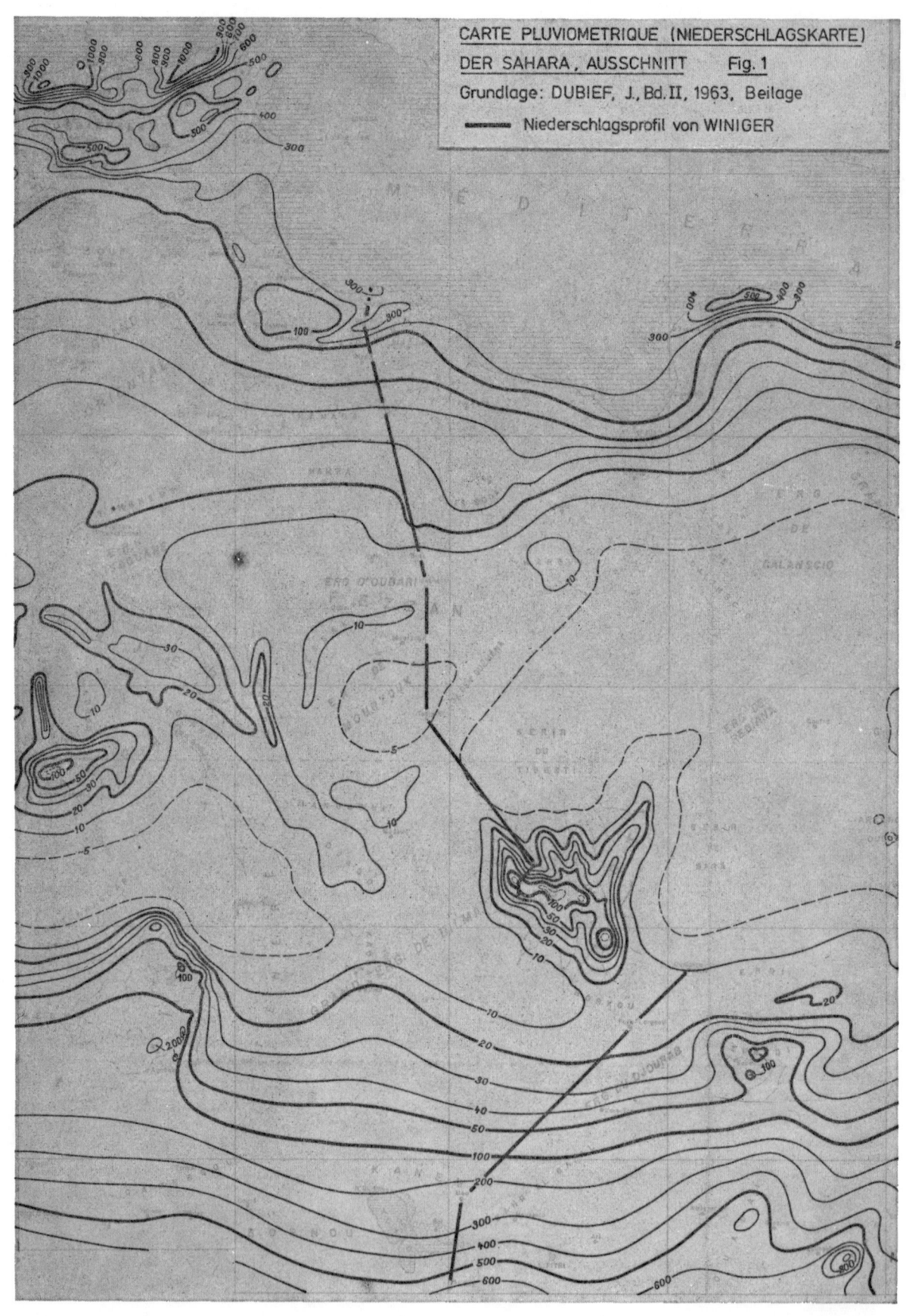

CARTE PLUVIOMETRIQUE (NIEDERSCHLAGSKARTE) DER SAHARA, AUSSCHNITT   Fig. 1
Grundlage: DUBIEF, J., Bd. II, 1963, Beilage
━━━━ Niederschlagsprofil von WINIGER

Fig. 2

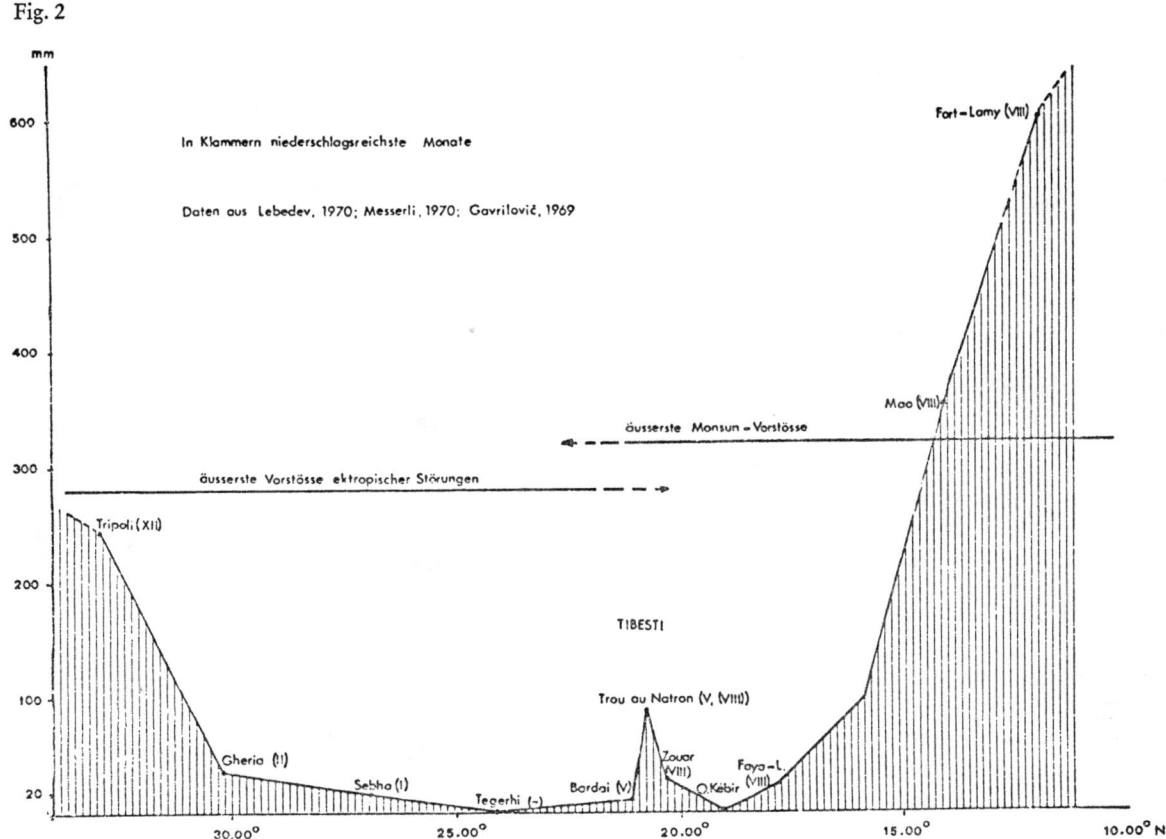

Niederschlagsprofil (Jahressummen) durch die Sahara.
aus: WINIGER, M., 1972, S. 109, Fig. 10
Der Verlauf des Profils ist in die Carte Pluviometrique eingezeichnet.

5. Ein drittes, allerdings sehr schwach ausgeprägtes Niederschlagsmaximum mit seltenen leichten Schneefällen liegt in den Wintermonaten. Es kommt durch hin und wieder weit nach Süden ausholende Fronten mittelmeerischer Zyklonen zustande.

Nicht aus der Tabelle zu ersehen sind die e x t r e m e n S c h w a n k u n g e n der jährlichen Niederschläge. In dem „regenreichen" Jahr 1966 fielen beispielsweise in Bardai 60,7 mm und an der Station Trou au Natron 171,6 mm Niederschlag; im Trockenjahr 1970 dagegen fiel in Bardai überhaupt kein Regen (HECKENDORFF, 1972). Angesichts der Tatsache, daß die Niederschläge nur mehr oder weniger episodisch fallen, ist es daher nicht möglich, von einer echten sommerlichen Regenzeit zu sprechen.

Gelegentlich kommen auch k a t a s t r o p h a l e R e g e n f ä l l e, etwa im Sinne der „Jahrhundertregen" nach MENSCHING (1970), vor, wie etwa 370 mm innerhalb von drei Tagen, die im Mai 1934 in Aozou auf der Nordabdachung des Gebirges gemessen wurden (HERVOUET, 1958). Gerade solche Regenfälle sind aber in stärkstem Maße formungswirksam, wie aus den Untersuchungen über die Auswirkung von katastrophalen Regenfällen im nördlichen Libyen (KLITZSCH, 1966) sowie in Südtunesien (GIESSNER, 1970) hervorgeht.

Sowohl die früh- als auch die hochsommerlichen Niederschläge fallen meist als schauerartige S t a r k r e g e n. Im regenreichen Mai 1966 fielen beispielsweise in Bardai am 22. Mai 8,6 mm, am 25. Mai 8,6 mm, am 26. Mai 8,2 mm und 9,9 mm Regen innerhalb weniger Minuten (HECKENDORFF, 1972). Die sehr seltenen Winterniederschläge dagegen fallen durchweg als wenig ergiebige Landregen.

Für das A r b e i t s g e b i e t selbst liegen keine Niederschlagsmessungen vor. WINIGER (1972) gibt jedoch für den nordöstlich des Arbeitsgebietes gelegenen Mouskorbé (3376 m) eine geschätzte jährliche Niederschlagsmenge von 100 mm bis 150 mm an. Angesichts der Tatsache, daß die Niederschläge im Gebirge von Südwesten nach Nordosten abnehmen (MESSERLI, 1972) — auf dem Toussidé (3265 m) im Westtibesti werden sie von WINIGER auf 150 mm bis 250 mm geschätzt — muß in der Höhenstufe um 2000 m im Zentraltibesti und damit in weiten Bereichen des Arbeitsgebietes mit mindestens 50 mm bis 100 mm Niederschlag im Jahr gerechnet werden. Weiterhin ist infolge der Lage des Arbeitsgebietes auf der Nordabdachung des Gebirges, entsprechend der starken Niederschlagsabnahme im Westtibesti vom Trou au Natron bis Bardai, ebenfalls mit einer starken Niederschlagsabnahme bis auf etwa 1000 m Höhe zu rechnen. Während also am Oberlauf des Yebbigué schätzungsweise 100 mm Niederschlag im Jahr fallen, dürften es im Bereich des Yebbigué-Mittellaufs in 1100 m Höhe, ähnlich wie in Bardai, nur wenig mehr als 10 mm im Jahr sein.

L u f t f e u c h t e : Die Luftfeuchte im Gebirge ist nahezu ganzjährig gering. An der Station Bardai, für die eine Meßreihe vorliegt, beträgt der Jahresmittelwert beispielsweise nur 25 bis 30 %. Dabei liegen die niedrigsten Monatsmittelwerte von 15 bis 20 % in den wolkenarmen heißen Monaten April und Mai, während die höchsten Werte von über 30 % zur Zeit des sommerlichen Bewölkungsmaximums sowie des winterlichen Temperaturminimums gemessen werden. In allen Monaten und in allen Höhenlagen des Gebirges können auch extrem geringe Luftfeuchten von 5 % und weniger auftreten. So wurden beispielsweise in Bardai am 11. 12. 1966, am 6. und am 12. 3. 1967 nur 2 % Luftfeuchte gemessen (HECKENDORFF, 1972).

T e m p e r a t u r : Die Jahresmitteltemperatur in Bardai (1020 m) auf der Nordabdachung des Gebirges beträgt 23,5° C (Juli 30,9° C, Januar 13,3° C), die der Station Trou au Natron (2450 m) in der Hochregion 13,5° C (Juni 18,3° C, Januar 7,5° C). In den Sommermonaten werden in Bardai häufig Maxima von 35 bis 40° C, in der Hochregion (Trou au Natron) solche von 20 bis 25° C erreicht. Im Winter, besonders im Januar, treten in allen Höhenlagen der Nordabdachung häufig Nachtfröste auf.

V e r d u n s t u n g : Angesichts der in allen Höhenlagen des Gebirges ganzjährig geringen Luftfeuchte und der vor allem im mittleren und unteren Gebirgsstockwerk fast während des ganzen Jahres auftretenden sehr hohen Mittagstemperaturen muß im gesamten Gebirge mit einer s t a r k e n p o t e n t i e l l e n V e r d u n s t u n g gerechnet werden (vgl. HECKENDORFF, 1972). Unter Berücksichtigung der ausgeprägten hygrischen Höhenstufung des Gebirges bedeutet dies für die abkommenden Flüsse insbesondere der Nordabdachung, wie etwa den Yebbigué und den Bardagué, Wasserverluste schon im Mittellauf, die sich zum Unterlauf hin ständig vergrößern und für das Versiegen der Flüsse meist noch vor Erreichen des Gebirgsrandes verantwortlich sind.

1.5.2 Die Geologie des Arbeitsgebietes

Die folgenden Ausführungen zur Geologie des Arbeitsgebietes stützen sich im wesentlichen auf die Untersuchungen von VINCENT (1963), dessen Terminologie übernommen wurde (siehe Idealprofil). Daneben wurden auch die Arbeiten von GEZE et al. (1959), KAISER (1972), KLITZSCH (1965, 1970), MALEY et al. (1970), MESSERLI (1972), STOCK (1972), WACRENIER (1958) u. a. berücksichtigt.

Während die S c h i e f e r des kristallinen Gebirgssockels nirgends in dem im östlichen Zentraltibesti gelegenen Arbeitsgebiet anstehen, findet sich der S a n d s t e i n in ausgedehnten Vorkommen in dessen östlichem und nördlichem Bereich. Nach VINCENT (1963) handelt es sich dabei um den kreidezeitlichen Nubischen Sandstein, der auf der Nordabdachung des Tibestigebirges verbreitet vorkommt. Andererseits scheint aber auch eine Verbindung mit dem devonischen Sandstein der Ostabdachung und damit eine Einordnung als devonischer Sandstein möglich.

Von den v u l k a n i s c h e n S e r i e n sind im Arbeitsgebiet die dunklen Serien (SN1, SN2, SN3 und SN4) vollständig, die hellen Serien (SCk, SCI, SCII, SCIII) dagegen nur unvollständig vertreten. Es fehlen die obere helle Serie (SCIII) sowie außerdem die intermediäre Serie (SH). Flächenmäßig am ausgedehntesten ist die Serie SCI vertreten, gefolgt von den Serien SN2 und SN3; die Serien SN1, SN4 und SCII nehmen dagegen im Arbeitsgebiet nur kleine Areale ein und sind daher für den Großformenschatz unbedeutend.

S N 1 : Die älteste, meist aus grünlichen Basalten bestehende vulkanische Serie (SN1) ist entlang des Yebbigué-Tales von Yebbi Zouma bis Kiléhégé in den unteren Partien der hohen Talhänge gut aufgeschlossen. Eingeschaltet in diese Serie ist die geringmächtige Serie von Kiléhégé (SCk), die nur lokale Bedeutung besitzt. Sie ist am Zusammenfluß des Yebbigué mit dem Iski/Djiloa gut aufgeschlossen (MALEY et al., 1970). Das Alter der Serien SN1 und SCk wird mit post-eozän angegeben (VINCENT, 1963). Der Vulkanismus des Tibestigebirges reicht demnach bis etwa ins mittlere Tertiär zurück.

S C I : Die mächtige Serie SCI liegt den Trappdecken der Serie SN1 auf und wird aus einer Folge von fast horizontal lagernden Rhyolithen, rhyolithischen Tuffbreccien, Ignimbriten und Tuffen gebildet. Längs des mittleren Yebbigué sowie dessen großen Nebenflüssen Iski und Djiloa ist die Serie gut aufgeschlossen und erreicht in den hohen Talhängen Mächtigkeiten von 150 m bis 250 m.

S N 2 : Aus der nächstjüngeren Serie SN2, die auch als Serie der großen Schildvulkane (boucliers hawaiiens) bezeichnet wird (VINCENT, 1963), sind die beiden großen Vulkanmassive Tarso Toon und Tarso Tieroko aufgebaut. Außerhalb des Arbeitsgebietes gehört das Massiv des Tarso Yéga zu dieser Serie[2]. Im zentralen Teil dieser Schildvulkane erfolgten nach der Aufwölbung noch bedeutende Umformungen, in deren Gefolge Verbiegungen und Einbrüche auftraten. Die größten solcher Einbrüche sind die Calderen des Tarso Yéga und Tarso Toon; die beiden kleinen Calderen des Tarso Tieroko besitzen dagegen nur untergeordnete Bedeutung.

---

[2] Angesichts der großen Flankenneigung der Massive Tarso Toon und Tarso Tieroko von 12° bis 15° scheint die Bezeichnung „Stratovulkane" eher angebracht (frdl. mündl. Hinweis von K. KAISER).

SCII: Abschließend wurden diese Calderen von sauren Laven der Serie SCII verfüllt (MALEY et al., 1970). Eine besonders mächtige Verfüllung weist die große Zentralcaldera des Tarso Toon auf.

Zwischen der Entstehung der großen Vulkanmassive Tarso Toon und Tarso Tieroko (Serie SN2) und dem Ausfluß der jüngsten Serien SN3 und SN4 liegt ein langer Zeitraum, in dem sowohl das mächtige horizontale Schichtpaket der SCI-Serie als auch die SN2-Vulkanmassive nachhaltig zerschnitten wurden. Diese Haupttalbildungsphase im Arbeitsgebiet wird von den französischen Geologen (VINCENT, 1963; WACRENIER, 1958, u. a.) als sog. „grand creusement des vallées" bezeichnet und soll sich, etwas vage formuliert, an der Wende Tertiär/Quartär ereignet haben. In jener Zeit entstand das heutige Zertalungsrelief, also auch das geräumige Tal des Yebbigué, in seinen wesentlichen Zügen.

SN3, SN4: Erst spät, vermutlich im Mittelquartär, flossen die basaltischen Serien SN3 und SN4 aus, die das ausgedehnte SCI-Flachrelief weithin überfluteten und auch die großen Täler teilweise verschütteten. Die Serien werden deshalb von VINCENT (1963), WACRENIER (1958) u. a. als „Serien der Hänge und Täler" bezeichnet. Solche Basaltströme, insbesondere der Serie SN3, haben auch das gesamte obere Yebbigué-Tal verschüttet; sie werden im folgenden als Talbasalte bezeichnet und spielen bei der Untersuchung der Genese des Yebbigué-Tales eine wichtige Rolle als Zeitmarke. Die Untersuchung gliedert sich daher in die Talentwicklung vor und die Talentwicklung nach der Verschüttung durch diese Talbasaltströme.

Sowohl der Serie SN3 als auch insbesondere der Serie SN4 sitzen oft in Gruppen auftretende kleine V u l k a n k e g e l vom Stromboli-Typ auf, die aus Lapilli-Bänken, Aschenschichten oder Schlacken aufgebaut sind.

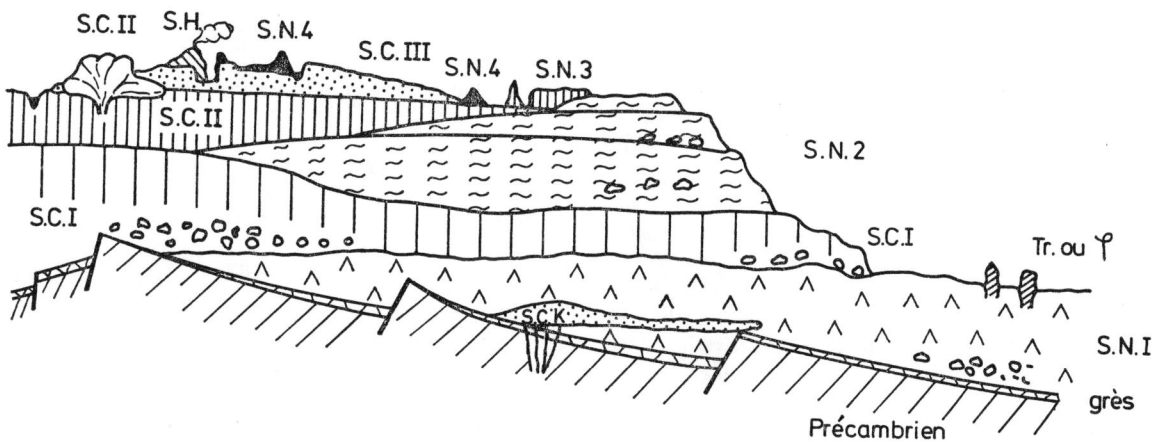

Fig. 3 *Idealprofil* der vulkanischen Serien des Tibestigebirges nach VINCENT (1963).
Précambrien: präkambrisches Grundgebirge (Schiefer; grès: Deckgebirge (Sandstein); SN: Dunkle Serien (Basalte, Andesite), SN1: Serie der Trappdecken, SN2: Serie der Schildvulkane, SN3, SN4: junge Serien der Hänge und Täler; SC: Helle Serien (Rhyolithe, Tuffbreccien, Tuffe), SCk: Ignimbritdecke von Kiléhégé, SCI: untere helle Serie, SCII: mittlere helle Serie, SCIII: obere helle Serie; SH: abschließender intermediärer Vulkanismus (Trachy — Andesite)

2. Der Formenschatz des Arbeitsgebietes

(siehe geomorphologische Karte 1 : 75 000 im Anhang!)

2.1 Die SN2-Vulkanmassive Tarso Tieroko und Tarso Toon

(Luftbilder NF 33 VI, 54-56, 64-66, 112-114; NF 34 I, 22-24, 90-94; NF 33 XII, 204, 246)

Die im Westen bzw. Süden des Arbeitsgebietes gelegenen Vulkanmassive Tarso Toon und Tarso Tieroko stellen nach VINCENT (1963) flach kegelförmige bis schildförmige Massive vom Hawaiityp dar, die der flachlagernden SCI-Schichtserie aufsitzen und sie um mehr als 1000 m überragen. Aus dem gleichen Gestein aufgebaut und von vergleichbarer absoluter sowie relativer Höhe weisen beide auch einen sehr ähnlichen Formenschatz auf. Auffallend ist im Luftbild vor allem die strahlenförmige Zerschneidung ihrer Flanken durch dichtliegende, tiefe Schluchten, zwischen denen die Wasserscheiden zu schmalen Graten zugeschärft sind. Es ergibt sich somit ein charakteristisches Grat- und Schluchtenrelief, das im gesamten übrigen Arbeitsgebiet keine Parallele hat. Infolge des gegenüber der Flankenneigung der Massive von etwa 15° wesentlich geringeren Gefälles der Schluchten von nur 3 bis 4 % nimmt die Höhe der Schluchtwände vom Rand der Massive gegen deren hochgelegene Zentralzone stark zu. Die inneren, höchsten Teile der Vulkanmassive sind somit am stärksten zerschnitten. In Anlehnung an die Ausführungen von LOUIS (1968, S. 132) läßt sich trotz der nicht definitionsgemäßen großen Gefällswerte der Schluchtböden ein kuppelförmiger Reliefsockel konstruieren, der am Außenrand der Vulkanmassive nur etwa 100 m, in deren Zentralteil jedoch 500 bis 700 m tief unter der Abdachungsoberfläche liegt. Auf diese Weise läßt sich die große „Mächtigkeit" des Zertalungsreliefs eindrucksvoll darstellen.

Das gesamte Relief besteht praktisch nur aus Steilhängen von auffällig gleichförmigem Aussehen. Sie sind meist glatt, d. h. nur selten durch Leisten gegliedert und stellen angesichts ihres Schuttreichtums und der beachtlichen Neigung von 35 bis 45° in vielen Fällen Haldenhänge dar. Auffällig ist weiterhin ihre in allen Höhenbereichen feststellbare Zerschneidung durch Hangrunsen, die allerdings mit zunehmender Höher geringer wird, wie die unscharfen Formen der Runsen oberhalb von 2000 m belegen. Häufig liegen die parallelen Hangrunsen sehr dicht und können daher gemäß den Vorstellungen von MORTENSEN (1927, „Runsenspülung") sowie von MENSCHING (1969, 1970, „Kerbenerosion") in ihrer Gesamtheit möglicherweise als flächenhaft abtragend i. S. einer parallelen Hangrückverlegung angesehen werden. Die zunehmende Verwaschung der Rinnen mit der Höhe kann nur mit stärker werdenden flächenhaften Prozessen erklärt werden. Aufgrund des kleinen Luftbildmaßstabes von 1 : 50 000 ist es jedoch nicht möglich festzustellen, ob es sich dabei vorwiegend um Periglazialprozesse i. S. von HÖVERMANN (1967, a, b, 1972) und HAGEDORN (1971) oder um einfache Spülprozesse (MESSERLI, 1971) handelt.

In den meisten Fällen besitzen die engen, tief eingeschnittenen Schluchten eine relativ breite Sohle, was bei den hohen mittleren Gefällewerten von 3 bis 4 % nur durch einen hohen Sedimenttransport zu erklären ist. Reine Erosionsbetten sind selten und kommen meist nur auf kurzer Strecke in den Schluchtmittelläufen vor, wo die Akkumulationszungen aus dem Oberlaufgebiet ausdünnen und die rückstauende Akkumulation vom Vorland her sich noch nicht bemerkbar macht. Besonders ausgeprägt ist die Sohle da, wo die Schluchtoberläufe in den schutterfüllten Calderen beginnen und somit von Anfang an einer extremen Sedimentbelastung unterliegen. Als Beispiele hierfür seien der die Zentralcaldera des Tarso Toon entwässernde Djiloa sowie die die Nebencaldera auf der Ostflanke des Tieroko-Massivs entwässernde Schlucht genannt.

Ein noch viel größeres Ausmaß hatte der Sedimentanfall und Sedimenttransport offenbar während vorzeitlicher Akkumulationsphasen, wie die gut erhaltenen Terrassenreste in den Schluchten und Calderen sowie die heute zerschnittenen Schotterfluren in der Fußregion der Vulkanmassive belegen. Im Luftbild sind mindestens zwei solcher Akkumulationsphasen nachweisbar.

Die Calderen mit ihren steilen, bis über 2500 m aufragenden Wänden und hochgelegenen Böden von 1800 bis über 2000 m stellen ideale Schuttsammelbecken dar. Ihre Größe und Form ist sehr unterschiedlich. So besitzt der Tarso Toon eine große Zentralcaldera mit lückenlos vorhandenem Ringwall, der Tarso Tieroko eine größere Haupt- und eine kleinere Nebencaldera. Die Hauptcaldera des Tieroko ganz am Südrand der Karte ist kaum noch als Form zu erkennen. Die Flüsse — es handelt sich um den nach Norden entwässernden Iski sowie den nach Süden entwässernden Miski — haben die Caldera von zwei Seiten her angezapft; deren Ränder sind daher stark aufgelöst. Die nordöstlich davon gelegene kleine Nebencaldera dagegen ist noch gut erhalten. Ihr südlicher Rand ist völlig unzerschnitten und als hohe Steilwand ausgebildet, während der Rand der Nordseite, ähnlich wie bei der Hauptcaldera, von den weit zurückgreifenden Oberläufen der Schluchten stark erniedrigt wurde. Dies läßt auf beginnende Anzapfung von Norden her schließen. Gegenwärtig erfolgt die Entwässerung der gesamten Caldera noch durch ein einziges Gerinne.

Typisch für die Fußregion der Vulkanmassive sind Schwemmfächer an den Austrittsstellen der Schluchten, die teilweise das Ausmaß großer Schotterfluren annehmen. Sie lassen sich zu einem, allerdings unregelmäßigen Saum verbinden, der dort unterbrochen ist, wo die großen Flüsse, wie etwa Iski und Timi am Nordfuß des Tarso Tieroko sowie Djiloa auf der Ostseite des Tarso Toon, am Gebirgsaustritt noch tief eingeschnitten sind. Eine durch Vereinigung mehrerer Schwemmfächer enstandene große Schotterflur, die in Anlehnung an die von BÜDEL (1955) aus der Randzone des Hoggargebirges beschriebenen „Schwemmebenen" als Schotterschwemmebene bezeichnet werden kann, hat sich am Ostfuß des Tarso Tieroko entwickelt.

Das gleichförmige Grat- und Schluchtenrelief der Nordabdachung des Tieroko-Massivs wird durch die Einschaltung einer Zone auffälliger Ringstrukturen unterbrochen. Es handelt sich hierbei um das Gebiet von G o u n a y , das aus mehreren domförmigen, überwiegend trachytischen Erhebungen besteht und von VINCENT (1963) und MALEY et al. (1970) zur mittleren hellen Serie, SCII, gerechnet wird. Auffällig ist der Schuttreichtum des Gebietes, der sich in mächtigen, heute jedoch überall zerschnittenen Hangschuttdecken und den breiten rezenten Talböden der Flüsse sowie deren ausgedehnten Terrassenfluren äußert.

2.2 Das SCI-Plateau westlich des Yebbigué
(Luftbilder NF 33 VI, 3-7; NF 33 XII, 118-120, 132-134, 188-192, 199-202, 248-252 IGN, Paris)

Unterhalb der Oase Yebbi Bou bis zum nordwestlichen Kartenrand erstreckt sich auf den flachlagernden SCI-Schichten westlich des Yebbigué ein augedehntes Plateau-Relief. Besonders gut erhalten ist es in seinem nordwestlichen Teil, dem Vorland des Tarso Toon, während es in seinem Südteil, besonders im unmittelbaren Vorland des Tarso Tieroko, eine starke Auflösung zeigt. Sehr stark ist die Auflösung des Plateaus auch am östlichen Rand zum Yebbigué-Tal hin, wo es in einer stark zerlappten Stufe endet. Diese Zerlappung ist besonders deutlich im Bereich der Unterläufe von Iski und Djiloa.

Nur die großen, von den Vulkanmassiven Tarso Tieroko und Tarso Toon kommenden Flüsse Timi, Iski und Djiloa haben das Plateau in tiefen, relativ engen Tälern zerschnitten, während alle kleineren Flüsse der Vulkanmassive, besonders diejenigen, die auf dem Plateau selbst entspringen, nicht oder nur unbedeutend eingeschnitten sind. Erst zum Rande der Fläche hin schneiden sie sich meist ganz unvermittelt ein, wobei der Beginn des Einschneidens von der Größe des jeweiligen Einzugsgebietes abhängt. Deutlich treten an den Talhängen besonders der großen Flüsse eine, meist jedoch mehrere hangparallele Leisten hervor, die den Ausbiß härterer Schichten im Verband der SCI-Serie anzeigen. Die solchermaßen erzeugte Stufung der Talhänge ist typisch für alle in das Plateau eingeschnittenen Täler und bewirkt ihr kastenförmiges oder besser canyonartiges Aussehen.

Das Plateau dacht sich sanft nach Norden ab. Im Süden, im Vorlandbereich des Tarso Tieroko, erreicht es etwa 1600 m, im Norden nur noch etwa 1400 m Höhe, was bei einer Entfernung von 30 km einer Neigung von knapp 0,4° entspricht. Die Abdachung erfolgt jedoch nicht gleichmäßig im Sinne einer schwachgeneigten schiefen Ebene, sondern über niedrige Stufen. Die Neigung von 0,4° stellt somit nur einen Mittelwert dar. In Wirklichkeit wechseln ausgedehnte, fast horizontale Flachbereiche, in denen die Neigung gegen Null geht, mit den scharf begrenzten Steilabschnitten der Stufenbereiche von lokal 30° und mehr miteinander ab. Die relative Höhe dieser ansonsten sehr flachen Stufen nimmt gegen die Vulkanmassive Tarso Toon und Tarso Tieroko erheblich zu. So erreicht die oberste Stufe, die besonders gut und durchgehend an der Basis des Tarso Toon entwickelt ist, immerhin fast 100 m Höhe über dem vorgelagerten Plateau. Insgesamt betrachtet stellt das Plateau eine weiträumige flache Treppe dar, die gegen die Vulkanmassive ansteigt und an deren Fuß die größte Höhe erreicht.

Diese Stufen sind jedoch unbedeutend gegenüber der Hauptstufe des Plateaus, mit der es gegen das Yebbigué-Tal abbricht. Sie ist zwischen 150 und 300 m, im Durchschnitt 200 m hoch und weist den erwähnten, stark zerlappten Grundriß auf. Im einzelnen lassen sich folgende Grundrißtypen unterscheiden:

1. Die Stufe ist dreiecksförmig eingebuchtet. Dies ist dort der Fall, wo die zahlreichen kleinen und mittleren Gerinne des Plateaus, die ihren Ursprung teils auf der Fläche, teils in den Vulkanmassiven haben, sich im Unterlauf trichterförmig einschneiden. Dabei ergeben sich bei den kleinen Gerinnen im Grundrißbild stumpfe, bei den größeren dagegen spitze, tief in die Fläche zurückgreifende D r e i e c k s b u c h t e n , wie sie beispielsweise im nördlichen Vorland des Tarso Toon entwickelt sind.

2. Die Stufe ist halbkreisförmig eingebuchtet, so beispielsweise am Nordrand des Plateaus westlich der Einmündung des Iski/Djiloa in den Yebbigué. Diese H a l b k r e i s b u c h t e n sind im Gegensatz zu den erwähnten Dreiecksbuchten nur schwer als fluviale Ausraumzonen zu deuten, denn sie zeigen keinerlei Anschluß an ein größeres hydrographisches System auf dem Plateau. Vielmehr scheinen sie bevorzugt gerade in denjenigen Bereichen des Plateaus aufzutreten, die der Erosion der Flüsse am wenigsten zugänglich sind [3]. Der Stufenhang im Bereich dieser Halbkreisbuchten ist jedoch von zahlreichen Rinnen zerschnitten, die alle ihren Ursprung an der Stufenoberkannte oder wenig oberhalb auf dem Plateau haben. Daraus könnte man zwar folgern, daß gegenwärtig die Hangrückverlegung durch solche parallelen Rinnen etwa im Sinne der „Runsenspülung" (MORTENSEN, 1927) oder der „Kerbenerosion" (MENSCHING, 1969, 1970) erfolgt [4]; die

---

[3] Vgl. ähnliche Beobachtungen bei BUSCHE (1973).

[4] WENZENS (1972) vertritt dagegen die Auffassung, daß dichtliegende Runsen bzw. Kerben keine Hangrückverlegung, sondern Hangzerschneidung anzeigen. Eine ähnliche Auffassung vertritt auch BUSCHE (1973).

Anlage der Halbkreisbuchten läßt sich hiermit jedoch nicht erklären. Der Schluß liegt nahe, daß es sich dabei um Vorzeitformen aus einer Zeit mit tropisch-wechselfeuchtem Klimaregime handelt, denn die Ähnlichkeit mit Stufenformen, wie sie BREMER (1972) aus dem Südosten Nigerias beschreibt, ist auffällig. Auch im Modellversuch mit starker künstlicher Beregnung ließen sich solche Formen darstellen (GAVRILOVIC, 1971). Die Stufe besitzt, trotz der stets vorhandenen Treppung, insgesamt gesehen ein gestrecktes Profil. Ihr vorgelagert ist ein Schwemmfächersaum [5], der gerade im Bereich der Halbkreisbuchten breit entwickelt ist. Ähnlich wie der Stufenhang selbst sind auch die Schwemmfächer zerschnitten, wobei die Sprunghöhe der fossilen Flächen ähnlich wie bei den Schwemmfächern im unmittelbaren Vorland von Tarso Tieroko und Tarso Toon deutlich gegen den Hangfuß zunimmt.

Die Trockenflüsse des Gebietes lassen sich nach ihrer Größe in zwei Gruppen einteilen: einmal in die großen Flüsse wie Iski, Djiloa und Timi, die das Plateau auf ihrer gesamten Laufstrecke in tiefen, canyonartigen Tälern zerschneiden, und zum zweiten in die erheblich kleineren Flüsse, die meist auf dem Plateau selbst beginnen und sich erst kurz vor dem Hauptstufenrand einschneiden. Die Täler der ersten Gruppe sind zwar sehr tief eingeschnitten, aber doch verhältnismäßig eng, was für ein starkes Übergewicht der Tiefenerosion gegenüber der Seitenerosion und Hangabtragung während der Talentwicklung spricht. Gegenüber den in der Größe durchaus vergleichbaren Tälern der Vulkanmassive Tarso Toon und Tarso Tieroko unterscheiden sich diese Täler vor allem durch ihr anderes Grundrißbild. Ihr Lauf weist häufig Mäander auf, während die Schluchten der Vulkanmassive, bedingt durch deren hohe mittlere Flankenneigung von 12 bis 15° einen sehr regelmäßigen, gestreckten Verlauf aufweisen.

Die Täler des Iski, Djiloa und Timi enthalten Terrassenreste vorangegangener Akkumulationsphasen, die meist in buchtartigen Erweiterungen zu finden sind. Allerdings sind diese Vorkommen in der Regel so gering, daß sie in der Karte 1 : 75 000 häufig nicht dargestellt werden konnten. Sie weisen jedoch darauf hin, daß in diesen tief eingeschnittenen Tälern keineswegs immer Tiefenerosion, sondern zeitweise auch Akkumulation herrschte. Einen Eindruck von den Sedimentmengen, die in solchen Akkumulationsphasen von den Flüssen transportiert wurden, geben die Terrassenfluren in deren Unterlauf kurz vor der Einmündung in den Yebbigué. Solche Terrassenfluren sind insbesondere im Unterlauf des Iski/Djiloa sehr ausgedehnt, weitaus bedeutender jedenfalls als diejenigen des Yebbigué auf gleicher Höhe. Geradezu ein extremes Mißverhältnis herrscht an der Einmündung des Timi in den Yebbigué oberhalb Yebbi Zouma. Der Timi hat hier auf der Talbasaltoberfläche eine vorzeitliche Terrassenflur aufgeschüttet, die im Luftbild die Grundrißform eines großen Schwemmfächers erkennen läßt. Dieser hat die Ausbildung von Akkumulationsterrassen des Hauptflusses völlig unterdrückt. Die Erklärung für dieses Phänomen, das in weniger ausgeprägter Form häufig im Arbeitsgebiet vorkommt und von OBENAUF (1971) auch aus dem West-Tibesti beschrieben wurde, liegt darin, daß zwei sich vereinigende Flüsse zwar ähnliche Länge, aber ganz verschiedene Laufstrecken besitzen. Wenn im vorliegenden Fall beispielsweise der Timi mit dem westlichen Quellfluß des Yebbigué verglichen wird, der in der Nebencaldera des Tieroko-Massivs beginnt und dann über die große Schotterschwemmebene und Yebbi Bou bis zur Stelle des Zusammenflusses verläuft, dann wird deutlich, daß dieser trotz vergleichbarer Länge nur eine viel geringere Schotterfracht transportieren kann. Er verliert nämlich beim Durchgang durch die Schotterschwemmebene, die als Sedimentfilter wirkt, den Hauptteil seiner Fracht, während der Timi ohne Zwischenschaltung einer solchen Schotterschwemmebene auf direktem Wege aus der schuttreichen Hochregion kommt. Hierbei überwindet er auf der kurzen Entfernung von 25 km einen Höhenunterschied von 1000 m. Daß dieser Unterschied auch in der gegenwärtigen Erosionsphase besteht, zeigt ein Vergleich der rezenten Flußbetten des Timi und Yebbigué am Zusammenfluß. Der Timi besitzt ein immer noch sedimentreiches, schwemmfächerartig breites Bett, während der Yebbigué, eingeschnitten in einer engen Basaltschlucht, nur ein sehr schmales Felsbett aufweist.

Die Flüsse der zweiten Gruppe zeichnen sich vor allem durch ihre feinverästelten Grundrißmuster auf dem Plateau aus. Diese Grundrißmuster zeigen in den meisten Fällen dendritischen bzw. baumförmigen, seltener fiederförmigen Charakter. Alle Gerinne sind bis in ihre feinsten Verzweigungen hinein auf dem Luftbild gestochen scharf erkennbar, wodurch der Gesamteindruck einer extrem hohen Taldichte entsteht. Die Fließrichtung der Gerinne folgt der allgemeinen Abdachung des Plateaus, was besonders in dessen Nordteil deutlich wird. So ist es zu erklären, daß die Wasserscheiden häufig sehr dicht an den Oberkanten der großen, das Plateau querenden Täler liegen. In einigen Fällen scheinen sogar geköpfte Täler vorzuliegen.

Auffallend ist die extreme Breite vieler Gerinne, die in einem deutlichen Mißverhältnis zu ihrem meist sehr kurzen Lauf steht. An einigen Stellen weiten sich die Gerinnebetten sogar zu großen, unregelmäßig geformten, im Luftbild hellen Flächen aus, die nicht mehr fluvialer Entstehung sein können. Vermutlich handelt es sich um flache Depressionen, die durch Auslaugung des Untergrundes entstanden sind. Demnach wären sie als Lösungsformen zu deuten, die angesichts

---

[5] Angesichts der Problematik des Pediment- und Glacisbegriffs und der Schwierigkeit, im vorliegenden Fall die Schwemmflächen im Hangfußbereich von den „echten" Schwemmfächern der Flüsse zu unterscheiden, werden alle Vorlandschwemmflächen unter dem einheitlichen Begriff Schwemmfächer bzw. Schwemmfächerbereiche zusammengefaßt. Diese Auffassung vertritt auch BUSCHE (1973). Pedimente sind nach ihm reine Felsfußflächen wechselfeuchttropischer Anlage und somit in diesem Raum fossile Gebilde.

des heutigen ariden Klimas mit Sicherheit Vorzeitformen eines vermutlich tropisch-wechselfeuchten Klimas darstellen [6].

In gleicher Weise können auch die „viel zu breiten" und sehr flachen Tälchen als Vorzeitformen etwa im Sinne von Flachmuldentälern (LOUIS, 1964) oder von Spülmulden (BÜDEL, 1957) gedeutet werden.

Gegen die Deutung der flachen Depressionen als Formen der Winderosion (vgl. „die Wannennamib" von KAISER, 1926) sprechen folgende Beobachtungen: einmal die Tatsache, daß sie meist in den Lauf der flachen Tälchen eingeschaltet sind und dann als extreme Talverbreiterungen erscheinen, zum anderen, daß sie keinerlei Ausrichtung im Sinne einer vorherrschenden Windrichtung, sondern, wenn überhaupt, dann nur eine gewisse Ausrichtung nach dem Gewässernetz erkennen lassen.

Alle Gerinne entwickeln sich gesetzmäßig von flachen Mulden am Ursprung über flache Kerben zu Sohlentälchen, wobei die Kerbenform häufig nur ein undeutlich ausgebildetes Zwischenstadium darstellt [7]. Der Einriß am Rande des Plateaus erfolgt meist über eine hohe Stufe, jedoch ohne vorherige Gefällsversteilung und daher völlig unvermittelt. Der folgende Abschnitt, in dem die mächtige SCI-Schichtserie auf kurzer Distanz bis zur Basis zerschnitten wird, weist dagegen ein extrem hohes Gefälle und ein von Stufen unterbrochenes, schnellenreiches Bett auf. Dieses kann, wie im Falle des südlich Yebbi Zouma gelegenen Gerinnes streckenweise völlig von Riesenblöcken versperrt und daher nahezu unpassierbar sein.

Das Plateaurelief insgesamt zeigt wesentliche Merkmale einer Schichtstufenlandschaft, mit dem Unterschied allerdings, daß die „Landterrasse" nicht von der Stufe weg, sondern zur Stufe hin abfällt. Nach der Auffassung von MORTENSEN (1953), der solche Verhältnisse im semiariden Südwesten der USA untersucht und daraufhin den Schichtstufenbegriff weiter gefaßt hat, läge im vorliegenden Fall tatsächlich eine Schichtstufenlandschaft, allerdings in der speziellen Ausprägung einer Achter- und Längsstufenlandschaft vor. Die Hauptstufe wäre demnach als Achterstufe, die Oberkanten der Täler von Iski und Djiloa als Längsstufen aufzufassen. Die erwähnten Halbkreisbuchten könnten folglich als Quellnischen gedeutet werden, denn es ist anzunehmen, daß unter feuchtzeitlichen Verhältnissen ein kräftiger Grundwasserstrom zur Stufe hin gerichtet war, die dadurch einer starken Abtragung und Formung unterlag. Dagegen kann die Beobachtung MORTENSENs aus dem Schichtstufenrelief im Südwesten der USA, wonach die Tieferlegung der Fläche vornehmlich äolisch geschieht, im vorliegenden Fall des SCI-Plateaus nicht zutreffen. Einmal liegen keine Hinweise auf rezente Windwirkung vor, und zum anderen schließt das dichte und voll intakte hydrographische Netz des Plateaus eine vorzeitliche Windwirkung aus. In diesem gut entwickelten hydrographischen Netz ist sowohl eine gegenwärtige als auch vorzeitliche vorherrschende fluviale Abtragung zu erkennen, die sich, wie die extreme Breite der Tälchen vermuten läßt, wahrscheinlich im Sinne einer Tendenz zur Rumpfflächenbildung ausgewirkt hat [8].

Auf einen solchen vorzeitlichen Formungsstil deuten ferner die erwähnten flachen Stufen auf dem Plateau hin, die im Laufe der Reliefentwicklung erheblich zurückgewandert sind. Hierfür sprechen die zahlreichen Zeugenberge, die den einzelnen Stufen vorgelagert sind. Diese Flächenbildungsphase wurde von einer bis zur Gegenwart andauernden Talbildungsphase abgelöst, in deren Verlauf die tief eingeschnittenen canyonartigen Täler entstanden sind. Nach den Vorstellungen der französischen Geologen (WACRENIER, 1958; VINCENT, 1963) soll sich diese Haupttalbildungsphase („grand creusement des vallées") an der Wende Tertiär/Quartär ereignet haben.

2.3 Die junge Basalthochfläche östlich des T. Tieroko
(Luftbilder NF 34 I, 26-34, 80-88, 94-98 IGN, Paris)

Im Osten geht das Tieroko-Massiv allmählich in ein Basaltrelief über, das, anfangs noch schmal, die Wasserscheide zwischen den Einzugsgebieten des Yebbigué im Norden und dem Miski im Süden bildet, sich dann aber nach Osten rasch zu einer ausgedehnten Hochfläche entwickelt. Solche Basalthochflächen sind charakteristisch für den östlichen Zentralteil des Tibestigebirges und ergeben mit ihrem spezifischen Formenschatz einen scharfen Gegensatz zu den aus SN2-Basalten aufgebauten Vulkanmassiven Tarso Toon und Tarso Tieroko sowie zu der SCI-Plateaulandschaft westlich des Yebbigué.

Die Hochfläche setzt sich nicht aus einer einheitlichen, weitgespannten Basaltdecke, sondern aus mehreren solcher Decken bzw. Basaltströmen zusammen, die alle aus Osten oder Süden kommen und daher eine generelle Abdachung der Hochfläche nach Norden bewirken. Diese Abdachungsrichtung ist an der Orientierung des Gewässernetzes gut zu erkennen, so etwa im Bereich der jüngsten Basaltströme des Orsougé am Südrand der Karte. Bei diesen Basalten handelt es sich mit Sicherheit um solche der Serie SN4, während die übrigen Basaltdecken bzw. -ströme der Serie SN3 zugerechnet werden können.

---

[6] Auf die große Bedeutung der „selektiven Auslaugung" im tropisch-wechselfeuchten Klima, in deren Verlauf auf Flächen abflußlose Hohlformen entstehen können, wies BREMER (Coll. Vortrag GGW Würzburg, 1973) hin.

[7] HÖVERMANN (1967, 1972) und HAGEDORN (1971) haben diese Gesetzmäßigkeit auch aus dem West-Tibesti beschrieben.

[8] Auf das Vorhandensein eines vermutlich jungtertiären tropisch-wechselfeuchten Flächenbildungsklimas im Tibestigebirge und dessen umgebenden Bereichen weisen bereits BUSCHE (1973), ERGENZINGER (1968), HAGEDORN (1967, 1971), HÖVERMANN (1967), KAISER (1972), OBENAUF (1971) u. a. hin.

Die Hochfläche ist jedoch nicht gleichmäßig geneigt, sondern mehrfach gestuft und weist daher, ähnlich dem Plateaurelief der SCI-Schichtserie, die Form einer weiträumigen, flachen Treppe auf. Charakteristisch sind ferner die zahlreichen dunklen Vulkankegel und kleinen -Massive, die die Hochfläche teilweise erheblich überragen. Es handelt sich dabei meist um Lava- oder Stratovulkane, daneben auch um junge Aschenkegel. Weiter nach Osten, im Bereich des an die Oberfläche kommenden Sandsteins, treten an ihre Stelle in zunehmendem Maße schroffe Sandsteinmassive.

Insgesamt lassen sich im Bereich der Hochfläche mindestens drei verschiedene v u l k a n i s c h e   P h a s e n unterscheiden:

1. die Phase der großflächigen Basaltergüsse, die den Hauptteil der Hochfläche einnehmen und vermutlich der Serie SN3 angehören;

2. die Phase der wenig ausgedehnten jungen Basaltströme, die im Südteil der Hochfläche vorkommen und mit Sicherheit der Serie SN4 zugerechnet werden können;

3. die Phase der jüngsten, punkthaften Eruptionen, die in Form von Schlacken- oder Aschenkegeln vereinzelt auf der Hochfläche auftreten.

Ein besonderes Phänomen der Hochfläche im Bereich der großflächigen Basaltergüsse sind die zahlreichen a b f l u ß l o s e n   H o h l f o r m e n, die im Luftbild deutlich als punkthafte, helle Flecken erkennbar sind (vgl. BUSCHE, 1973). An manchen Stellen liegen sie so dicht, daß die Basaltdecken wie zernarbt aussehen. Ihr Grundriß variiert sehr stark. So sind sie in den seltensten Fällen rund oder oval, meist dagegen unregelmäßig geformt sowie teilweise zerlappt und stehen häufig durch flache Rinnen miteinander in Verbindung. Auch ihre Größe ist sehr unterschiedlich. Gewöhnlich liegt der Durchmesser nur bei einigen Zehnern von Metern bis etwa 100 m, daneben kommen aber auch Riesenformen von bis zu 500 m Durchmesser vor. Im Luftbild kaum zu erfassen sind überdies die unzähligen Kleinformen von wenigen Metern Größe. Bei der Geländeuntersuchung stellte sich heraus, daß die erwähnte helle Farbe von dem feinen, nahezu steinfreien Schluff- und Tonmaterial herrührt, mit dem alle Depressionen gefüllt sind. Die kleineren Formen werden daher häufig als Eselwühlen benutzt.

Die Formen haben große Ähnlichkeit mit den abflußlosen Hohlformen in der syrischen Wüste östlich von Damaskus, die ABDUL SALAM (1966, S. 45) beschrieb. Sie werden dort G h u d r a n genannt und sollen infolge der Entgasung der Basaltlava während des Erkaltens entstanden sein. Die dabei entstehenden Hohlräume stürzten später ein und ließen entsprechende Hohlformen an der Oberfläche zurück. Vermutlich gleiche Entstehung kann auch für die vorliegenden Hohlformen des Arbeitsgebietes angenommen werden. Allerdings ist anzunehmen, daß ihre primäre Form durch die seither wirkenden Verwitterungs- und Abtragungsprozesse im Sinne einer Verbreiterung und eventuell auch Vertiefung teilweise erheblich verändert wurde. Dabei erfolgte eine Verschwemmung des anfallenden Feinmaterials in die Hohlformen hinein, an deren Grund es mehr und mehr akkumuliert wurde. Dagegen kommt eine Überformung, insbesondere eine Verbreiterung durch Wind, wie ABDUL SALAM (1966) für die entsprechenden Hohlformen in der syrischen Wüste vermutet, hier kaum in Betracht, da weder im Luftbild, noch bei der Geländeuntersuchung nennenswerte Spuren rezenter oder vorzeitlicher Windwirkung festgestellt werden konnten. Ferner ist es wahrscheinlich, daß während zurückliegender Feuchtzeiten nahezu alle diese abflußlosen Hohlformen wenigstens jahreszeitlich wassergefüllt waren und in ihrer Gesamtheit das Bild einer zumindest periodischen, wahrscheinlich sogar perennierenden Seenlandschaft vermittelten [9].

Ein Vergleich mit den beschriebenen flachen Depressionen auf dem SCI-Plateau, die mit einiger Sicherheit als Formen eines tropisch-wechselfeuchten Vorzeitklimas gedeutet werden konnten, ist nicht ohne weiteres möglich. Die SCI-Schichtserie, die nach VINCENT (1963) etwa mitteltertiär aufgebaut wurde, ist wesentlich älter als die vorliegenden Plateaubasalte, die als alt- bis mittelquartär eingestuft werden. Somit muß auch der Formenschatz des SCI-Plateaus wesentlich älter sein als derjenige der Basalthochfläche. Auch hinsichtlich ihrer Form unterscheiden sich die Depressionen der beiden Bereiche deutlich. Die Depressionen der SCI-Hochfläche stellen ziemlich große, sehr flache Wannen dar, die meist in den Lauf der „Flachmuldentälchen" eingeschaltet sind und dann im Luftbild wie extreme Talverbreiterungen wirken. Die Depressionen der Basalthochfläche dagegen sind im Durchschnitt wesentlich kleiner, meist kraterförmig in die Fläche eingesenkt und daher auch wesentlich tiefer. Außerdem treten sie völlig regellos auf und lassen keinerlei Beziehung zu den Tälchen der Hochfläche erkennen.

Neben den zahlreichen abflußlosen Hohlformen ist das schlecht entwickelte G e w ä s s e r n e t z ein weiteres Charakteristikum der Basalthochfläche. Vor allem die Taldichte ist, ganz im Gegensatz zu dem erwähnten SCI-Plateau, hier sehr gering. Man gewinnt daher den Eindruck, daß es sich bei der Basalthochfläche insgesamt um ein sehr junges Relief handelt, dessen hervorstechendstes Merkmal ein noch völlig unausgereiftes Entwässerungsnetz ist, an das weite Bereiche der Hochfläche noch nicht angeschlossen sind. Nur die Hauptentwässerungslinien sind durchgehend vorhanden und durchziehen als markante, kastenförmige Schluchten die Hochflächen. Das beste Beispiel hierfür ist die Ost-West verlaufende, vielfach gewundene Schlucht des Yebbigué.

---

[9] Ein Hinweis darauf sind fossile Seeablagerungen in allerdings viel größeren Hohlformen, so etwa in der Caldera des Trou au Natron (FAURE, 1966; ERGENZINGER, 1968; HAGEDORN, 1971) und dem Krater des Begour-Vulkans (FAURE, 1966; HAGEDORN, 1971) im West-Tibesti sowie in abflußlosen Hohlformen im Gebiet des Mouskorbé und Emi Koussi im Ost-Tibesti (MESSERLI, 1972).

Alle untergeordneten Gewässerlinien dagegen sind wenig eingetieft und infolge ihrer stark wechselnden Breite im Luftbild kaum durchgehend zu verfolgen. Soweit erkennbar beginnen sie in dem unruhigen, kleinkuppigen Gelände stets als flache Mulden und weiten sich über das Zwischenstadium einer undeutlichen Kerbenform rasch zum Sohlental aus. Dieser Formenwandel entspricht damit der früher erwähnten Abfolge der Talentwicklung auf dem SCI-Plateau. Der weitere Verlauf der Sohlentäler ist gekennzeichnet durch den unregelmäßigen Grundriß. So folgen in Anlehnung an die treppenförmige Abdachung der Hochfläche extreme Engstellen und Talverbreiterungen aufeinander, wobei sich letztere zu kilometerbreiten Schwemmfächerbereichen ausweiten können. Hier spalten sich die Flüsse in mehrere Arme auf, wobei häufig Bifurkationen auftreten. Mittels solcher Bifurkationen sind fast alle größeren Flüsse dieser Region miteinander verbunden. Es ist daher außerordentlich schwierig, Wasserscheiden festzulegen.

Das Querprofil der Sohlentäler weist unabhängig davon, ob sie schluchtartig eng oder schwemmfächerartig breit sind, stets die gleichen, allerdings unterschiedlich hohen, für Basalt typischen Steilhänge auf. Die Täler erhalten dadurch einen kastenförmigen Querschnitt, der besonders gut in den schluchtartigen Engstrecken ausgebildet ist. Im Gegensatz zu dem stark variierenden Querschnitt der Flüsse ist ihr Längsprofil gleichmäßig und daher weitgehend ausgeglichen. Zwar weist in den Schluchtstrecken das Gefälle höhere Beträge auf als in den Talweitungen, ausgesprochene Schnellenbereiche oder gar Stufen fehlen jedoch. Dies kann nur mit einem beträchtlichen rezenten Sedimenttransport erklärt werden, wie er für diese Höhenstufe des Tibestigebirges zwischen 1700 bis über 2000 m mehrfach nachgewiesen wurde (HÖVERMANN, 1967, 1972; HAGEDORN, 1971; JANNSEN, 1970; MESSERLI, 1972; u. a.).

Für einen beachtlichen rezenten sowie starken vorzeitlichen Sedimenttransport sprechen vor allem die zahlreichen größeren und kleineren S c h w e m m e b e n e n der Region, die als Schwemmfächersäume in der Fußregion aller größeren Erhebungen vorhanden sind. In etwa gleicher Höhenlage nimmt ihre Größe vom Bereich der Vulkankegel der westlichen Hochfläche bis zu dem Bereich der Sandsteinmassive im Osten der Hochfläche erheblich zu. Dies spricht neben einer Abhängigkeit der fluvialen Formungsintensität von der Höhe außerdem für eine deutliche Abhängigkeit vom Gestein. Eine Überlagerung dieser Abhängigkeiten bzw. „Varianzen" (BÜDEL, 1971) ist daher in diesem Fall zu erwarten.

Ganz im Osten des Kartierungsgebietes, in Höhen von 1800 bis 1900 m, nehmen die Schwemmebenen im Vorland von Sandsteinmassiven breiten Raum ein und stellen das beherrschende Reliefelement dieser Region dar. Nach Norden hin setzt sich dieses „S c h w e m m e b e n e n r e l i e f" in dem ausgeprägten Schwemmfächerbereich fort, der durch die Verwilderung mehrerer Quellflüsse des Yebbigué entstanden ist (Luftbilder NF 34 I, 34, 74). Hier stoßen Schwemmfächerzonen verschiedener petrographischer Bereiche — Basalt im Osten, Sandstein im Westen — unmittelbar an einer Nord-Süd verlaufenden Nahtstelle zusammen. Dabei zeigt es sich, daß die Basalt-Schotterschwemmebenen des Ostteils gegenüber den Sandschwemmebenen des Westteils zwar eine vergleichbare Größe, aber ein unterschiedliches Feinrelief besitzen [10]. Die rezente Zerschneidung, die in allen Schwemmfächerbereichen zu beobachten ist (vgl. BUSCHE, 1973), tritt bei ersteren durch ein System scharf eingeschnittener breiter, bandförmiger Rinnen hervor, während letztere nur ein verwaschenes derartiges Rinnensystem besitzen und daher weitgehend strukturlos erscheinen. Man gewinnt daher den Eindruck, daß in gleicher Höhenlage die Basalt-Schotterschwemmebenen rezent erheblich zerschnitten, die Sandstein-Sandschwemmebenen dagegen nur wenig zerschnitten sind und noch weitgehend flächenhaft überformt werden. Andererseits ist bei einem Vergleich der vorliegenden Schotter- und Sandschwemmebene in 1800 bis 1900 m Höhe mit den erwähnten Schwemmfächern bzw. Schwemmebenen im Vorland der Vulkanmassive Tarso Toon und Tarso Tieroko in 1500 bis 1600 m Höhe eine deutliche Größenzunahme mit der Höhe sowohl der fossilen als auch insbesondere der rezenten Teile feststellbar.

Eine weitere Größenzunahme in Höhen über 2000 m ist durch Untersuchungen von JANNSEN (1970) im Zentral-Tibesti (Tarso Voon) und von MESSERLI (1972) im Ost-Tibesti (Mouskourbé) belegt. MESSERLI vertritt daher die Auffassung, daß die Hochregion des Tibestigebirges eine Zone rezenter „Pedimentbildung" darstellt, ähnlich der unter vergleichbarem Klimaregime stehenden „Pedimentregion" am mediterranen Nordsaum der Sahara [11].

Die vorliegenden Ausführungen zeigen, daß trotz eines unbestreitbaren großen Einflusses der Petrovarianz doch eine deutliche klimatische Höhenstufung zumindest im Hinblick auf die Intensität der fluvialen Prozesse im Arbeitsgebiet vorhanden ist. Folglich wäre auch zu erwarten, daß die Hangformungsprozesse in dem zwischen ca. 1000 und 2500 m hoch gelegenen Arbeitsgebiet ebenfalls eine klimatische Höhenstufung aufweisen. Dies konnte jedoch nicht geklärt werden, da die Kleinformen auf den Hängen im Luftbild 1 : 50 000

---

[10] Diese Sandschwemmebenen sind nicht zu verwechseln mit den „Treibsandschwemmebenen", die in der Fußzone des Gebirges auftreten und nach HÖVERMANN (1967) und HAGEDORN (1971) ein eigenes Formungsstockwerk darstellen. Ihr Kennzeichen ist die gleichzeitige fluviale und äolische Formung. Im vorliegenden Fall dagegen wird der Begriff Sandschwemmebene rein beschreibend gebraucht. Die Sandschwemmebenen des Arbeitsgebietes werden ausschließlich fluvial geformt.

[11] Der Pedimentbegriff bei MESSERLI (1972) deckt sich weitgehend mit den hier ausschließlich gebrauchten Begriffen „Schwemmfächer" und „Schwemmebene". Zur Problematik des Pedimentbegriffs vgl. BUSCHE (1973).

nicht unterschieden werden konnten. Allein durch Auswertung dieses Kleinformenschatzes wäre es aber möglich, zuverlässige Aussagen über die Art der Hangformung zu machen, wie besonders die detaillierten Hanguntersuchungen von HÖVERMANN (1972) sowie von PACHUR (1970) und ERGENZINGER (1972) aus dem West-Tibesti zeigen.

2.4 Das Sandsteinrelief nördlich der Basalthochfläche
(Luftbilder NF 34 I, 16, 74, 76 IGN, Paris)

Nördlich der Basalthochfläche, die bereits im Ostteil von zahlreichen kleinen Sandsteinmassiven durchsetzt ist, erstreckt sich ein großes, zusammenhängendes Sandsteinmassiv, das einen eigenen charakteristischen Formenschatz aufweist [12]. Größere zusammenhängende Flächenreste finden sich nur noch in den zentralen Teilen des Massivs, während alle übrigen Teile, insbesondere die Randbereiche stark zertalt sind. Dieser h o h e Z e r t a l u n g s g r a d ist es vor allem, der das Relief gegen die gering zertalte Basalthochfläche abhebt. Die Fußfläche des Massivs wird von einer aus den Schwemmfächern zahlreicher Flüsse zusammengesetzten Sandschwemmebene stark wechselnder Breite eingenommen. Die ursprüngliche Oberfläche des Sandsteinmassivs, soweit sie noch anhand von Flächenresten erkennbar ist, steigt nach Süden an. So erreichen die zentralen Teile 1900 bis 2000 m, während einzelne Sandsteinhorste ganz im Süden über 2200 m aufragen. Dieser generelle Anstieg nach Süden wird auch durch die Ausrichtung des Gewässernetzes ungefähr in Nord-Süd-Richtung belegt. Auffällig sind im Luftbild die zahlreichen K l u f t l i n i e n , die das Sandsteinmassiv überwiegend in Nordwest-Südost-Richtung, daneben aber auch in Nordnordost-Südsüdwest-Richtung durchziehen und sich damit dem allgemeinen Kluftnetz des Tibestigebirges einordnen (KLITZSCH, 1970) [13].

Nahezu alle kleineren Täler passen sich streng dem Verlauf solcher Kluftlinien an, wodurch auffällig geometrische Talgrundrisse entstehen. Auch bei größeren Flüssen ist diese Anpassung bis in die sich stark verbreiternden Unterläufe hinein noch gut erkennbar. Typisch ist der ständige Wechsel von scharfen Biegungen und geraden Abschnitten, der dazu führt, daß das gesamte, ohnehin sehr dichte hydrographische Netz völlig unübersichtlich wirkt. So ist es insbesondere schwer, Wasserscheiden exakt festzulegen. Ganz ähnliche Grundrisse des Gewässernetzes finden sich in den anderen Sandsteinbereichen des Tibestigebirges, so etwa in dessen Nordwestsporn, wo sie von HAGEDORN (1971) untersucht wurden, sowie im Raum Zouar auf der Südseite und bei Bardai im westlichen Zentralteil des Gebirges, wo eigene Felduntersuchungen durchgeführt werden konnten.

Der A u f r i ß der Täler besitzt im einzelnen folgende Merkmale: im Oberlauf treten ausnahmslos Schlucht-, gelegentlich sogar Klammprofile auf, im Mittellauf wechseln enge Schluchtstrecken, meist in Form von Durchbruchstrecken, mit beckenartigen Talweitungen ab und im Unterlauf schließlich erweitern sich die Täler trichterartig gegen die Vorlandschwemmebene. Auch hier sowie überall am Rande des Sandsteinmassivs zu der vorgelagerten Sandschwemmebene sind die Hänge wandartig steil, wodurch ein schroffer Übergang entsteht. Dieser Gegensatz horizontaler und vertikaler Formelemente ist auch typisch für die übrigen Sandsteingebiete des Gebirges.

Das L ä n g s p r o f i l der Flüsse zeigt im allgemeinen folgenden Verlauf: auf den erwähnten Plateauresten beginnen die Flüsse in flachen Kerbtälchen. Nach meist sehr kurzen Laufstrecken folgen eine oder mehrere Stufen, über die bereits ein erheblicher Teil des Höhenunterschiedes zum Vorland überwunden wird. Daran schließen sich gefällsreiche Abschnitte an, die rasch in die gefällsarmen Mittel- und Unterläufe überleiten. Somit wird in der Regel schon weit innerhalb des Gebirgskörpers das Vorlandniveau erreicht, d. h. schmale Ebenen zerteilen längs der Flüsse das Sandsteinmassiv bis in seinen Kernbereich hinein. Dies ist nur möglich, weil die Erosion den vorgegebenen Kluftlinien nachtasten und sie entsprechend rasch ausräumen konnte. Der Reliefsockel (LOUIS, 1968) des Sandsteinmassivs liegt daher sehr tief und steigt nur wenig gegen das Innere hin an.

Es treten aber auch Fälle auf, wo sich im Kernbereich des Sandsteinmassivs entspringende Flüsse nicht mittels einer Stufenfolge, sondern allmählich über Schnellenstrecken eintiefen. Dabei wechseln schnellen- und gefällsreiche mit ruhigen, gefällsärmeren Schluchtstrecken mehrfach ab.

Die S a n d s c h w e m m e b e n e n der Fußzone des Sandsteinmassivs werden, wie bereits früher erwähnt, gegenwärtig nicht mehr in ihrer ganzen Breite überformt, wobei allerdings abweichend von den Schotterschwemmfächern der Basaltgebiete die Überformung noch weitgehend flächenhaft geschieht. Die anastomosierenden Rinnen der rezenten Fließbereiche sind nur schwach eingetieft und daher im Luftbild nur schwer zu erkennen. Beim Übergang zur anschließenden Basalthochfläche verengen sich die Sandschwemmebenen trichterförmig. Hierbei bilden sich durch Zusammen-

---

[12] Eine sichere altersmäßige Einordnung des Sandsteins ist mangels exakter geologischer Karten schwierig. Weder in der Karte von WACRENIER (1958) wird er dargestellt noch von VINCENT (1963) erwähnt. Aufgrund der unmittelbaren Nachbarschaft zu dem devonischen Aozi-Sandstein im Osten und dem kretazischen Guézenti-Sandstein im Norden (nubische Serie) müßte er einer dieser Formationen zugeordnet werden.

[13] Das Tibestigebirge liegt nach KLITZSCH (1970) im Scheitelpunkt zweier Wölbungsachsen, der NNW-SSE-streichenden Tripoli-Tibesti-Schwelle und der NNE-SSW-streichenden Tibesti-Syrte-Schwelle.

schluß der anastomosierenden Rinnen Sammelgerinne, die das flache Basaltrelief in kastenförmigen Schluchten zerschneiden. Überall an günstigen Stellen im Verlauf dieser Basaltschluchten, wie etwa in den häufigen beckenartigen Erweiterungen, sind im Luftbild deutlich Terrassenreste erkennbar, die auf das Vorhandensein vorzeitlicher, sich im gesamten Schluchtverlauf auswirkenden Akkumulationsphasen hinweisen.

2.5 Die große Sandschwemmebene nordöstlich von Yebbi Bou
(Luftbilder NF 34 VII, 334-336, 344-346 IGN, Paris)

Im Nordwesten des Sandsteinmassivs schließt sich eine ausgedehnte Sandschwemmebene mit fast quadratischem Grundriß an. Im Osten und Norden wird sie von einem stark zerschnittenen Sandsteinrelief, im Westen und Süden von der hohen Stufe der SCI-Serie und einer anschließenden Basalthochfläche begrenzt. Größe, quadratische Form sowie die Vielzahl kleiner Vulkankegel auf der Ebene lassen eine tektonische Anlage vermuten.

Daneben ist jedoch eine nachfolgende kräftige fluviale Überprägung zu erwarten, worauf das tiefe, fingerförmige Eingreifen der Ebene in das Sandsteinrelief längs der Unterläufe der Flüsse hindeutet. Auch diese Sandschwemmebene ist, ähnlich den weiter oben erwähnten Sand- und Schotterschwemmebenen, heute zerschnitten.

So ist mindestens ein fossiles Niveau zu erkennen, dessen dunkler Grauton sich scharf gegen die hellen, rezenten Fließbereiche abhebt. Die mauerartige Stufe der West-, vor allem aber der Südbegrenzung der Ebene, die in den Schichten der SCI-Serie ausgebildet ist, zeigt im Luftbild eigenartige, hangparallel verlaufende, girlandenartige Strukturen, die als Hangrutschungen gedeutet werden können. Zur Stufenoberkante hin lassen sich sogar einzelne Schollen deutlich unterscheiden.

Ähnliche Hangstrukturen treten noch an mehreren Stellen im Arbeitsgebiet auf, wie etwa an den Steilhängen um Yebbi Bou und an einer isolierten Erhebung nordwestlich des Tarso Tieroko (Luftbild NF 33 VI, 54). Ein Vergleich mit den eindeutig fossilen „Schollenrutschungen und Erdfließungen" im Bereich des Tarso Ourari im Nordwest-Tibesti, die HÖVERMANN (1972) beschreibt, läßt vermuten, daß es sich auch bei den Rutschungen im Yebbigué-Gebiet um fossile Bildungen eines feuchten Vorzeitklimas handelt. Das heutige Klima im Tibestigebirge ist viel zu trocken für derartige intensive Hangabtragungsprozesse. Welch hohes Maß an Feuchtigkeit für die Entstehung von Rutschungen notwendig ist, zeigt deren rezentes Vorkommen in Mitteleuropa sowie im Elbursgebirge (Iran), wo sie an humide Klimabedingungen der Höhenstufe zwischen 1000 und 2000 m gebunden sind (HÖVERMANN, 1960).

2.6 Das Zertalungs- und Plateaurelief östlich des mittleren Yebbigué
(Luftbilder NF 33 XII, 194, 197, 198, 254 und NF 34 VII, 242, 304-306, 337, 338 IGN, Paris)

Die isolierte und in ihrem Kernbereich noch völlig unzerschnittene Basalthochfläche nördlich von Yebbi Bou wird im Westen von der breiten Yebbigué-Talung und im Osten von ausgedehnten Sandsteinmassiven begrenzt. Im Norden und Nordwesten ist die Hochfläche zerlappt und fällt ohne scharfe Grenze gegen ein stark zerschnittenes Sandsteinrelief ab, in dessen große Täler einzelne Zungen des Plateaubasaltes hinunterreichen. Quer durch den Südteil der Hochfläche zieht sich in Ost-West-Richtung eine auffällige Reihe kleiner Vulkankegel, die vermutlich die Lage einer Förderspalte anzeigen. Eine ähnliche, in ihrer Geschlossenheit allerdings weniger gut ausgeprägte Vulkanreihe liegt etwa 5 km südlich davon. Zur erstgenannten Vulkanreihe gehört eine Basaltdecke, die über die älteren Plateaubasalte der Hochfläche ausgeflossen ist und sich aufgrund ihrer fast schwarzen Färbung deutlich von dem dunkelgrauen älteren Basalt abhebt. Die Vulkankegel, deren Flanken kaum zerschnitten sind, gleichen denen des Tarso Toh im West-Tibesti, die von VINCENT (1963) der Serie SN4 zugerechnet werden. Gemäß der allgemeinen Abdachung der Hochfläche ziehen sich Zungen des älteren und jüngeren Plateaubasalts nach Westen weit in die Täler bis zur Yebbigué-Talung hinab, weshalb diese Basalte von den französischen Geologen (MALEY et al., 1970; VINCENT, 1963; WACRENIER, 1958) auch als „Basalte der Hänge und Täler" bezeichnet werden.

Der Formenschatz der Hochfläche gleicht dem der ausgedehnten Basalthochfläche östlich des Tarso Tieroko. Auch hier lassen sich im Luftbild zahlreiche abflußlose Hohlformen erkennen, die besonders im Süden sowie im äußersten Norden der Hochfläche gehäuft auftreten. Dies sind die Bereiche, die noch nicht an ein durchgehendes Entwässerungssystem angeschlossen sind. Überall an den Rändern der Hochfläche treten die sockelbildenden Schichten der SCI-Serie zutage und lassen damit auf eine sehr geringe Mächtigkeit der ausgedehnten Basaltdecke schließen. Ganz im Süden bildet die oberste, harte Schicht der SCI-Serie sogar einen Teil des Plateaus. Die Abhänge des Plateaus in der SCI-Schichtserie sind durchweg steil und weisen infolge ihrer Gliederung durch hangparallele Leisten große Ähnlichkeit mit den Stufenhängen des SCI-Plateaus westlich des Yebbigué auf; so auch hinsichtlich ihres Grundrisses, der an manchen Stellen die typischen Dreiecks- und Halbkreisbuchten der SCI-Stufe in Ansätzen erkennen läßt.

Während die Hochfläche im Osten und Süden nahezu ungegliedert gegen das Vorland abfällt, ist sie im gesamten Nordwestteil von tief eingreifenden Tälern zerschnitten. Diese fallen durch ihre große Breite sowohl der Taloberkante als auch der Talsohle, vor allem aber durch ihre parallele Anordnung und ihren leicht gebogenen, ungefähr Südost-Nordwest orientierten Grundriß auf. Sie weichen daher in der Form erheblich von den canyonartigen Schluchten des SCI-Plateaus westlich des Yebbigué ab, die bei vergleichbarer Tiefe erheblich schmaler sind. Die meisten dieser Täler haben ihren Ursprung entsprechend der Abdachung der Hochfläche dicht an deren östlichem Steilabfall. Demnach verläuft auch die Hauptwasserscheide der Hochfläche nur wenig westlich dieses Steilabfalles. Die Täler beginnen in der Regel als Muldentälchen und gehen über eine undeutliche Kerbenform rasch in Sohlentälchen über. Nur in einem Fall hat sich aus einem solchen Sohlentälchen eine kastenförmige Basaltschlucht auf der Fläche entwickelt. Am Rande des Plateaus weiten sich die Täler trichterförmig aus. Hier durchbrechen die Gerinne in gefällsreichen Abschnitten auf kurze Distanz nahezu die gesamte mächtige SCI-Serie, ehe sie in die erwähnten breitsohligen Täler des Vorlandes übergehen. Diese erwecken mit ihren extrem breiten Sohlen, deren Gefälle bis zur Einmündung in das Yebbigué-Tal gering bleibt, den Eindruck von stark in die Länge gezogenen Schwemmfächern, weshalb man sie, angesichts der Begrenzung durch Talhänge, auch als „kanalisierte Schwemmfächer" bezeichnen könnte [14].

Wie alle anderen Täler im Untersuchungsgebiet lassen auch diese sehr breitsohligen Täler im Luftbild mindestens eine Akkumulationsterrasse erkennen, die auf eine noch größere Breite des vorzeitlichen Talbodens hindeutet. Daher handelt es sich bei dem rezenten Talboden relativ gesehen um eine Erosionsform. Damit wird zugleich angedeutet, daß Erosionsbetten von Flüssen nicht notwendigerweise schmal und möglichst ins Anstehende eingeschnitten sein müssen, sondern auch sehr breit und sedimenterfüllt sein können und dabei nur in ältere Akkumulationen eingeschnitten zu sein brauchen. Vor allem BÜDEL (1962, 1969, 1970, 1971) betonte aufgrund der Untersuchungen an Flüssen im Periglazialbereich Spitzbergens die Relativität der Begriffe Erosions- und Akkumulationsbett eines Flusses. Die breiten Schotterbetten der Flüsse in Spitzbergen stellen Erosionsformen von sogar „exzessivem Charakter" dar („Eisrindeneffekt", 1969). Auch TROLL (1924, 1957) vertritt die Auffassung, daß die Begriffe Akkumulations- und Erosionsbett eines Flusses relativ und damit nicht formal, sondern eher funktional zu sehen sind.

Die Hänge der breitsohligen Täler sind 30 bis 40° steil und werden von dicht nebeneinanderliegenden Runsen zerschnitten. Für den Mechanismus der Hangabtragung kann dies, ähnlich wie bei den Schluchthängen der Vulkanmassive Tarso Toon und Tarso Tieroko bedeuten, daß die Hänge durch „Runsen- bzw. Kerbenerosion" (MORTENSEN, 1927; bzw. MENSCHING, 1970) parallel zu sich selbst zurückverlegt werden.

---

[14] OBENAUF (1971) versuchte, anhand von Untersuchungen auf Talböden im West-Tibesti nachzuweisen, daß sich der rezente Sedimenttransport auch in den Tälern in Form typischer Schwemmfächerschüttungen vollzieht.

Infolge der zahlreichen kurzen Hangkerben und des Fehlens größerer seitlicher Zubringer zeigen diese Flußsysteme eigentümliche fiederförmige Grundrisse mit einer zentralen Entwässerungsachse und kurzen, auf sie zulaufenden Hangrunsen. Die Grundrisse unterscheiden sich damit grundsätzlich etwa von den erwähnten feinverästelten dendritischen bzw. baumförmigen Grundrißmustern des SCI-Plateaus westlich des Yebbigué. Nach Eintritt in das Sandsteinrelief im Bereich von Grada Tiri (Luftbild NF 33 XII, 194) sind die Unterläufe der Flüsse bis zur Einmündung in den Yebbigué streng südost-nordwest ausgerichtet, womit sie sich der Hauptkluftrichtung des Sandsteins anpassen. Allerdings tritt dieser nicht überall an die Oberfläche, sondern wird teilweise durch vulkanische Decken der Serie SN1 verhüllt. Die zahlreichen, strahlenförmig von einem Zentrum ausgehenden Dykes sowie die dom- und nadelförmigen Trachyt- und Phonolithkegel bestimmen den Charakter dieses Gebietes. VINCENT (1963) spricht in diesem Zusammenhang von dem Dyke-Bündel von Kiléhégé. Die dom- und nadelförmigen Trachyt- und Phonolithkegel gehören nach Ansicht von VINCENT zur Serie SCk (Ignimbritserie von Kiléhégé), die in die relativ mächtige dunkle Serie SN1 eingeschaltet ist. Die Serie SN1 stellt die älteste vulkanische Serie im Tibestigebirge dar.

2.7 Das Sandsteinrelief im Nordosten des Kartierungsgebietes
(Luftbilder NF 33 XII, 121, 122, 129, 130 und NF 34 VII, 298, 299, 300 IGN, Paris)

Das ausgedehnte Sandsteinrelief in Höhen von 1050 bis 1400 m, das sich östlich der Einmündung des Iski/Djiloa in den Yebbigué erstreckt, besitzt fast den gleichen Formenschatz wie die übrigen Sandsteingebiete im Osten des Arbeitsgebietes, so beispielsweise ein sehr dichtes Gitternetz von Kluftlinien und eine Anpassung der Flüsse an diese Strukturen, wodurch deren typische „eckige" Grundrisse entstehen. Die Täler selbst größerer Flüsse sind eng und häufig von schluchtartigem Charakter.

Der Sandstein — es handelt sich wahrscheinlich um dieselbe Formation wie im östlichen Arbeitsgebiet — tritt auch hier nicht als zusammenhängendes Plateau auf, sondern in einzelnen Horsten und Schollen, die eine teilweise erhebliche Schrägstellung nach Südosten erkennen lassen. Somit sind die hohen und sehr steilen Stufen alle nach Nordwesten gerichtet. Sie fallen durch ihren sehr unregelmäßigen, häufig zerlappten Grundriß auf. Die Schluchten, die solche Stufen von Südosten, d. h. gleichsam von hinten queren, erreichen daher ihre größte Tiefe und extremste Ausprägung erst kurz vor dem Austritt aus den Massiven.

Ein bedeutender Unterschied gegenüber den 1700 bis 2000 m hoch gelegenen Sandsteingebieten östlich von Yebbi Bou besteht im fast völligen Fehlen von Sandschwemmebenen. Nur hier und da deutet sich der Beginn einer Schwemmfächerbildung an; größere oder gar in Form von Sandschwemmebenen zusammenhängende Schwemmfächer sind dagegen nirgends entwickelt. Dies könnte orographische Ursachen haben in der Weise, daß in dem unruhigen Relief ausgedehnte Flächenbereiche fehlen, in denen sich Schwemmebenen hätten entwickeln können. Schwemmfächerartig breit sind dagegen die Talböden vor allem der Hauptflüsse, wie etwa des Yebbigué und des Ordisou. Die extreme Breite der Talböden kann jedoch nicht als Beweis für eine gegenwärtig in diesem Bereich vorhandene Tendenz zur Schwemmfächerbildung herangezogen werden, da sie die Folge eines gewissen Sedimentstaus im gefällsarmen Unterlauf dieser Flüsse darstellt. Hiervon sind auch alle kleineren Flüsse des Gebietes betroffen, die ebenfalls extrem breite Unterläufe besitzen.

Als Hauptursache des Unterschiedes der beiden in verschiedenen Höhenstockwerken liegenden Sandsteingebiete muß daher eine unterschiedlich starke Formungstendenz infolge einer klimatischen Höhenstufung angesehen werden. So liegt das Gebiet in 1050 bis 1400 m Höhe noch im mittleren Höhenbereich des Gebirges, das Gebiet in 1700 bis 2000 m Höhe dagegen schon in dessen oberen Höhenbereich. Folglich ist der Höhenunterschied von über 500 m entscheidend für die viel intensivere flächenhafte Formung im höher liegenden, petrographisch gleichen Gebiet. Sichtbares Zeichen hierfür sind die riesigen Schwemmfächer dieses Gebietes, die jene des tieferen Höhenbereichs um ein Vielfaches an Größe übertreffen.

2.8 Das Yebbigué-Tal von Yebbi Bou über Yebbi Zouma und Kiléhégé bis zum Nordrand der Karte als besondere Reliefeinheit

Ähnlich den beschriebenen canyonartigen Tälern des Iski und Djiloa ist auch das Yebbigué-Tal tief in die mächtige SCI-Schichtserie eingeschnitten. Es unterscheidet sich von diesen jedoch trotz vergleichbarer Form und Steilheit der Hänge wesentlich durch seine viel größere Breite und vor allem durch die Tatsache, daß seine Sohle von mehreren Talbasaltströmen verschüttet wurde. In diese Talbasaltströme hat sich der Yebbigué in einer tiefen, kastenförmigen Schlucht eingeschnitten. Es liegen also zwei ineinandergeschachtelte Talgenerationen völlig unterschiedlicher Form und Größe vor: ein altangelegtes, geräumiges Tal in der SCI-Schichtserie und eine junge, enge Schlucht in den Talbasalten. Die Schlucht mäandriert jedoch, d. h. sie pendelt zwischen den hohen SCI-Hängen hin und her und verläuft daher nur teilweise mitten im Talbasalt. Beispiele für solche Schluchtstrecken sind die Abschnitte oberhalb und unterhalb von Yebbi Zouma sowie wenige kurze Abschnitte bei Yebbi Bou. Meist dagegen ist die Schlucht an der Grenze des Talbasaltes zum SCI-Talhang eingeschnitten. Infolge der leichten Ausräumbarkeit an der Grenzzone sind die Schluchtabschnitte meist wesentlich breiter als die reinen Basaltschluchtabschnitte. Lokal können sogar extreme Verbreiterungen auftreten, wie etwa unterhalb von Yebbi Bou, wo das Tal 200 m breit wird.

In solchen Talverbreiterungen finden sich bevorzugt Reste von Flußterrassen, die hier als Akkumulationsterrassen ausgebildet sind. In den übrigen Schluchtabschnitten sind die Terrassen fast durchweg als Erosionsterrassen ausgebildet und, ähnlich den Akkumulationsterrassen, im Luftbild deutlich zu erkennen.

Die Hänge des altangelegten Tales sind zwischen 35 und 45° steil und infolge der ausbeißenden, fast horizontal lagernden SCI-Schichten meist treppenförmig gegliedert. Trotz ihrer Steilheit werden sie fast durchweg von einer lückenlosen, teilweise ziemlich mächtigen Schuttdecke überzogen. Die Hänge der jungen Basaltschlucht dagegen sind wandartig steil, mit Neigungen von über 60°. Infolge der Säulenstruktur des Basalts sind sie stets glatt und vertikal gegliedert.

Die Talbasaltströme, die alle von Südosten oder Osten über die Seitentäler in das Yebbigué-Tal hereingeflossen sind, lassen sich in zwei deutlich unterscheidbare Generationen trennen: die ältere Talbasaltgeneration zieht sich im Yebbigué-Tal vom Oberlauf bis über die Einmündung des Iski/Djiloa hinaus abwärts, die jüngere Talbasaltgeneration hat im Mittelabschnitt des Yebbigué-Tales in zwei Teilströmen stellenweise den älteren Talbasalt überdeckt und das in diesen eingeschnittene Tal verfüllt. Die Oberfläche der älteren Basaltgeneration zeichnet sich durch ihre im Luftbild graue Färbung, ihre relativ ebene, zum Schluchtrand hin geneigte Oberfläche sowie das gut entwickelte Gewässernetz — meist handelt es sich um Schwemmfächergerinne — aus. Die Oberfläche der jüngeren Basaltgeneration besitzt dagegen eine fast schwarze Färbung, eine unruhige, kleinkuppige Oberfläche und ein erst embryonal entwickeltes Gewässernetz. Ähnlich wie bei den früher erwähnten Basalthochflächen finden sich auch hier zahlreiche, allerdings meist sehr kleine Depressionen auf der Oberfläche, die im Luftbild durch ihre helle Färbung auffallen.

An der Einmündung der beiden jungen Basaltströme zwischen Yebbi Bou und Yebbi Zouma ist eine charakteristische Verschleppung der Einmündung der Nebenflüsse zu beobachten — ein Hinweis auf das vermutlich sehr geringe Alter dieser Basaltströme. Entsprechend den Herkunftsgebieten der Talbasaltströme ergibt sich ein Gegensatz zwischen den Tälern der rechts- und linksseitigen Nebenflüsse des Yebbigué. Die Täler der rechten Nebenflüsse sind alle von Basalt verschüttet, der ebenso von jungen Schluchten zerschnitten ist wie der Talbasalt des Haupttales. Die Täler der linken Nebenflüsse dagegen sind talbasaltfrei und daher auf das Talbodenniveau des präbasaltischen Yebbigué-Tales eingestellt. Die Verschüttung des Yebbigué-Tales durch Basaltströme hatte für diese Flüsse eine plötzliche Anhebung der Erosionsbasis und damit einen kräftigen Aufstau in den Unterläufen zur Folge. Ein Hinweis auf einen solchen Aufstau ist die große Breite der Flußbetten, die etwa im Unterlauf des Timi südlich von Yebbi Zouma 500 m beträgt.

Fast alle Täler der rechts- und linksseitigen Nebenflüsse, so auch das große Tal des Timi, münden als H ä n g e t ä l e r in die Yebbigué-Schlucht. Die Stufe, mittels derer sie den Höhenunterschied zur Yebbigué-Schlucht überwinden, liegt je nach der Größe der Nebenflüsse und damit der Stärke der rückschreitenden Erosion unterschiedlich weit zurück. So beträgt die Entfernung zwischen Stufe und Yebbigué im Falle des Timi knapp 500 m, im Falle des Nebenflusses bei Yebbi Zouma 300 m, bei kleineren Nebenflüssen dagegen unter 100 m. Kleine Gerinne sind überhaupt nicht eingeschnitten und münden über eine hohe Stufe direkt in die Schlucht.

Die kleinen Gerinne haben alle beim Übergang von den hohen SCI-Talhängen auf die breite Talbasaltoberfläche S c h w e m m f ä c h e r aufgeschüttet, die einen durchgehenden Saum bilden. Besonders breit ist dieser Saum südlich von Yebbi Zouma entwickelt, wo er von BUSCHE (1973) untersucht wurde.

Etwa ab Kiléhégé beginnt sich die Yebbigué-Schlucht allmählich zu verbreitern. Eine schlagartige Bettverbreiterung erfolgt unterhalb der Einmündung des Iski/Djiloa, womit das Tal seinen Schluchtcharakter verliert und sich infolge des Ausdünnens des Talbasaltstromes zu einem breiten Sohlental wandelt. Diese Verbreiterung hat, soweit im Luftbild erkennbar, vermutlich zwei Hauptursachen: einmal die große Sedimentzufuhr der beiden direkt aus der Hochregion des Tarso Tieroko bzw. Tarso Toon kommenden Flüsse Iski und Djiloa und zum anderen eine extreme Engstelle im Yebbigué-Tal, die etwa 12 km yebbiguéabwärts vom Zusammenfluß mit dem Iski/Djiloa liegt. Diese Engstelle, bis zu der sich das Flußbett des Yebbigué ständig verbreitert und wenig oberhalb eine maximale Breite von 700 m erreicht, hat offensichtlich die Funktion eines Nadelöhrs, durch das der Sedimenttransport des Flusses wesentlich behindert wird. Stauerscheinungen oberhalb dieses Nadelöhrs sind daher die notwendige Folge.

2.9 Ergebnisse

2.9.1 Die großen Reliefeinheiten des Arbeitsgebietes

Entsprechend den verschiedenen Gesteinsarten — 1. Sandstein, 2. Rhyolithe, Tuffe und Tuffbreccien, 3. ältere Basalte (SN2) und 4. jüngere Basalte (SN3 und SN4) — läßt sich das Arbeitsgebiet in vier Bereiche gliedern, von denen jeder einen typischen Formenschatz aufweist:

1. Die Sandsteinmassive mit ihrem dichten, vielfach in charakteristischer Weise an das Kluftgitter angepaßten Schluchtnetz. Dieses zeigt daher in der Regel geometrische Grundrißmuster und einen teilweise „eckigen" Verlauf der Schluchten. Es ist daher schwierig, Wasserscheiden zu verfolgen. Der Schluchtquerschnitt ist im allgemeinen kastenförmig; auch reine Klammstrecken kommen vor.

2. Das SCI-Plateaurelief mit den zwei völlig verschiedenen Taltypen, einmal den tief eingeschnittenen canyonartigen Schluchten und zum anderen den dendritisch-feinverzweigten „Flachmuldentälchen" des Plateaus. Die Tälchendichte ist hier sehr hoch. Wasserscheiden lassen sich nur mit Mühe verfolgen. Eine weitere Besonderheit der Hochfläche stellen die zahlreichen unregelmäßig geformten flachen Depressionen dar. Das SCI-Plateau, das wesentliche Züge einer Schichtstufenlandschaft trägt, wurde in Anlehnung an die Terminologie von MORTENSEN (1953) als Achter- und Längsstufenlandschaft bezeichnet.

3. Die SN2-Vulkanmassive Tarso Tieroko und Tarso Toon mit ihrem gleichförmigen Grat- und Schluchtenrelief, das strahlenförmig vom Zentrum ausgehend die Flanken der Massive gliedert. Die Taldichte ist sehr hoch. Typisch ist der Querschnitt der Schluchten, die annähernd die Form eines Kerbtales besitzen. Häufig ist eine relativ breite Sohle ausgebildet — eine Erscheinung, die in Anbetracht des hohen Gefälles auf einen starken Sedimenttransport schließen läßt.

4. Die jungen Basalthochflächen (SN3- und SN4-Basalt) mit ihrem erst embryonal entwickelten Gewässernetz und den sehr zahlreichen abflußlosen Depressionen in Bereichen, die noch nicht an das Gewässernetz angeschlossen sind. Die Taldichte ist sehr gering; Wasserscheiden lassen sich kaum durchverfolgen. Alle größeren Täler sind in der Regel als kastenförmige Schluchten von stark wechselnder Breite ausgebildet.

Die Täler der vier petrographisch unterschiedlichen Gebiete lassen folgende G e m e i n s a m k e i t e n erkennen:

a) Die T a l e n t w i c k l u n g zeigt vom Ursprung an die bereits von HÖVERMANN (1967, 1972), HAGEDORN (1971), JANNSSEN (1970) u. a. aus dem Westteil des Gebirges beschriebene Abfolge: Muldental, Kerbtal, Sohlental, wobei die Kerbenform meist nur undeutlich ausgebildet ist. In fast allen Fällen wird das Sohlentalstadium rasch erreicht. Eine Ausnahme von dieser Regel macht die Talentwicklung in den Vulkanmassiven Tarso Toon und Tarso Tieroko. Hier beginnen die Schluchten meist mit steilen Talschlüssen, die nur annäherungsweise die Form einer Mulde besitzen.

b) Die b e h e r r s c h e n d e T a l f o r m ist demnach gekennzeichnet durch eine relativ breite Sohle und steile bis wandartige Hänge. Ich bezeichne sie in Anlehnung an PASSARGE (1929) als „Kastental" im weiteren Sinne bzw. als „Sohlenschlucht" im Sinne RICHTHOFENs (1886, S. 163).

Es besteht eine gewisse Ähnlichkeit mit den Torrenten des Mittelmeergebietes (HORMANN, 1964; LOUIS, 1968, u. a.), mehr noch mit den Canyons im trockenen Südwesten der USA. RUST (1970) spricht daher generell zutreffend vom „Canyontypus der Talbildung" in Trockengebieten. Eine Ausnahme hiervon machen die Schluchten der beiden Vulkanmassive Tarso Toon und Tarso Tieroko, die keinen breitsohligen bzw. canyonartigen, sondern einen angenähert kerbtalförmigen Querschnitt besitzen.

c) Eine weitere Gemeinsamkeit aller Bereiche des Arbeitsgebietes ist das häufige und gesetzmäßige Auftreten von S c h w e m m f ä c h e r n bzw. Schwemmebenen. Gesetzmäßig deshalb, weil sie in allen Fußflächenbereichen sowohl der Basalt- und Sandsteinmassive als auch der SCI-Schichtstufe auftreten. Ihre Größe ist sehr verschieden und variiert mit der Ausdehnung des jeweiligen Hinterlandes. Ebenfalls unterschiedlich sind sie hinsichtlich der Korngröße des Materials, das dieses Hinterland liefert. So haben sie im Vorland der Basaltmassive den Charakter von Schotterschwemmfächern bzw. -ebenen und im Vorland der Sandsteinmassive den Charakter von Sandschwemmfächern bzw. -ebenen. Die Schwemmfächer im Vorland der SCI-Schichtstufe dagegen nehmen eine Mittelstellung ein, d. h. ihr Material ist feiner als im ersten, aber bedeutend gröber als im zweiten Fall (vgl. BUSCHE, 1972, 1973).

2.9.2 *Die Entwicklung des fluvialen Formenschatzes anhand der Karte*

1. Spuren einer ältesten vorzeitlichen Formungsperiode sind vornehmlich im Bereich des SCI-Plateaus zu finden. Es sind dies die flachen Stufen auf dem Plateau mit ihren vorgelagerten Zeugenbergen sowie die „Flachmuldentälchen" (LOUIS, 1964) bzw. „Spülmulden" (BÜDEL, 1957) mit den eingeschalteten flachen Depressionen, die auf feuchtzeitliche flächenhafte Abtragung schließen lassen. Eine Deutung der flachen Depressionen als äolische Formen ist unwahrscheinlich, da ihre Anordnung keinerlei Regelhaftigkeit im Sinne einer vorherrschenden Windrichtung erkennen läßt[15]. Ferner lassen sich die sogenannten Halbkreisbuchten der Hauptstufe des Plateaus ebenfalls als feuchtzeitliche Bildungen deuten. Die Wahrscheinlichkeit ist groß, daß es sich bei diesen ältesten feuchtzeitlichen Bedingungen im Arbeitsgebiet um solche eines tropisch-wechselfeuchten Klimas handelt. Zum gleichen Ergebnis kam BUSCHE (1972, 1973) bei der Untersuchung von Pedimenten, die nach ihm Felsfußflächen darstellen, in diesem Gebiet.

2. Die Flächenbildungsphase mußte dann von einer bedeutenden Talbildungsphase abgelöst worden sein, als deren Ergebnis die das SCI-Plateau tief zerschneidenden Canyons der großen Flüsse anzusehen sind. Auch das ebenfalls in die SCI-Schichtserie eingeschnittene Tal des Yebbigué entstand in dieser Zeit, die nach den Vorstellungen der französischen Geologen (WACRENIER, 1958; VINCENT, 1963) an der Wende Tertiär/Quartär liegen soll („grand creusement des vallées"). Vermutlich gehört in diese Zeit auch die Bildung des Grat- und Schluchtenreliefs der Vulkanmassive Tarso Toon und Tarso Tieroko, nicht jedoch die Bildung der Sandsteinschluchten sowie der Schluchten der jungen Basalthochflächen. Erstere sind in ihrer Anlage mit Sicherheit älter, letztere dagegen jünger als die Canyons des Iski und Djiloa im SCI-Plateau sowie die Schluchten von Tarso Toon und Tarso Tieroko. Hieran wird deutlich, daß das S c h l u c h t r e l i e f des Arbeitsgebietes eigentlich auf doppelte Weise differenziert werden muß: einmal hinsichtlich der Form der Täler, die vorwiegend vom jeweiligen Gestein abhängt — eine petrographische Abhängigkeit also — und zum anderen hinsichtlich der Größe bzw. Tiefe der Täler, die im wesentlichen eine Funktion ihres jeweiligen Alters darstellt.

3. Auf welche Weise die Entstehung der Täler im einzelnen erfolgte, kann jedoch im Luftbild nicht festgestellt werden. Tiefenerosion war mit Sicherheit der vorherrschende Formungsprozeß; allerdings ist es wahrscheinlich, daß die Entstehung nicht gleichförmig im Sinne ständiger Tiefenerosion, sondern im Wechsel von Tiefen- und Seitenerosion bzw. Akkumulation erfolgte, worauf die in allen Tälern vorhandenen Terrassenreste hindeuten. Sie stellen Zeugen der jüngsten vorzeitlichen Formungsphasen dar, die sich gewissermaßen nur am Grunde der schon bestehenden großen Täler abgespielt haben. Das besondere an diesen Terrassenresten ist die Tatsache, daß sie in allen Tälern des Arbeitsgebietes, d. h. in deren Unter-, Mittel- und Oberläufen auftreten, ungeachtet der häufig extremen Bedingungen, wie engem Talquerschnitt und hohem Gefälle. Hieraus kann auf eine durchgehende Verschüttung der Täler, zumindest im Bereich des Talgrundes, während der vorzeitlichen Akkumulationsphasen geschlossen werden. Entsprechend den Terrassen in den Tälern finden sich auch auf allen Schwemmfächern bzw. Schwemmebenen fossile, d. h. gegenüber den rezenten Schwemmflächen höherliegende Bereiche von meist sehr großer Ausdehnung. Sie lassen sich überall ohne Schwierigkeit mit den Terrassenresten der Täler verbinden und müssen daher als gleichzeitige Bildungen angesehen werden. Auffälligstes Merkmal ist ihre erhebliche Größenzunahme mit der Höhe, die auch unter Berücksichtigung orographischer Besonderheiten nur klimatisch, im Sinne einer ausgeprägten Höhenstufung der Formungsintensität (HÖVERMANN, 1963, 1967, 1972; HAGEDORN, 1966, 1971) gedeutet werden kann.

Neben den Hinweisen auf intensive vorzeitliche fluviale Prozesse finden sich auch solche auf intensive vorzeitliche Hangabtragung, etwa in der Form von Rutschungen. Ihr Auftreten ist im Arbeitsgebiet an den Höhenbereich über 1400 m gebunden und kann daher bei aller Einschränkung hinsichtlich ihres sehr lückenhaften Vorkommens ebenfalls als Hinweis für das Vorhandensein einer vorzeitlichen Höhenstufung gedeutet werden. Die Fossilität der Rutschungen ergibt sich neben der Tatsache, daß die gesamten Hänge im Luftbild eine einheitliche dunkle Patina aufweisen, vor allem aus dem Vergleich mit nachweislich fossilen Rutschungen und Erdfließungen (HÖVERMANN, 1972) im Tarso Ourari im West-Tibesti.

4. Die a k t u e l l e F o r m u n g im Arbeitsgebiet dagegen wirkt sich, unabhängig vom Gestein, im Sinne einer generellen Zerschneidung aus. Zerschnitten sind

---

[15] Das „Windrelief" in der Fußzone des Tibestigebirges, insbesondere von Borkou im Südosten des Gebirges ist von einer der Hauptwindrichtung entsprechenden streng parallelen Anordnung der Formelemente gekennzeichnet (HAGEDORN, 1968, 1969, 1971).

alle Reliefeinheiten, wie etwa die breiten vorzeitlichen Talböden, die ausgedehnten vorzeitlichen Schwemmfächer bzw. Schwemmebenen und die fossile Rutschungen aufweisenden Schutthänge unabhängig von ihrer Neigung. Ein Vergleich der rezent überformten Bereiche dieser Reliefeinheiten in verschiedenen Höhenlagen läßt auch hier, wenngleich in viel geringerem Maße als bei den vorzeitlich überformten Bereichen eine deutliche Größenzunahme mit der Höhe erkennen. Dies gilt insbesondere für die rezenten Schwemmfächerbereiche, die, obgleich überall nur noch schmal bandförmig, mit zunehmender Höhe eine deutliche Verbreiterung aufweisen. Weniger gut ist dies bei den rezenten Flußbetten ausgeprägt. Recht gut läßt sich dieser Formungswandel jedoch auch an den Schutthängen nachweisen, deren in allen Höhenlagen vorhandene Runsen und Kerben in Bereichen oberhalb etwa 2000 m auffällig verwaschene Formen besitzen, die nur durch eine in dieser Höhe relativ ausgeprägte flächenhafte Hangabtragung erklärt werden können. Insgesamt gesehen ergibt sich daher die Feststellung, daß auch unter den gegenwärtigen Formungsbedingungen im Arbeitsgebiet eine, wenngleich nicht sehr ausgeprägte Höhenstufung der Formungsintensität vorliegt.

3. Die Entwicklung des Yebbigué-Tales

3.1 Die Talentwicklung vor der Verschüttung durch Talbasaltströme

3.1.1 Terrassen- und Bodenreste sowie vulkanische Ablagerungen an den Hängen oberhalb des Talbasaltes

Die Entwicklung des in die SCI-Schichtserie eingeschnittenen, älteren Yebbigué-Tales soll im folgenden an einer Profilreihe südlich von Yebbi Bou sowie durch ein Profil etwa 35 km unterhalb von Yebbi Bou dargestellt werden.

Älteste Zeugen der beginnenden Zertalung in der mächtigen SCI-Schichtserie finden sich schon innerhalb der Serie vor deren Abschluß durch einen harten Deckrhyolith. Am eindrucksvollsten ist diese frühe Talbildungsphase etwa 5 km südlich von Yebbi Bou belegt, wo Profil 20 a aufgenommen wurde. Der Deckrhyolith bildet an der rechten Talseite eine senkrechte, 40 m hohe Wand, während er auf der linken Talseite säulig abwittert und nur etwa 15 m mächtig ist. Diese Mächtigkeit von 15 m entspricht der mittleren Rhyolithmächtigkeit im weiteren Verlauf des Yebbigué-Tales und kann daher als Normalwert angesehen werden. Die Mächtigkeit von 40 m im vorliegenden Fall dagegen ist extrem hoch und kann nur mit der Verfüllung eines fast die Tiefe der heutigen Schlucht erreichenden, prä-rhyolithischen Tales erklärt werden. Die Möglichkeit einer tektonischen Anlage der Vertiefung, etwa im Sinne einer Verbiegung, scheidet an dieser Stelle aus, da die liegenden Tuff- und Tuffbreccienbänke nahezu ungestört horizontal verlaufen.

An anderen Stellen dagegen, so etwa 1 km oberhalb und 3 km unterhalb dieses Aufschlusses, liegen tektonische Verbiegungen der obersten Tuff- und Tuffbreccienbänke der SCI-Serie vor. Auch hier hat der Deckrhyolith reliefausgleichend gewirkt. Er erreicht in den Mulden Mächtigkeiten von 20 bis 25 m, auf den Sätteln dagegen nur 10 m.

Mit dem Deckrhyolith war der Aufbau der mächtigen SCI-Serie abgeschlossen und es setzte eine Zertalung großen Umfangs ein, in deren Verlauf die geräumige, annähernd kehltalartige [16] Yebbigué-Talung geschaffen wurde. Diese Zertalungsperiode, das sogenannte „grand creusement des vallées" (WACRENIER, 1958; VINCENT, 1963) wird von den französischen Geologen als einheitliche Formungsperiode angesehen, die sich, etwas vage formuliert, an der Wende Tertiär/Quartär abgespielt haben soll. Dies würde bedeuten, daß die Yebbigué-Talung in relativ kurzer Zeit entstand und die Formung während des Quartärs von nur geringem Einfluß auf die Talentwicklung war. Inwieweit diese Vorstellung präzisiert werden muß, soll die folgende Untersuchung der Yebbigué-Talhänge zeigen.

Obwohl die Hänge, infolge ihrer mittleren Neigung von 35 bis 40%, ungünstige Voraussetzungen für die Erhaltung fluvialer Akkumulationsreste oder von Resten von Paläoböden bieten, konnten solche Relikte an geschützten Stellen überall auf den Hängen gefunden werden. Günstig für ihre Erhaltung wirkte sich vor allem die treppenförmige Struktur der Hänge aus. Schwierig war es allerdings, vorzeitliche Formungsrelikte an den Hängen in gleicher Höhe durchzuverfolgen, denn gerade die flacheren, für die Erhaltung günstigen Hangbereiche tragen meist eine mächtige, lückenlose Schuttdecke, die das Anstehende verhüllt. Paradoxerweise waren es daher die steileren Hangbereiche, auf denen solche Relikte häufig gefunden wurden.

---

[16] Der Begriff wird hier rein beschreibend gebraucht, nicht etwa im Sinne einer genetischen Deutung (LOUIS, 1964).

Eine weitere Schwierigkeit bestand darin, die jeweiligen Relikte zu bestimmen, so beispielsweise verschwemmte Tuffe von echten fluvialen Schüttungen und diese wiederum von Bodensedimenten bzw. Böden zu unterscheiden.

Mit den folgenden vier Profilen (Profile 20 a, 25, 27 a und 28) soll die Entwicklung im Oberlauf der SCI-Talung südlich von Yebbi Bou dargestellt werden. Hierbei werden die vorzeitlichen Formungsrelikte an den Hängen in chronologischer Reihenfolge beschrieben, wobei angenommen wird, daß die höherliegenden die jeweils älteren darstellen.

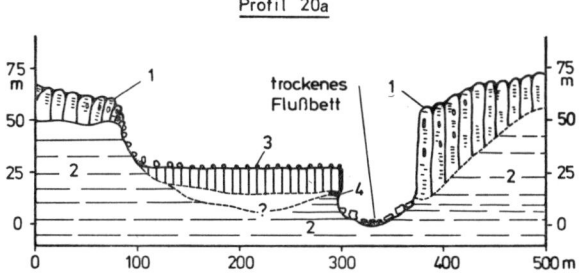

Profil 20 a: 1. Deckrhyolith, hier sehr mächtig, da Verfüllung eines alten Tales vorliegt; 2. überwiegend massige Bänke von Tuffen und Tuffbreccien; 3. Talbasaltstrom, älterer (SN3); 4. roter Horizont.

In Profil 20 a hat das Tal erst eine Tiefe von knapp 50 m erreicht, gemessen von der Oberfläche des Deckrhyoliths bis zu der unter dem Talbasalt liegenden Talsohle, deren dargestellte Form geschätzt wurde. Am linksseitigen Talhang, unterhalb des Deckrhyoliths, konnten keine an die massigen Tuff- und Tuffbreccienbänke der SCI-Serie angelagerten vorzeitlichen Formungsrelikte gefunden werden. Der Hang läuft dort, wo er nicht unterschnitten wird, mit einer flachkonkaven Schuttschleppe auf die Talbasaltoberfläche aus.

In Profil 25, knapp 2 km unterhalb von Profil 20 a, erreicht das Tal schon 80 m Tiefe und ist damit doppelt so tief wie die jüngere Basaltschlucht, die an dieser Stelle die ebenfalls beachtliche Tiefe von fast 40 m erreicht. Weiterhin zeigt es gegenüber Profil 20 a eine erheblich stärkere Ausweitung. Eine Erklärung für diese rasche Größenzunahme des Tales liegt vor allem in der Vereinigung mit dem Yebbigué-Tal begründet, die zwischen Profil 20 a und Profil 25 erfolgt.

Während der linke Talhang keine fluvialen bzw. bodenähnlichen Relikte aufweist, finden sich solche auf dem rechten Talhang in 60 bis 65 m (7), 40 m (6) und 15 bis 30 m (5) über der gegenwärtigen Talsohle. Die beiden älteren Vorkommen in 60 bis 65 m bzw. 35 bis 40 m Höhe weisen übereinstimmende Merkmale auf. In beiden Fällen handelt es sich um sandige, hell- bis mittelbraun gefärbte Akkumulationen ohne deutliche Schichtung, die den massigen Tuff- und Tuffbreccienbänken der SCI-Serie diskordant angelagert sind. Der Feinmaterialgehalt ist gering. Dieser Befund steht einer Deutung der Akkumulation als Bodenrelikt entgegen, während die braune Farbe eindeutig dafür spricht. Andererseits spricht die nur schwach erkennbare Schichtung gegen eine echte fluviale Akkumulation, während wiederum die sandige Beschaffenheit als fluviales Merkmal anzusprechen ist.

Diese Gegenüberstellung zeigt, daß eine befriedigende Deutung der Akkumulationsreste nicht ohne weiteres möglich ist. Wahrscheinlich handelt es sich um fluvial umgelagerte Tuffe, die während der Umlagerung oder danach einer stärkeren Verwitterung ausgesetzt waren. Ob es dabei zu echter Bodenbildung kam, läßt sich nicht sicher feststellen. In einem solchen Fall spräche die Farbe des Sediments eher für einen Boden des gemäßigt-humiden denn des tropisch-humiden Typs.

Der dritte vorzeitliche Akkumulationsrest dagegen in 17 bis 35 m Höhe über dem rezenten Talboden ist viel größer und vor allem differenzierter aufgebaut als die beiden anderen, älteren Relikte. Er ist ebenfalls massigen Tuff- und Tuffbreccienbänken diskordant angelagert und erreicht in einer Hangnische die maximale Mächtigkeit von fast 20 m. Der Aufbau der Akkumulation wird in einem Detailprofil in Ergänzung zu Profil 25 dargestellt.

Typisch ist die Abfolge von feingeschichteten, hell- bis dunkelgrauen, meist fluvial umgelagerten Tuffen und ebenfalls geschichteten, mächtigen Bänken, die aufgrund ihrer sandigen Beschaffenheit und braunen Farbe sowohl als echte fluviale Sedimente wie auch als verschwemmte Böden interpretiert werden können. Auch echte Tuffe sind in der Akkumulation vertreten, wie etwa der Bimshorizont im oberen Drittel andeutet (11). Die Akkumulation insgesamt wirkt sehr heterogen und läßt vermuten, daß neben den dominant fluvialen Prozessen auch bodenbildende sowie vulkanische Vorgänge an ihrem Aufbau beteiligt waren. Sie zeigt weiterhin, daß während der Haupttalbildungsphase, dem „grand creusement des vallées", nicht ständig Tiefenerosion herrschte, sondern in gewissen Phasen auch Akkumulation größeren Umfangs erfolgte. Im vorliegenden Fall wurde dabei das Tal mindestens zu einem Viertel seiner Tiefe verschüttet.

Das nächste Profil, Profil 27 a, ist 3 km unterhalb von Profil 25, am oberen Ende der langgestreckten Flußoase Yebbi Bou aufgenommen. Das vorzeitliche Tal ist hier 120 m tief, während die jüngere Basaltschlucht fast 50 m Tiefe erreicht. Ein Vergleich des Ausraumes beider Täler läßt den erheblichen Größenunterschied deutlich werden. Bei einer Talbreite von an der Oberkante 550 m und einer Tiefe von 120 m stellt das alte Tal gegenüber der ca. 50 m tiefen und breiten Basaltschlucht ungefähr den 15fachen Ausraum dar.

Vorzeitliche fluviale bzw. bodenähnliche Relikte konnten an beiden Hängen des alten Tales gefunden werden.

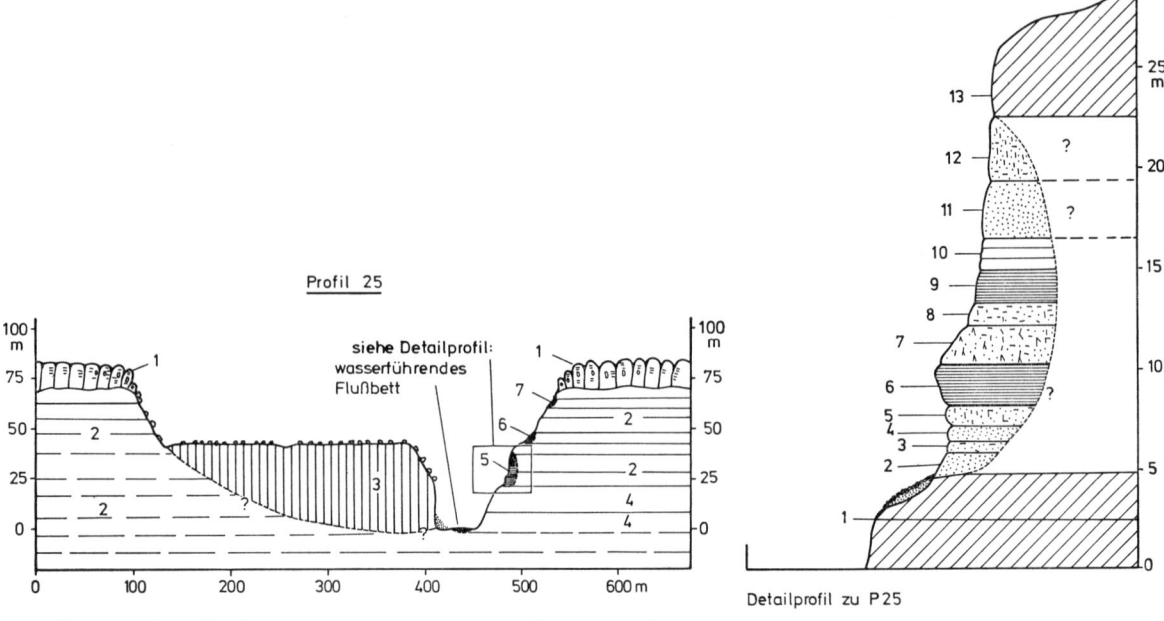

Profil 25: 1. Deckrhyolith; 2. massige Tuff- und Tuffbreccienbänke; 3. älterer Talbasaltstrom (SN3), mit ebener, blocküberstäter Oberfläche; 4. massige Tuffbreccie; 5. feingebankte, überwiegend sandige Akkumulation (siehe Detailprofil); 6. sandiges, braunes Sediment; 7. sandiges, braunes Sediment.

Detailprofil zu Profil 25: 1. massige Tuffbreccie; 2. diskordanter Tuffhorizont, feingebankt, dunkelgrau; 3. helles Tuffband; 4. feinkörnige Tuffbank, dunkelgrau; 5. sandiger, hellbrauner Horizont; 6. feingebankter, sandiger Horizont, hellgrau-braun; 7. umgelagerter Tuff, braun; 8. umgelagerter Tuff, graubraun; 9. feingebankter, sandiger Horizont, hellgraubraun; 10. Folge von feingebankten, fluvial umgelagerten Tuffen; 11. hellgrauer Bims; 12. hellbraune, sandige Bank; 13. massige Tuffbank.

Am r e c h t e n Talhang liegen zwei solcher Relikte in 85 m (14) bzw. 60 m (13) über dem rezenten Talboden. Das höhere, ältere Vorkommen ist das bedeutendere und wird daher in einem Detailprofil dargestellt. Auffällig ist die gute Schichtung und häufige Kreuzschichtung des überwiegend sandigen, hellgrauen Materials. Neben den sandigen kommen auch kiesige Schichten sowie Linsen von Basaltschottern vor. Bei den Kiesen handelt es sich nur zum Teil um Basaltkiese, meist dagegen um leichte, lapilliähnliche Bestandteile. Den Abschluß der etwa 5 m mächtigen Akkumulation bildet eine Serie von rotbraunen, plattig auswitternden Bänken aus feinkörnigem Material. Alle Schichten der Akkumulation sind stark verfestigt und teilweise verbacken. Dies gilt insbesondere für die rotbraune Serie. Das Vorkommen zeigt demnach eine deutliche Zweigliederung in eine fluviale Sand-Kies-Schotterakkumulation an der Basis und eine auflagernde bodenähnliche Akkumulation, die vermutlich einen verschwemmten Boden darstellt.

Das kleinere Relikt in 60 m Höhe über dem rezenten Talboden (12) besteht aus einer einheitlichen, sandigen Akkumulation von ebenfalls brauner Farbe. Vermutlich liegt auch hier ein Bodensediment vor.

Am l i n k e n Talhang treten Relikte in 60 bis 80 m (4), 30 bis 40 m (7) und 12 bis 22 m (10) über dem rezenten Talboden auf.

Die beiden oberen Relikte in 60 bis 80 m und 30 bis 40 m Höhe weisen, soweit infolge des bedeckenden Hangschutts erkennbar, eine übereinstimmende Zusammensetzung auf. Sie bestehen aus geschichteten Sanden und fluvial umgelagerten Tuffen. Im Falle des oberen Relikts ist noch zusätzlich ein rotbrauner Horizont eingeschaltet. Beide Vorkommen können als fluviale Akkumulationen bzw. als verschwemmte Böden gedeutet werden.

Komplizierter ist dagegen der Aufbau des jüngsten Vorkommens in 20 m Höhe. Er erinnert stark an die Schichtfolge des untersten Relikts in Profil 25 (5) und gleicht völlig dem des Detailprofils zu Profil 28. Das Vorkommen, dessen Mächtigkeit wenig mehr als 10 m beträgt, läßt eine deutliche Dreigliederung erkennen. Im unteren Drittel (3) besteht es aus einer sandigen, gut geschichteten, fluvialen Akkumulation von hellgrauer Farbe, die einzelne Linsen von Basaltkies enthält. Nach oben hin wird ein harter Tonhorizont ausgebildet. Im Mittelteil (4 bis 6) besteht es im wesentlichen aus zwei braun bis rotbraun gefärbten Bänken, die heterogen aufgebaut sind. An der Basis liegt ein hellbrauner, feinschuttreicher Horizont, der nach oben rotbraun und vor allem zunehmend feinsandig-tonig wird. Darüber folgt eine weitere braune, fluviale Bank (6), die zusätzlich

Kies- und Schotterlinsen enthält. Außerdem sind an die rotbraune Akkumulation jüngere, verbackene Schotterreste (5) angelagert. Im oberen Teil besteht das Vorkommen aus einer Folge von fluvial umgelagerten und echten Tuffen, an deren Basis ein auffällig harter, rotbrauner Horizont liegt (7). Er besitzt große Ähnlichkeit mit einer Ortsteinbildung.

Der braun- bis rotbraun gefärbte Mittelteil der Akkumulation kann hier eindeutiger als bei den bisher erwähnten braunen Vorkommen als Bodenrelikt gedeutet werden. Es ist sogar wahrscheinlich, daß es sich zumindest bei Horizont 6 um eine in situ-Bodenbildung handelt; bei Horizont 8 liegt dagegen ein Bodensediment vor. Von der Farbe her kann es sich hierbei nur um einen Bodentyp des im weiteren Sinne gemäßigt-humiden, keinesfalls aber des tropisch-humiden Klimas handeln.

Das vierte Profil, Profil 28, ist nur etwa 1 km unterhalb von Profil 27 a aufgenommen. Es quert das Yebbigué-Tal am unteren Ende der Oase Yebbi Bou an einer Stelle, wo es sich durch Vereinigung mit einem östlichen Seitental stark ausweitet. Die Talhänge sind hier bereits mehr als 150 m hoch; die Breite des Tales beträgt an der Oberkante 1300 m, gegenüber nur 550 m in Profil 27 a. Auffällig ist vor allem die große Breite der hier allerdings zweigeteilten Talsohle von fast 700 m, die sich unterhalb von Yebbi Bou zwar lokal wieder etwas verringert, weiter yebbiguéabwärts aber erhalten bleibt, ja sich infolge des Zurückweichens der hohen Talhänge ständig vergrößert. Der Ausraum des Tales in Profil 28 ist bereits um ein Vielfaches größer als der Ausraum der beiden jungen Basaltschluchten.

An beiden Talhängen finden sich mehrere fluviale, bodenähnliche und vulkanische Relikte in verschiedenen Höhen über der rezenten Talsohle; am linken Talhang in 120 bis 140 m (3, 4), 85 bis 100 m (6), 40 bis 60 m (8 bis 10) und 25 bis 35 m (12) Höhe, am rechten Talhang in 90 bis 100 m (24), 70 bis 85 m (18 bis 21), 45 bis 50 m (16) und 30 bis 40 m (14) Höhe.

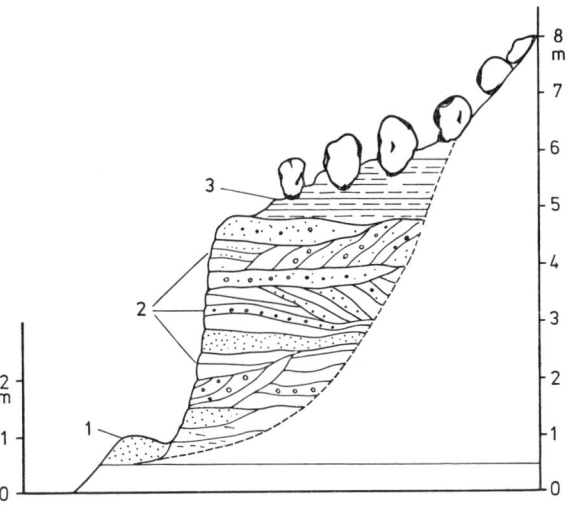

Detailprofil zu Profil 27 a: 1. sandige Hangfußakkumulation; 2. wechsellagernde Ton-Sand-Kiesschichten, kreuzgeschichtet, an der Basis einzelne Schotter, Farbe: graugrün, nach oben zu bräunlich; 3. plattig auswitternde Tonbänke, rotbraun; 4. Blockschutt, überwiegend Rhyolithblöcke.

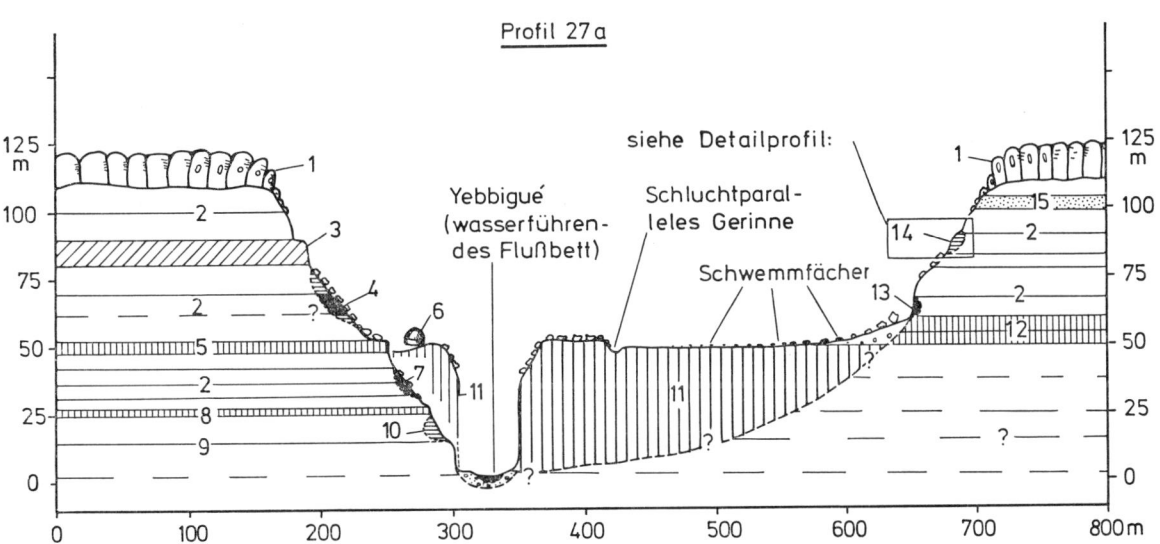

Profil 27 a: 1. harter Deckrhyolith (Leithorizont); 2. massige Bänke von Tuffen und Tuffbreccien; 3. harte Tuffbreccie; 4. sandige fluviale Akkumulation mit umgelagerten Tuffen und rotbraunem, bodenartigem Horizont; 5. grünliche Basaltbank; 6. Tubu-Dorf; 7. sandige fluviale Akkumulation mit umgelagerten Tuffen; 8. grünliche Basaltbank; 9. massige basaltische Tuffbreccie; 10. feingebankte, überwiegend sandige Akkumulation (vgl. 12 in Profil 28); 11. Talbasaltstrom mit tief eingeschnittener Yebbigué-Schlucht; 12. schwarzer, mürber Basalt; 13. rotbraune, sandige Akkumulation (vgl. 16 in Profil 28); 14. gut geschichtete Akkumulation (siehe Detailprofil); 15. hellgraue Tuffbank.

Folgende Relikte lassen sich in der Höhe miteinander parallelisieren (im folgenden bedeutet ‚l' linker Talhang und ‚r' rechter Talhang):
95—100 m (l) mit 70—85 m und 90—100 m (r)
40— 60 m (l) mit 45—50 m (r)
25— 35 m (l) mit 30—40 m (r)

Das älteste Vorkommen (3) auf dem l i n k e n Talhang in 120 bis 140 m Höhe ist eine mächtige, gut geschichtete Akkumulation von graugrüner Farbe und hohem Verfestigungsgrad. In einer wenig nördlich des Profils gelegenen Talausbuchtung erreicht sie 40 m Mächtigkeit (100 bis 140 m). Die Akkumulation ist aus wechsellagernden Schichten von sandigen Tuffen und Lapilli aufgebaut und stellt daher mit großer Wahrscheinlichkeit einen echten Tuff dar, der das vorzeitliche, mindestens 50 m eingetiefte Tal, zumindest an dieser Stelle, völlig verschüttet hat. Etwa in gleicher Höhe (120 bis 130 m) liegt der Rest einer sandig-kiesigen, kreuzgeschichteten fluvialen Akkumulation (4), deren stratigraphische Position gegenüber der Tuffakkumulation nicht sicher geklärt werden konnte. Wahrscheinlich ist sie jünger.

Die nächstjüngeren Vorkommen in 95 bis 100 m (6) bzw. 40 bis 60 m (8 bis 10) Höhe zeigen ebenfalls sandige Beschaffenheit, aber rotbraune Farbe. Sie können daher als Bodensedimente gedeutet werden. Unmittelbar über dem Vorkommen in 40 bis 60 m Höhe ist an den Hang eine Schotterakkumulation (10) angelagert, die aus einer sandigen Matrix sowie zahlreichen, gut gerundeten Basaltschottern besteht. Der Verfestigungsgrad ist nicht sehr hoch, so daß die Schotter aus dem Verband auswittern und unterhalb eine Decke auf dem Hang bilden.

Das jüngste Vorkommen (12) in 25 bis 35 m Höhe gleicht so sehr dem beschriebenen Vorkommen in Profil 27 a in gleicher Position, daß es hier nicht gesondert erläutert zu werden braucht.

Das älteste Vorkommen auf dem r e c h t e n Talhang wurde in 90 bis 100 m (24) Höhe gefunden. Es handelt sich dabei um eine hell- bis dunkelbraune, sandigtonige Akkumulation, die im obersten Teil rotbraun gefärbt ist und vermutlich ein Bodensediment darstellt.

Das nächstjüngere Vorkommen in 70 bis 85 m (18 bis 21) Höhe zeigt einen differenzierten Aufbau: an der Basis liegen helle, sandige, fluviale Schichten (18); darüber folgen eine rotbraune, sandige Bank, vermutlich ein Bodensediment (19), dann eine hellgraue, feinsandige, bimsähnliche Bank (20) und schließlich als Abschluß eine helle, sandige, ebenfalls fluviale Bank (21). In Höhe der bimsähnlichen Bank ist eine jüngere Sand-Kies-Schotterakkumulation (22) diskordant angelagert. In 45 bis 50 m (16) Höhe folgt eine sandige, braune Akkumulation, die nach oben an einen intensiv roten Frittungshorizont grenzt. Die Frittung rührt von dem darüberliegenden, 20 m mächtigen, grusig verwitterten, schwarzen Basalt her.

Das unterste und damit jüngste Relikt am Hang in 30 bis 40 m Höhe (14) besteht, ganz ähnlich wie das entsprechende Relikt auf der gegenüberliegenden Talseite in 25 bis 30 m Höhe, aus einer sehr heterogenen Schichtfolge von ebenfalls fluvialen Schichten, einem rotbraunen Bodensediment und Tuffbänken (vgl. 10 in Profil 27 a).

Eine Besonderheit am rechten Talhang stellt eine diskordant angelagerte, graugrüne und sehr mächtige Akkumulation dar. Sie reicht als zusammenhängender,

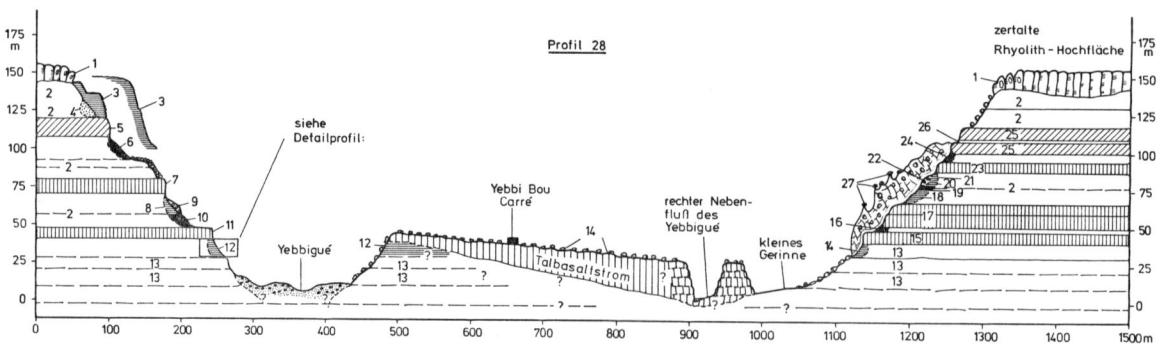

Profil 28: L i n k e r T a l h a n g : 1. harter Deckrhyolith (Leithorizont); 2. massige Bänke von Tuffen und Tuffbreccien; 3. feingeschichtete Tuffakkumulation (Mudflow?), Farbe graugrün; 4. sandig-kiesige fluviale Akkumulation, kreuzgeschichtet; 5. harte Tuffbreccie; 6. rotbraunes Bodensediment; 7. grünliche Basaltbank; 8. weißes, feinkörniges Sediment; 9. Schotterakkumulation, Schotter gut gerundet; 10. rotbraunes, sandiges Sediment; 11. grünliche Basaltbank; 12. Schichtfolge von überwiegend fluvialen und bodenähnlichen Sedimenten (siehe Detailprofil); 13. basaltische Tuffbreccien; 14. kuppige, blocküberwäste Oberfläche des älteren Talbasaltstroms (SN3).
R e c h t e r T a l h a n g : 13. basaltische Tuffbreccien; 14. Schichtfolge von überwiegend fluvialen und bodenähnlichen Sedimenten (vgl. 12 auf linkem Talhang); 15. grünliche Basaltbank; 16. rotbrauner, verschwemmter Boden; 17. grünliche Basaltbänke; 18. sandige Schichten; 19. rotbrauner Boden; 20. hellgraues, feinsandiges Sediment; 21. helle, sandige Schichten; 22. sandig-kiesige Schotterakkumulation; 23. grünliche Basaltbank; 24. sandig-toniges, dunkel- bis hellbraunes Sediment; 25. harte Tuffbreccie; 26. schmaler rotbrauner Horizont; 27. vermutlich Mudflowakkumulation, graugrün, grobe Blöcke in sandig-toniger Matrix, Akkumulation von Rissen durchzogen, Erdpyramidenbildung.

lokaler Komplex von etwa 35 bis 100 m Höhe über den rezenten Talboden. Die Mächtigkeit senkrecht zum Hang gemessen beträgt mindestens 20 m. In der sandig-tonigen Matrix der Akkumulation ist grober Schutt, gelegentlich bis zur Blockgröße enthalten. Das Material zeigt eine chaotische Lagerung ohne jede Schichtung. Der ganze Komplex weist ein Gittermuster feiner, tiefer Risse auf. Seine Oberfläche ist von tiefen Erosionsrissen durchzogen sowie von zahlreichen Erdpyramiden unterschiedlicher Größe besetzt, deren Sockel aus dem relativ weichen Anstehenden ein „Dach" aus grünlichen Basalt- und Rhyolithblöcken verschiedenster Form und Größe besitzt.

Eine Interpretation der Akkumulation ist schwierig. Vermutlich handelt es sich um die gleiche, ursprünglich gut geschichtete Tuffakkumulation wie am Gegenhang in 100 bis 140 m Höhe, die nachträglich abrutschte und dadurch in eine m u d - f l o w ähnliche Akkumulation überging. Das Material stammt wahrscheinlich von vulkanischen Ausbrüchen im Bereich des Tieroko-Massivs, etwa im Zusammenhang mit der Bildung der östlichen Nebencaldera oder der Ringstruktur von Gounay.

Das Alter der Akkumulation ist schwer zu schätzen. Während die gut entwickelten Erdpyramiden und die tiefen Erosionsrinnen an der Oberfläche für ein relativ hohes Alter sprechen, lassen die zahlreichen Risse eine intensive Abtragung und damit ein geringes Alter erwarten.

3.1.1.1 Ergebnisse

Zusammenfassend ergibt sich von der älteren Talentwicklung des Yebbigué bei Yebbi Bou folgendes Bild: Die SCI-Talhänge in den Profilen 25, 27 a und 28 tragen Relikte vorzeitlicher fluvialer bzw. bodenähnlicher Akkumulationen in, wie es auf den ersten Blick scheint, fast jeder Höhe über dem rezenten Flußbett. Erst bei näherer Betrachtung lassen sich Zuordnungen von faziell ähnlichen Relikten in vergleichbarer Höhe erkennen.

1. Korrelierbar in allen drei Profilen ist mit Sicherheit die jüngste, differenziert aufgebaute Akkumulation in 15 bis 40 m Höhe über dem rezenten Flußbett. Im einzelnen schwankt dieser Wert zwischen 12 und 22 m in Profil 27 a, 15 bis 30 m in Profil 25 und 25 bis 35 m bzw. 30 bis 40 m in Profil 28. Ihr Aufbau läßt sich durch eine grobe Dreiteilung kennzeichnen: sandige, fluviale Schichten an der Basis, braune, sandige Schichten im Mittelteil (Bodensediment) und helle Tuffe als Abschluß. Außerdem ist in Profil 27 a und Profil 28 ein Schotterrest diskordant an diese Schichtfolge angelagert.

Schwieriger wird die Korrelation mit den höheren und damit älteren Relikten in den drei Profilen.

2. Die braune, sandige Akkumulation in 40 bis 45 m (7) Höhe in Profil 25 kann der faziell ähnlichen Akkumulation in 30 bis 40 m (8) Höhe in Profil 27 a entsprechen, obwohl sie keine Braunfärbung aufweist. Mit größerer Wahrscheinlichkeit dagegen entspricht sie den ebenfalls braun gefärbten Relikten in 40 bis 50 m (l) bzw. 45 bis 50 m (r) Höhe in Profil 28.

3. Die ebenfalls braune, sandige Akkumulation in 60 bis 65 m Höhe (8) in Profil 25 kann mit den zumindest teilweise faziell ähnlichen Relikten in 60 bis 80 m (l) bzw. 60 bis 65 m (r) Höhe in Profil 27 a korreliert werden. Eine Korrelation mit den faziell zwar ähnlichen, aber höher gelegenen Relikten in 85 bis 100 m (l) bzw. 90 bis 100 m (r) Höhe in Profil 28 ist da-

Detailprofil zu P 28

Detailprofil zu Profil 28: 1. massige Bänke von Tuffen und Tuffbreccien; 2. diskordant angelagerter, schwach verfestigter Tuff; 3. hellgraue, sandige, gut gebankte fluviale Akkumulation, enthält Basaltkies, nach oben Abschluß durch einen harten Tonhorizont; 4. heterogene Bank: 4 a hellbrauner, sandiger fluvialer Horizont, enthält viel eckigen Feinschutt (Durchmesser 0,5 bis 3 cm); 4 b rotbrauner, feinsandiger Horizont; 4 c hellbrauner toniger Horizont; 5. angelagerte Schotterakkumulation, in Resten erhalten; 6. braune, heterogene Bank, enthält Kies- und Schotterlinsen (Durchmesser bis zu 10 cm); 7. harter, eisenreicher, rotbrauner Horizont, ähnlich Ortstein; 8. hellbrauner fluvialer Horizont; 9. hellgrauer Tuff; 10. harte, rötlich-braune Tonbank; 11. fluvial umgelagerter Tuff; 12. hellgrauer, sandiger Horizont; 13. grünlicher Basalt.

gegen ebenso fraglich wie die Korrelation mit dem zwar höhenmäßig ähnlichen, faziell aber verschiedenen Relikt in 70 bis 85 m Höhe auf dem rechten Talhang in Profil 28.

4. Ganz unsicher wird die Korrelation der ältesten Relikte in den Profilen 27 a und 28. Dem überwiegend fluvialen, kreuzgeschichteten Vorkommen in 80 bis 85 m (r) in Profil 27 a können die ebenfalls überwiegend fluvialen Vorkommen in 70 bis 85 m (r) sowie 120 bis 140 m (l) in Profil 28 entsprechen. Eine gewisse Ähnlichkeit im Verfestigungsgrad, der Materialzusammensetzung sowie der Farbe könnte sogar eine Korrelation des Relikts in 80 bis 85 m (r) in Profil 27 a mit der mächtigen Tuffakkumulation in 100 bis 140 m (l) in Profil 28 ermöglichen.

5. Ebenfalls unsicher ist eine Korrelation dieser mächtigen Tuffakkumulation in 100 bis 140 m (l) Höhe in Profil 28 mit der mud-flow ähnlichen Akkumulation auf der rechten Talseite, obwohl sie sich in Materialzusammensetzung und Färbung entsprechen.

Während der Entwicklung der geräumigen Yebbigué-Talung erfolgte somit ein mindestens f ü n f m a l i g e r W e c h s e l von ausgeprägten Erosions- und Akkumulations- bzw. Bodenbildungsphasen. Die älteste und auch ausgeprägteste Verschüttung stellt die vermutlich vulkanische Tuffakkumulation und der wahrscheinlich durch Rutschung aus ihr hervorgegangene mud-flow ähnliche Schuttkörper in Profil 28 dar. Die Mächtigkeit der Verschüttung betrug, gemessen an den heutigen Resten, mindestens 40 m. Ebenfalls beachtlich war die Verschüttung durch die jüngste Akkumulation, die in 15 bis 40 m Höhe über dem rezenten Flußbett aufgeschlossen ist. Sie betrug mindestens 20 m und läßt sich mit der sogenannten „Hohen Verschüttung" bzw. „Vulkanischen Aschenterrasse" des Bardagué-Toudoufou-Systems im Westtibesti vergleichen (GROVE, 1960; JÄKEL, 1971; OBENAUF, 1971). Die übrigen Akkumulationen dagegen sind zu geringmächtig, um als Reste größerer Verschüttungen gedeutet zu werden. Für eine einmalige, große Verschüttung des gesamten, etwa die heutige Form und Tiefe aufweisenden Tales und eine Ausräumung dieser Verschüttung in mehreren Phasen fehlen schlüssige Beweise.

Die Zusammensetzung der vorzeitlichen Relikte an den Hängen läßt weitgehende Schlüsse auf deren B i l d u n g s b e d i n g u n g e n zu. Die eindeutigen fluvialen Sedimente, zu denen in erster Linie die wenigen Schotterreste, aber auch die in verschiedenen Niveaus angeordneten sandigen, geschichteten und häufig kreuzgeschichteten Akkumulationsreste zählen, sind zwar insgesamt feinkörniger als die Sedimente des rezenten Flußbetts, unterscheiden sich aber hinsichtlich ihres Verwitterungsgrades nicht grundsätzlich von diesen. Die Basaltschotter und Kiese, die frisch aus dem Verband auswittern, zeigen meist eine dicke Berindung, aber keinerlei Spuren intensiver Verwitterung, etwa eine mürbe Oberfläche oder gar einen Zerfall. Dabei handelt es sich bei Basalt um ein relativ leicht verwitterbares Gestein. Sowohl die chemische als auch die physikalische Verwitterung können daher während und nach der Ablagerung der Sedimente nicht sehr intensiv gewesen sein; sonst müßten sie einen höheren Zersetzungsgrad aufweisen.

Schwieriger ist es, aus den in verschiedenen Niveaus vorkommenden hellbraun bis rotbraun gefärbten, ebenfalls meist sandigen Akkumulationsresten auf die vorzeitlichen Bildungsbedingungen zu schließen. Sofern die Vermutung zutrifft, daß es sich hierbei meist um vorzeitliche B o d e n r e l i k t e handelt, können die Bodenbildungsprozesse und damit die Verwitterung ebenfalls nicht sehr intensiv gewesen sein. Es wurde stets nur eine Braun- bis bestenfalls Rotbraunfärbung, niemals aber eine intensive Rotfärbung beobachtet. Wo eine solche Rotfärbung auftritt, wie beispielsweise auf dem rechten Talhang in Profil 28 (18), handelt es sich um eine eindeutige Frittung unter Basalt. Damit fehlt aber ein wichtiges Kennzeichen tropisch-wechselfeuchter Verwitterung und es ist naheliegend anzunehmen, daß es solche, von intensiver Verwitterung gekennzeichneten Klimaphasen während der Talbildung nicht gab.

Erschwert wird die Deutung der Bodenrelikte dadurch, daß an keiner Stelle ein gut ausgebildetes Bodenprofil gefunden wurde. Meist handelt es sich bei den Relikten um fluvial verschwemmte Böden, sogenannte Bodensedimente. Nur in einem Fall, bei dem jüngsten Relikt in Profil 27 a und Profil 28, läßt sich im braun bis rotbraun gefärbten Mittelteil der Akkumulation von unten nach oben eine deutliche Korngrößenabnahme sowie Farbveränderung und damit ansatzweise eine Horizontierung feststellen.

Relikte von roten, lateritischen Paläoböden wurden aus dem südlichen Vorland des Tibesti (ERGENZINGER, 1969; HÖVERMANN, 1963; HAGEDORN, 1971) sowie dem Zentral- und West-Tibesti (KAISER, 1972) beschrieben; sie scheinen jedoch mit den hier beschriebenen Relikten nicht vergleichbar zu sein.

Was die T a l e n t w i c k l u n g betrifft, so ist aufgrund der Befunde über die fluvialen Relikte sowie die Bodensedimente anzunehmen, daß sie zwar unter wechselnden, nie aber unter besonders feuchten und gleichzeitig sehr warmen Klimabedingungen erfolgte. Vielmehr scheint es, daß das Klima immer mehr zum Ariden als zum Humiden tendierte und ausgeprägte Trockenphasen vorhanden waren. In diesem Sinne ließe sich die geräumige Yebbigué-Talung am ehesten als Ergebnis der „ariden Morphodynamik" im Sinne von MENSCHING (1968) deuten, wobei aber berücksichtigt werden muß, daß im Falle des Yebbigué der Begriff „arid" für einen relativ weiten Bereich zwischen Hocharid und Semihumid gelten soll.

Problematisch bei einer solchen Annahme bleibt die Deutung der großen Breite sowie des hohen Gefälles des Yebbigué-Tales. So beträgt die Breite des Tales von Oberkante zu Oberkante in Profil 20 300 m, in Profil 25 450 m, in Profil 27 a 550 m und in Profil 28 gar 1300 m. Diese rasche Talverbreiterung auf knapp 10 km Länge kann zwar überwiegend auf die Einmündung zweier großer Nebentäler zurückgeführt werden, so etwa zwischen Profil 20 und Profil 25, besonders aber zwischen

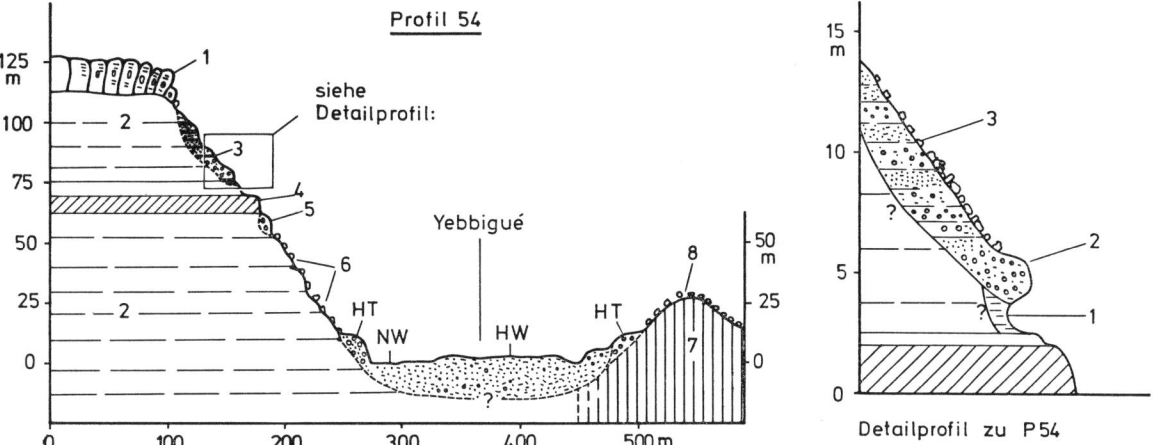

Profil 54: 1. Rhyolith, nicht mehr mit dem Deckrhyolith in den Profilen 20, 25, 27 a und 28 identisch; 2. Serie von Tuffen und Tuffbreccien; 3. verbackene Schotterakkumulation, Schotter- und Tuffbänke in Wechsellagerung (siehe Detailprofil); 4. harte Tuffbreccie; 5. verbackene Schotterbank; 6. mächtige Decke von lockerem Hangschutt über Tuffen und Tuffbreccien; 7. SN1-Basalt; 8. Schotter mit Rindergravuren; HW, NW. Hoch-, Niedrigwasserbett; HT. Haupt- bzw. obere Terrasse (siehe Kap. 3.2).

Detailprofil zu Profil 54: 1. rotes Sediment; 2. stark verbackene, bräunlich-gelbliche Schotterakkumulation; 3. nach oben zu Einschaltung von Tuff- und Feinschuttbänken.

Profil 27 a und Profil 28; sie ist aber ebenso zwischen Profil 25 und Profil 27 a zu beobachten, wo keine Nebentäler einmünden.

Infolge der gleichzeitig zu beobachtenden raschen Eintiefung muß das Gefälle des Tales ganz erheblich sein. Ausgehend von der Neigung der heutigen Talbasaltoberfläche von 1,5 % dürfte es etwa 2 % betragen. Infolge der Überdeckung durch den Talbasalt läßt sich jedoch nicht feststellen, ob der Talboden ein kontinuierliches Gefälle besitzt oder Stufen aufweist. Weiterhin ist unsicher, ob der Talboden im Sinne eines Muldentales konkav oder im Sinne eines Sohlentales eben geformt ist. Unter der Annahme eines kontinuierlichen Längsgefälles und eines muldenförmigen Querschnitts hätte das Tal eine gewisse Ähnlichkeit mit den Kehltälern der wechselfeuchten Tropen, die von LOUIS (1964) beschrieben wurden. Auch BREMER (1972, S. 119 f.) hebt die Bedeutung des großen Längsgefälles tropischer Flüsse hervor.

Die vorzeitlichen Akkumulationsreste an den Hängen lassen jedoch eine solche Interpretation nicht zu. Möglicherweise herrschten zu Beginn der Taleintiefung noch tropisch-wechselfeuchte Klimabedingungen, gewissermaßen als Ausklang des früher bereits erwähnten, vermutlich tropisch-wechselfeuchten Flächenbildungsklimas, das die SCI-Hochfläche formte. Zumindest in diesem Punkt scheint sich die Ansicht der französischen Geologen (VINCENT, 1963; WACRENIER, 1958) zu bestätigen, nach der das sogenannte „grand creusement des vallées" an der Wende Tertiär/Quartär durch einen einschneidenden Wechsel der Klima- und damit der Formungsbedingungen eingeleitet wurde. Hierbei soll ein tropisch-wechselfeuchtes Flächenbildungsklima von einem vermutlich wesentlich arideren Talbildungsklima abgelöst worden sein.

Etwa 35 km yebbigué-abwärts von Yebbi Bou, wenig südlich der Stelle, wo die Autopiste nach Westen aus dem Yebbigué-Tal herausführt, wurde zum Vergleich noch ein weiteres Talquerprofil (Profil 54) aufgenommen.

Das breite, talbasaltfreie Tal besitzt hier etwa 125 m hohe, gestufte SCI-Hänge, ganz ähnlich den Talhängen um Yebbi Bou. Auf dem Profil ist nur der linke Talhang dargestellt, während der ähnlich gestaltete rechte Talhang außerhalb des Profils liegt. Bei der Begehung dieses Talhanges wurden in 55 bis 60 m (4) und in 70 bis 100 m (3) Höhe über dem rezenten Talboden zwei Relikte einer vorwiegend aus Sand, Kies und Schottern bestehenden Akkumulation gefunden. Im Falle des höheren und damit älteren Relikts handelt es sich um eine längs einer Hangrunse aufgeschlossenen, gut geschichteten, grauen Akkumulation von großer Mächtigkeit, im Falle des tieferen, jüngeren Relikts um eine ähnliche, jedoch viel geringmächtigere Akkumulation. Bezeichnend für beide Akkumulationen ist der hohe Verfestigungsgrad, der sich darin äußert, daß die gut gerundeten Basaltschotter und Kiese in eine zementartig harte, sandig-tonige Matrix eingebacken sind. Wahrscheinlich ist es dieser extreme Verfestigungsgrad, der die Akkumulation vor der Abtragung schützt.

Die höher gelegene Akkumulation ist in einem Detailprofil dargestellt. An ihrer Basis steht eine rotgefärbte Tuffbank an, über der diskordant die mächtige, fluviale Akkumulation folgt, die im unteren Teil aus fest verbackenen Schotterbänken besteht. Nach oben hin folgen wechsellagernde sandige Schotter und Kiesschichten sowie fluvial umgelagerte Tuffe und solche in ursprünglicher Lage. Im oberen Teil der Akkumulation ist eine deutliche Abnahme der gut gerundeten Schotter-

und Kiesbestandteile, dafür aber eine erhebliche Zunahme von eckigem, allerdings geschichtetem Feinschutt festzustellen. In dieser Form reicht die Akkumulation bis fast an die Untergrenze des Deckrhyoliths heran.

Als Ergebnis bleibt festzuhalten, daß auch in diesem Flußabschnitt Schotterreste bis in eine Höhe von mehr als 100 m über dem Flußbett, d. h. bis 20 m unterhalb der Taloberkante, gefunden wurden. Von dem hohen Verfestigungsgrad sowie der Einschaltung von Tuffbänken abgesehen, besitzen sie eine ähnliche Zusammensetzung wie die Sedimente des rezenten Flußbettes. Da diese aber typische Sedimente eines ariden bis semi-ariden Klimas darstellen, ist auch anzunehmen, daß es sich bei den Schotterrelikten hoch an den Hängen um Sedimente eines ariden bis semi-ariden Vorzeitklimas handelt. Damit ergeben sich Parallelen zum Yebbigué-Oberlauf bei Yebbi Bou, wo ähnliche Akkumulationen an den SCI-Talhängen ebenfalls als Sedimente eines vermutlich ariden bis semi-ariden Klimas gedeutet worden sind. Das Yebbigué-Tal in seiner heutigen Form im Bereich von Profil 54 kann daher ebenfalls als Ergebnis einer überwiegend „ariden Morphodynamik" (MENSCHING, 1968) betrachtet werden.

Nachdem mit Profil 54, neben der Profilreihe von Yebbi Bou im Oberlauf, ein zweiter „Aufhänger" für den Yebbigué-Mittellauf besteht, ist die Annahme berechtigt, daß sich die Entwicklung des Yebbigué-Tales in dem dazwischenliegenden 35 km langen Abschnitt in gleicher Weise vollzogen hat. Das bedeutet aber, daß die gesamte Yebbigué-Talung ein Ergebnis überwiegend „arider Morphodynamik" ist und weiter, daß auch alle übrigen Täler des SCI-Plateaus, wie etwa die Canyons des Iski und Djiloa, auf die gleiche Weise, nämlich unter den Formungsbedingungen eines vorherrschend ariden bis semi-ariden Klimas entstanden sind. Ähnliches gilt dann auch mit Sicherheit für die Schluchten der Vulkanmassive Tarso Toon und Tarso Tieroko, die bei vergleichbarer Größe gleich alt oder jünger sind als die Canyons des SCI-Plateaus. Gleiche Formungsbedingungen sind außerdem zumindest für die jüngere Entwicklung der vermutlich altangelegten Schluchten der Sandsteinmassive im Osten des Arbeitsgebietes anzunehmen. Die Basaltschluchten der Plateau- und Talbasalte dagegen stellen wesentlich jüngere Formen dar. Ihre Entwicklung soll in den folgenden Kapiteln ausführlich dargestellt werden.

3.1.2 Terrassenreste und Bodenrelikte unter dem Talbasalt sowie die rezente Wandabtragung

Am Ende ihrer Entwicklung wurde die Sohle der geräumigen Yebbigué-Talung von Basaltströmen zwischen 20 und 40 m hoch verfüllt. Dabei handelt es sich, wie im Luftbild festgestellt werden konnte, um zwei verschieden alte Basaltstromgenerationen, wobei die ältere Generation die bedeutendere darstellt. Die jüngeren Basaltströme fallen vor allem durch das unruhige, kleinkuppige Relief ihrer Oberflächen sowie ihre fast schwarze Färbung auf. Die älteren Basaltströme dagegen haben in der Regel hellere, zumindest in einer jüngsten Formungsphase durch Schwemmfächer nivellierte Oberflächen (BUSCHE, 1973).

Beim Ausfluß der Basaltströme wurden fluviale Sedimente sowie Böden auf der Sohle der Yebbigué-Talung verschüttet und dabei gefrittet. Der Charakter dieser Sedimente und Böden sowie die jeweilige Veränderung durch Frittung sollen in einer Profilreihe von Profil 17 (7 km südlich von Yebbi Bou) bis Profil 52 (nördliches Ende des Talbasaltes) aufgezeigt werden. Hierbei bietet die den Talbasalt zerschneidende Schlucht ideale Aufschlußmöglichkeiten, da ihre Sohle meist etwas tiefer liegt als die Untergrenze des Talbasaltes und somit dessen Auflagefläche sowie häufig noch der Auflagesockel sichtbar werden.

Im Profil 17 (Abb. 12), 200 m nach Schluchtbeginn, ist der Talbasalt, wie der Aufschluß am rechten Schluchthang zeigt, etwa 5 m mächtig und überlagert eine 50 cm mächtige, fest verbackene Schotterakkumulation. Die 10 bis 60 cm großen Basalt- und Rhyolithschotter sind gut gerundet und stecken in einer roten bis rotvioletten sandig-tonigen Grundmasse. Außerdem enthält die Akkumulation viel feinen, kaum gerundeten Schutt. Eine Schichtung der Bestandteile ist nur undeutlich zu erkennen. Die rot bis rotviolett gefärbten Basaltschotter sind sehr hart und nicht rissig oder brüchig und zerspringen erst bei kräftigem Zuschlagen mit dem Hammer. Hierbei wird eine Zonierung in eine 1 bis 2 cm dicke Frittungsrinde mit der erwähnten rot- bis rotvioletten Färbung und einen schwarzen, unveränderten Kern sichtbar. Die Frittung kann also selbst bei geringmächtiger Basaltauflage ganz erheblich sein.

Ferner zeigt die Ähnlichkeit der Schotterakkumulation mit den Sedimenten des rezenten Flußbettes, daß sie unter ähnlichen Abflußbedingungen entstanden sein muß. Die rotviolette Färbung der Akkumulation ist wahrscheinlich überwiegend auf Frittung und nur zum Teil auf Verwitterung im Sinne einer roten Bodenbildung zurückzuführen.

Schluchtabwärts von Profil 17 tritt diese Frittungszone immer wieder lokal an Stellen auf, die nicht vom groben Blockschutt des Schluchtunterhanges bedeckt sind. Im Gegensatz zu Profil 17 läßt sich meist eine gute Schichtung der roten Akkumulation erkennen.

Im Profil 20 a, 200 m unterhalb einer 12 m hohen Basaltstufe im Flußbett, findet sich auf der linken Talseite unter dem Talbasalt ein 40 cm mächtiges Band, das jedoch abweichend von Profil 17 keine gefrittete Schotterakkumulation, sondern eine rote bis rotviolette Hangschutt- oder Schwemmschuttakkumulation darstellt. Demnach ist hier der Rand des präbasaltischen Tales angeschnitten, dessen Sohle, wie in Profil 20 a angedeutet, etwas weiter östlich unter dem Talbasalt liegen dürfte. Daran wird deutlich, daß der Verlauf der alten Talsohle von der heutigen Schlucht ganz erheblich abweichen kann.

Der Talbasaltstrom selbst ist nicht einheitlich aufgebaut, sondern besteht aus zwei Strömen von je etwa 7 m Mächtigkeit, die jedoch unmittelbar einander auflagern und daher zur gleichen Generation gehören.
In Profil 25, etwa 1 km unterhalb der rechtsseitigen Einmündung des Yebbigué, ist die Anlagerung des Talbasaltes an ältere fluviale Sedimente, die ihrerseits den massigen SCI-Tuff- und Tuffbreccienbänken des präbasaltischen Talhanges angelagert sind, gut aufgeschlossen. Bei den fluvialen Sedimenten handelt es sich um die in Profil 25 im vorigen Kapitel mit (5) bezeichnete Sedimentfolge.
Auch hier ist an der Anlagerungsfläche des Talbasaltes eine 40 bis 60 cm mächtige, intensiv rot gefärbte Frittungsschicht ausgebildet, die nur aus Feinmaterial und eingelagertem Schutt besteht. Der 40 m mächtige Talbasalt weist nach der Vereinigung mit dem Talbasaltstrom des oberhalb einmündenden Yebbigué-Tales eine Gliederung in sogar drei unmittelbar einander aufliegende Ströme auf, wobei der unterste nur 2 bis 3 m höher reicht als das rezente Flußbett. Dies läßt auf eine an dieser Stelle größere Tiefe des präbasaltischen Tales gegenüber der heutigen Schlucht schließen.
Das nächste Profil, Profil 32, findet sich etwa 7 km yebbiguéabwärts von Yebbi Bou. An dieser Stelle mündet aus dem östlichen Seitental ein jüngerer Basaltstrom in das Yebbigué-Tal und lagert dem hier schon stark ausgedünnten älteren Talbasalt auf. Ensprechend dem Gefälle des Yebbigué-Tales biegt der Basaltstrom nach NNW um und folgt dem Haupttal mehrere km. Die Basaltschlucht des Yebbigué wird auf der ganzen Strecke dicht an den westlichen Talhang gedrängt und besitzt daher einen „eckigen", unharmonischen Grundriß. Dieser Talverlauf läßt eine sehr junge Anlage der Schlucht erwarten.

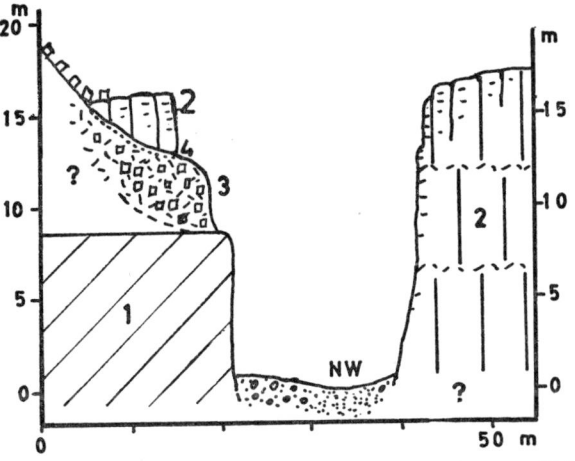

Profil 32 (1270 m): 1. SCI-Tuffbreccie; 2. jüngerer Talbasalt (SN4); 3. verbackene Hangschuttakkumulation; 4. roter Horizont.

Auf der Höhe von Profil 32 wurde das Yebbigué-Tal auf seiner ganzen Breite von dem jüngeren Basaltstrom verschüttet. Er erreichte den gegenüberliegenden Talhang und überfloß die dort vorhandene, mächtige Hangschuttdecke, die heute als Relikt unter einem durch die Schlucht abgetrennten Teil des Basaltstroms aufgeschlossen ist.
Auch hier ist eine rote bis rotviolette, allerdings nur 30 bis 40 cm mächtige Zone unter dem Basalt vorhanden, die sich scharf von der gelblich-grauen Hangschuttakkumulation abhebt. Diese Zone stellt mit einiger Wahrscheinlichkeit keinen Boden, sondern einen reinen Frittungshorizont dar. Frittung ist vermutlich auch eine der Ursachen für die starke Verbackung der Hangschuttakkumulation.
Nach Auslaufen des jungen Basaltstroms kommt in Höhe von Profil 33 ein weiterer junger Basaltstrom aus einem östlichen Nebental und überfährt den stark erniedrigten älteren Talbasalt erneut auf seiner ganzen Breite. Im Vergleich zum ersten Basaltstrom ist er bedeutend mächtiger und verschüttet das Yebbigué-Tal als immer schmaler werdende Zunge auf mindestens 15 km Länge.
Profil 33 ist vor allem deshalb interessant, weil hier der junge Basaltstrom ein wannenförmiges, eine 0,5 bis 1 m mächtige rote Schotterakkumulation enthaltendes Tal im älteren Talbasalt verschüttet hat. Dieses Tal stellt den Lauf des Yebbigué dar, wie er vor der Verschüttung durch den jüngeren Basaltstrom bestand. Es verlief gering eingetieft etwa in der Mitte der breiten, präbasaltischen Talung, während die heutige Schlucht ganz dicht an deren westlichem Talhang verläuft. Die heutige Schlucht kann daher mit Sicherheit als völlige Neu-Bildung nach dem Ausfluß des jüngeren Talbasalts und somit als sehr jung angesehen werden.
Bis Profil 34 verläuft die heutige Schlucht entlang der leicht ausräumbaren Grenzzone zwischen altem SCI-Talhang und jüngerem Talbasaltstrom und ist dementsprechend breit angelegt. Unmittelbar unterhalb von Profil 34 dagegen durchbricht sie den Talbasalt in einer extremen Engstrecke.
In Höhe von Profil 34 ist daher die Anlagerung des jüngeren Talbasalts an den alten SCI-Talhang gut aufgeschlossen. Der Basalt liegt diskordant einer mächtigen, gelblich-grauen Tuffbreccie auf, an deren Berührungsfläche ein 1 bis 1,5 m mächtiger Horizont aufgeschlossen ist, dessen Farbe von intensivem Rot bis Rotviolett unmittelbar unter dem Basalt in Rotbraun und schließlich in Hellbraun übergeht. Der Horizont besteht aus einer feinsandig-tonigen, ungeschichteten Matrix, die einen hohen Anteil an kantigem Schutt von 2 bis 8 cm Durchmesser enthält. Gerundete Flußschotter fehlen völlig. Es ist daher anzunehmen, daß es sich entweder um eine angeschnittene Hangschuttdecke oder um einen angeschnittenen Schwemmfächer handelt. Was die Färbung betrifft, so rührt sie mit Sicherheit primär nicht von Frittung, sondern von Bodenbildung her. Dies geht aus der gleichbleibenden Mächtigkeit der roten bis rotbraunen Tone unter dem schräg abtauchenden Basaltstrom hervor. Wäre Frittung alleinige Ursache der Färbung, so müßte die Zone mit zunehmender Basaltmächtigkeit ebenfalls erheblich mächtiger werden. Eindeutig gefrittet wurde nur der oberste Teil der roten Zone, worauf der rotviolette Farbton hinweist.

Knapp 2 km unterhalb von Profil 34, etwa in Höhe von Profil 37, hat die Yebbigué-Schlucht eine Tiefe von fast 25 m erreicht. Hier, am unteren Ende der gefällsreichen Durchbruchstrecke, ist in geringer Höhe über dem rezenten Flußbett erneut die Basis des jüngeren Talbasaltstroms aufgeschlossen. Er liegt unmittelbar dem älteren Talbasalt auf, dessen in kugelige Blöcke aufgelöste Oberfläche intensiv rot-violett gefrittet ist. Die Frittung betraf hier offensichtlich einen älteren Verwitterungshorizont.

Wenige Meter flußabwärts schiebt sich zwischen die beiden Talbasaltströme flach keilförmig eine rote Schotterakkumulation ein. Hierbei handelt es sich um die Schotterfüllung der in den älteren Talbasalt eingeschnittenen Schlucht, deren zwischen Profil 34 und Profil 37 von der heutigen Schlucht abweichender Verlauf unterhalb von Profil 37 demnach wieder mit dem heutigen Schluchtverlauf übereinstimmt. Nach 2 km erreicht die Schotterakkumulation zwischen den beiden Basaltströmen eine maximale Mächtigkeit von 5 m.

Hier, in Profil 39 (Abb. 11) ist die Akkumulation stark verfestigt und besitzt eine von oben bis unten ziemlich einheitliche, intensiv rote bis rotviolette Färbung ihrer sandig-tonigen Matrix. Der Tonanteil ist bedeutend geringer als der Sandanteil. Die zahlreichen, gut gerundeten Basaltschotter der Akkumulation, deren durchschnittliche Größe 15 bis 20 cm beträgt, weisen eine durch Verwitterung rauhe Oberfläche auf und zerbrechen beim Anschlagen relativ leicht. Hierbei zeigt es sich jedoch, daß sie eine nur ca. 1 cm äußere Verwitterungsrinde über dem schwarzen, scheinbar unverwitterten Kern besitzen.

Die Tatsache einer einheitlichen, intensiven Färbung spricht bei der großen Mächtigkeit der Akkumulation von bis zu 5 m dafür, daß es sich nicht um einen Frittungshorizont, sondern um eine Bodenbildung handelt. Die Frage nach dem Bodentyp ist, wegen des schwer zu bestimmenden Frittungseinflusses, schwierig zu beantworten. So kann es sich infolge der intensiven Rotfärbung um einen Boden des tropisch-wechselfeuchten Klimas handeln; der relativ geringe Verwitterungsgrad der immerhin leicht verwitterbaren Basaltschotter spricht jedoch gegen diese Annahme. Für einen Mediterranboden wiederum ist die Färbung etwas zu intensiv rot. Wahrscheinlich ist hier angesichts der Mächtigkeit des auflagernden Basalts von 25 m aber doch mit stärkerer Frittung zu rechnen, die sich in einer Farbvertiefung bis zur Basis der Akkumulation bemerkbar macht. Unter dieser Voraussetzung wäre die Deutung des Bodens als Mediterranboden i. w. S. gut möglich. Einen ähnlichen, intensiv roten Boden beschreibt BUSCHE (1973, S. 61) als Kennzeichen der ältesten, im West-Tibesti nachgewiesenen Schwemmfächerakkumulation.

Ebensowenig eindeutig läßt sich die Entstehungszeit des Bodens klären. Der Boden kann vor, während oder nach der Ablagerung der Flußschotterakkumulation gebildet worden sein. Im ersten Fall hieße es, daß ein älterer Boden von den Hängen abgespült und als Bodensediment im Talbereich abgelagert worden wäre. ROGNON (1967) beschreibt solche Fälle aus dem Hoggar. Im zweiten Fall müßte man eine intensive Bodenbildung auf den Hängen gleichzeitig mit kräftiger Hangabspülung und damit Akkumulation im Talbodenbereich annehmen. Einen solchen Vorgang schildert ANDRES (frdl. mündl. Mitteilg.) aus dem marokkanischen Anti-Atlas. Im dritten Fall schließlich hätte sich der Boden nach der Ablagerung der Schotter gebildet, wofür deren beachtlicher Verwitterungsgrad spricht. Ein fluvialer Transport nach der Verwitterung hätte zu deren Zerfall führen müssen. Es handelt sich daher vermutlich um ein gekapptes Bodenprofil.

Die beiden Talbasaltgenerationen müssen aufgrund der Tatsache, daß eine mächtige, intensiv rot gefärbte Schotterakkumulation zwischengeschaltet ist, ganz unterschiedlich alt sein. Beide gehören jedoch zu den nach VINCENT (1963) jüngsten vulkanischen Bildungen (SN3, SN4) im Tibestigebirge. Die in den jüngeren der beiden Talbasalte eingeschnittene heutige Yebbigué-Schlucht stellt demnach mit Sicherheit eine sehr junge Bildung dar. Angesichts der Tiefe der heutigen Schlucht von 25 bis 30 m und der Tatsache, daß der mit 20 bis 25 m sehr mächtige jüngere Talbasalt durchschnitten wurde, läßt sich auf eine hohe Intensität der Tiefenerosion in diesem Talabschnitt schließen.

Nur 200 m talab von Profil 39 wurde das nächste Profil, Profil 40, aufgenommen.

Die Basaltschlucht weist hier einen engen Mäander auf und trifft im rechten Winkel auf den rechtsseitigen SCI-Hang des alten Yebbigué-Tales, der zu einem etwa 100 m hohen, extrem steilen Prallhang umgeformt wurde. Der linksseitige 25 m hohe Prallhang im Talbasalt am Beginn des Mäanders ist in Profil 40 dargestellt.

Ähnlich, wie in Profil 34, lagert auch hier der jüngere Talbasaltstrom randlich dem alten SCI-Talhang des präbasaltischen Tales auf. Damit ist dessen rechtsseitiger Rand aufgeschlossen, während seine Sohle vermutlich mehrere hundert Meter westlich, unter der mächtigen Talbasaltdecke, liegt. Die enge Mäanderschleife, welche die heutige Yebbigué-Schlucht an dieser Stelle beschreibt, sowie der extreme, 100 m hohe Prallhang in der SCI-Schichtserie müssen daher als Neubildungen nach dem Ausfluß des jüngeren Talbasaltes gedeutet werden. Dies spricht angesichts des geringen Alters des Talbasaltstroms für eine enorme fluviale Erosionsleistung an dieser Stelle.

Das Prallhangprofil besitzt folgenden Aufbau: Unmittelbar unter dem jüngeren Talbasalt ist eine 0,5 m bis 1 m mächtige rote Akkumulation aufgeschlossen. Sie besteht aus einer sandig-tonigen Matrix mit eingelagertem, kantigem Schutt (2 bis 10 cm). Zum linken Profilrand hin gewinnt die Akkumulation an Mächtigkeit und erreicht außerhalb des Profils fast 3 m. In der gleichen Richtung nimmt der Schuttanteil beträchtlich zu. Infolge der guten Schichtung läßt sich die Akkumulation als Schwemmfächer deuten. Die Färbung geht von einem intensiven Rot an der Basis des auflagernden

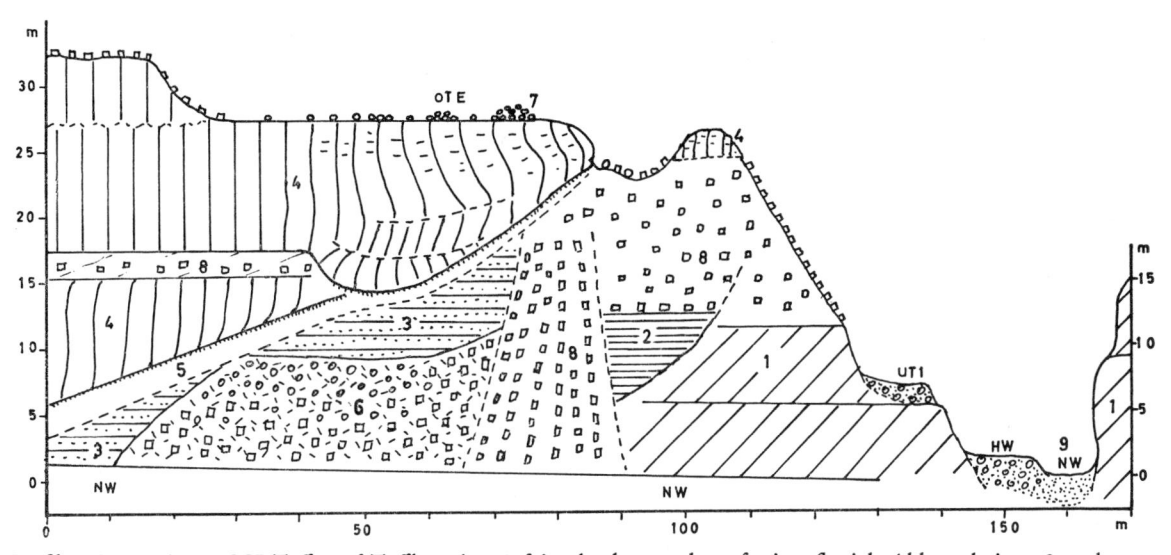

Profil 40 (1190 m): 1. SCI-Tuffe und Tuffbreccien; 2. feingebankte, stark verfestigte fluviale Akkumulation; 3. rotbrauner bis gelbbrauner Boden; 4. jüngerer Talbasalt (SN4), zwei verschiedene Ströme; 5. rote, schuttreiche Akkumulation; 6. verfestigter, gelblichgrauer Hangschutt; 7. Erosivniveau mit Schotterbänken der oberen Terrasse; 8. lockerer, blockreicher Hangschutt; 9. Niedrigwasserbett, am Prallhang tief ausgekolkt.

Basalts nach unten in ein helles Rot bis Rotbraun über und kann sowohl von Bodenbildung als auch von Frittung herrühren [17].

Im Liegenden der Akkumulation folgt schwach-diskordant eine mächtigere, oben rotbraune, nach unten zu graue bis gelbbraune Akkumulation, deren feinsandig-tonige Matrix nur einen geringen Anteil an Grobbestandteilen in Form von teilweise auch angelagerten Kies- und Feinschuttlinsen enthält. Erkennbar ist eine schwache Horizontalschichtung, die jedoch von einer durch zahlreiche Risse bewirkten Vertikalgliederung überlagert wird. An der Außenfläche der Akkumulation erfolgt eine säulig-klumpige Abwitterung. Die Akkumulation stellt daher mit einiger Wahrscheinlichkeit eine echte in-situ-Bodenbildung dar. Infolge der Kappung durch die hangende, rote Schwemmfächerakkumulation liegt jedoch kein vollständiges Bodenprofil mehr vor. In Auskolkungen dieses Bodens sowie der roten Schwemmfächerakkumulation ist eine junge, infolge ihres hohen Verbackungsgrades sehr abtragungsresistente Schotterakkumulation eingelagert. Sie bildet abgerundete, in das Flußbett vorstehende Bastionen.

Rechts der Profilmitte finden sich am schuttbedeckten Hang zwei größere Vorkommen einer gelblich-grauen, gut geschichteten sandigen fluvialen Akkumulation, die infolge ihrer großen Härte beim Anschlagen mit dem Hammer in horizontale Platten zerbricht. Sie lagert diskordant den massigen Tuffbreccienbänken der Serie SCI an und stellt somit die älteste fluviale Akkumulation im Profil dar. Sie besitzt eine große Ähnlichkeit mit der differenziert aufgebauten, ebenfalls an die massigen Tuffbreccienbänke der Serie SCI angelagerten Schichtserie in 15 bis 35 m Höhe über dem rezenten

[17] KAISER (1972, Fig. 10, Abb. 22) gibt von demselben Profil eine etwas abweichende Beschreibung.

Bett in den Profilen 25, 27 a und 28 bei Yebbi Bou. Eine Parallelisierung der beiden, allerdings mehr als 15 km auseinanderliegenden Vorkommen erscheint daher gut möglich. Die Talbasaltoberfläche ist zum Schluchtrand hin beträchtlich erniedrigt und stellt, wie einige Schotterbänke belegen, ein jüngeres fluviales Erosionsniveau dar.

Etwa 4 km flußab, bei der Oase Yebbi Zouma, ist das folgende Profil, Profil 44, aufgenommen. Das Profil zeigt nicht die Auflagerung, sondern erstmals die Anlagerung des jüngeren Talbasalts an den älteren. Geländeuntersuchungen ergaben, daß die ebene Oberfläche des jüngeren Talbasalts etwa 5 m unter derjenigen des älteren liegt. Im Luftbild lassen sich die beiden Niveaus leicht durch ihre verschiedene Färbung trennen. So ist die Färbung des jüngeren Basaltstroms dunkel, fast schwarz, die des älteren dagegen grau. An der Anlagerungsfläche berühren sich die beiden Basaltströme nur im oberen Teil unmittelbar, während sich nach unten hin eine keilförmige, rote Schotterakkumulation einschiebt.

Die beiden, durch die keilförmige Schotterakkumulation getrennten und damit ganz unterschiedlich alten Basaltströme liegen einem noch älteren Basaltstrom auf, der einen das rezente Flußbett nur um wenige Meter überragenden Sockel bildet. Der ältere Basaltstrom liegt diesem Sockel unmittelbar auf, während der jüngere durch die zwischengeschaltete, ausdünnende rote Schotterakkumulation davon getrennt ist. Die beiden älteren Basaltströme gehören demnach zur gleichen Generation, während der jüngere Basaltstrom, wie bereits mehrfach festgestellt, eine eigene Generation darstellt. Bei dem sockelbildenden Basaltstrom handelt es sich um den älteren Talbasalt des Yebbigué-Tales, der von Yebbi Bou das Tal herabziehend, hier schon stark erniedrigt ist; bei dem unmittelbar auflagernden Basaltstrom dagegen um den älteren Talbasalt eines breiten, östlichen Nebentales, das sich in Höhe von Yebbi Zouma mit dem Yebbigué-Tal vereinigt.

Die Mächtigkeit der roten Akkumulation von über 10 m spricht für eine erhebliche Verschotterung der in den älteren Talbasalt eingeschnittenen Schlucht, die in ihrer Form weitgehend der heutigen Yebbigué-Schlucht glich. Sie besaß die gleichen senkrechten, hohen Wände, aber allerdings fast die doppelte Breite des heutigen Schluchtbodens.

Ähnlich wie flußauf bei Profil 39, wo unter dem jüngeren Talbasalt eine bis zu 5 m mächtige, rote Schotterakkumulation aufgeschlossen ist, stellt sich auch hier die Frage, inwieweit die rote Farbe der Akkumulation durch Frittung oder intensive Verwitterung bedingt ist. So kann die Farbaufhellung von intensivem Rot an der Basis des auflagernden jüngeren Basalts nach Rotbraun im tieferen Bereich des Profils sowohl ein Frittungs- als auch ein Verwitterungseffekt sein. Die Mächtigkeit der Akkumulation von über 10 m spricht jedoch eindeutig für die letztere Annahme. Es handelt sich daher mit großer Wahrscheinlichkeit um einen verschwemmten Boden, dessen ursprüngliche Farbe eher Rotbraun als Rot gewesen sein dürfte. Nur die tiefe Rotfärbung im obersten Abschnitt des Profils rührt vermutlich von Frittung her.

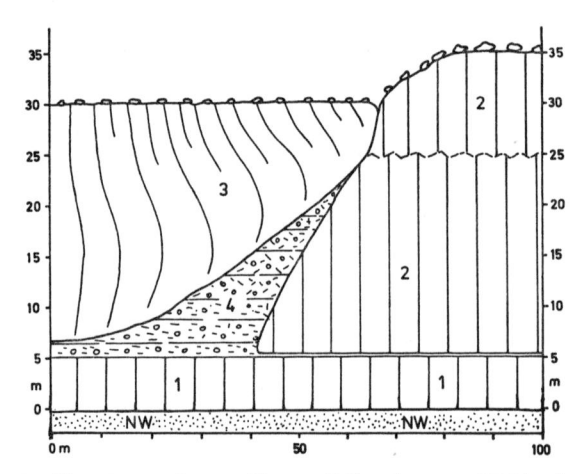

Profil 44 (1170 m): 1. älterer Talbasaltstrom (SN3) des Yebbigué-Tales 2. älterer Talbasaltstrom (SN3) des großen östlichen Seitentales des Yebbigué; 3. jüngerer Talbasaltstrom (SN4) des Yebbigué-Tales; 4. rotverwitterte, geschichtete Schotterakkumulation zwischen den älteren Basaltströmen und dem jungen Basaltstrom.

Unter Berücksichtigung einer Farbvertiefung durch Frittung und der Tatsache, daß die Akkumulation einen relativ geringen Verwitterungsgrad aufweist, scheint eine Deutung als verschwemmter Mediterranboden am ehesten als wahrscheinlich. Ein solcher Boden hat vermutlich das umliegende Relief in mehr oder weniger großer Mächtigkeit bedeckt. Reste davon finden sich noch in Mulden auf der Rhyolithhochfläche sowie in den Tälern, beispielsweise im breiten Unterlauf des bei Yebbi Zouma in den Yebbigué mündenden linken Nebenflusses. Hier, etwa 2 km vor der Einmündung und ebenso weit von Profil 44 a entfernt, ist an einem langen Prallhang zum rezenten Flußbett ein brauner bis rotbrauner in-situ-Boden (2,5 YR 4/8) von 2 bis 3 m Mächtigkeit aufgeschlossen, der von einer jüngeren Flußterrasse diskordant überlagert wird (siehe Abb. 18). Das Profil ist daher mit Sicherheit gekappt, ließ aber dennoch eine große Ähnlichkeit mit einem mediterranen Bodenprofil erkennen (vgl. KAISER, 1972, S. 62).

Flußab taucht der Boden unter das rezente Flußbett ab und führt in theoretischer Verlängerung dieser Profillinie unter dem jüngeren Talbasalt des Yebbigué-Tales hindurch, um am Grunde der heutigen Yebbigué-Schlucht, etwa in Profil 44 a, aber auch yebbiguéabwärts in Profil 40 wieder auszustreichen.

Für die Annahme, daß der Boden unter dem jüngeren Talbasalt hindurchführt, spricht weiterhin die Tatsache, daß er auf der Oberfläche des jüngeren Talbasalts fehlt. Jedenfalls konnte er dort nicht sicher und vor allem nicht in dieser Mächtigkeit nachgewiesen werden. Vorhanden ist er dagegen überall auf der Oberfläche des älteren Talbasalts. BUSCHE (1963, S. 63) beschreibt allerdings Reste einer rotbraunen Schwemmfächergeneration östlich des Yebbigué in Höhe der Einmündung des Timi, die auf dem jüngeren Talbasalt liegen; ein tiefreichender rotbrauner in-situ-Boden fehlt jedoch.

Am unteren Ende der Oase Yebbi Zouma ist das folgende Profil, Profil 44 a, aufgenommen. Die Basaltschlucht im jüngeren Talbasalt besitzt hier eine fast ideale Kastenform. An der Basis der linksseitigen Basaltwand ist eine bis zu 3 m mächtige, überwiegend rot bis rotbraun gefärbte Schichtfolge aufgeschlossen, die im oberen Teil aus wechselnd feinschuttreichen Schwemmfächerhorizonten und feinkörnigen bodenartigen Horizonten, im unteren Teil ebenfalls aus feinkörnigen Bodensedimentlagen besteht. Allgemein ist von oben nach unten eine Farbaufhellung von Rotbraun über Braun bis Hellgrau festzustellen, wobei die hellgrauen Basisschichten allerdings scharf gegen die hangenden Schichten abgegrenzt sind. Wahrscheinlich handelt es sich auch bei dieser Akkumulation um einen verschwemmten, im oberen Teil nachträglich gefritteten Boden von rotbrauner bis brauner Farbe.

Unterhalb von Yebbi Zouma sind auf dem Luftbild deutlich die beiden Basaltschluchtgenerationen des Yebbigué zu erkennen. Eine ältere, in den älteren Talbasaltstrom eingeschnittene und durch den jüngeren Basaltstrom später verschüttete Generation und eine jüngere, in diesen eingeschnittene Generation, die heutige Yebbigué-Schlucht. Hierbei wird durch den fast schwarzen jüngeren Basaltstrom der Grundriß der älteren Schlucht auf dem Luftbild deutlich nachgezeichnet. Sie war wesentlich breiter und hatte auch einen etwas anderen Verlauf als die heutige schmale Yebbigué-Schlucht. Aus dem Größenvergleich kann trotz der Unsicherheit hinsichtlich unterschiedlicher Formungsbedingungen gefolgert werden, daß der Bildungszeitraum der älteren Schlucht und damit der Zeitraum zwischen dem Ausfluß des älteren und des jüngeren Talbasalts erheblich größer war als der Bildungszeitraum der jüngeren Schlucht und damit der Zeitraum vom Ausfluß des jüngeren Talbasalts bis zur Gegenwart. Demnach handelt es sich bei der heutigen Yebbigué-Schlucht im Raum Yebbi Zouma um ein sehr junges Gebilde. Dieser Befund spricht für eine hohe Intensität der Tiefenerosion in diesem Bereich. KAISER (1972, S. 14, Abb. 21, 22, 24) nimmt an, daß die heutige Schlucht in einem Zuge durch katastrophenartigen Ausfluß von Stauseen entstand. Diese Stauseen hätten sich in den Unterläufen der Nebenflüsse, wie etwa des Timi und des linken Nebenflusses bei Yebbi Zouma infolge Abdämmung sowohl durch den älteren als auch durch den jüngeren Talbasaltstrom des Yebbigué-Tales gebildet.

Gegen diese Theorie der Schluchtbildung infolge eines katastrophalen Ereignisses, ähnlich dem Ausbruch von Eisstauseen, sprechen folgende Einwände: 1. Die „Stauseen", falls es überhaupt zu ihrer Bildung kam, wären dann zwar mehrere Kilometer lang, aber maximal nur 1 km breit und an der Stirn max. 20 m tief gewesen und hätten somit sicher ein sehr geringes Fassungsvermögen gehabt. Viel zu gering jedenfalls, um bei einem irgendwie erfolgten Ausfluß die viele Kilometer lange Basaltschlucht des Yebbigué in einem Zuge zu schaffen. 2. Der Sedimenttransport der aufgestauten Flüsse, insbesondere des aus der Hochregion kommenden Timi ist so stark, daß es bereits nach wenigen Abkommen vermutlich zu einer völligen Zuschüttung der Staubecken gekommen wäre und ein See, wenn überhaupt, nur kurze Zeit bestanden haben könnte. So ist es verständlich, daß typische Seesedimente nirgends unter den Talbasalten in der Schlucht aufgeschlossen sind. 3. Gegen einen katastrophenartigen Ausfluß der zweiten, durch den jüngeren Talbasalt aufgestauten „Seengeneration" spricht vor allem die Tatsache, daß der Talbasalt heute erst zu einem geringen Teil durchschnitten ist, wobei die Überlaufstellen nur etwa 5 m tiefer als die umgebende Basaltoberfläche liegen. Es ist daher sehr unwahrscheinlich, daß sich die Schluchtbildung plötzlich, im Zuge eines katastrophenartigen Ausflusses des Stausees ereignete. Vielmehr ist anzunehmen, daß sie sich kontinuierlich infolge einer intensiven Tiefen- und Seitenerosion vollzog.

Hinweise auf zumindest heute noch sehr aktive Seitenerosion geben die im Luftbild auffälligen, zahlreichen Ausbuchtungen der Schluchtoberkante oberhalb und unterhalb von Yebbi Zouma, die nur als junge Abrißnischen gedeutet werden können. Sie treten sowohl im älteren als auch im jüngeren Talbasalt auf.

Das Ausmaß der aktuellen Wandabtragung und -formung konnte bei einer Begehung der Schluchtoberkante festgestellt werden. So ist der Schluchtrand, vor allem im jüngeren Talbasalt, in den Abschnitten oberhalb und unterhalb von Yebbi Zouma stellenweise von tiefen 10 m bis 30 m langen, schluchtrandparallelen Rissen durchzogen, an denen sich ganze Wandpartien ablösen. Die Risse bilden sich leicht infolge der vertikalen Säulenstruktur des Talbasalts und können als Druckentlastungsklüfte gedeutet werden. Sie treten meist an Prallhängen auf, wo das Gefüge der Basaltwand durch kräftige Unterschneidung besonders rasch gelockert wird. Die Ablösung derart gelockerter Wandpartien geschieht fast immer in Form eines Absitzens der Schollen, wie die gestufte Form der Schluchtoberkante erkennen läßt. Sobald ein Auslösemechanismus, etwa eine stärkere Durchfeuchtung eintritt, rutschen die unmittelbar an der Kante gelegenen Schollen vermutlich plötzlich ab, wobei sie auseinanderfallen und sich am Wandfuß zu teilweise hochragenden Blockhalden auftürmen. Solche Blockhalden finden sich überall unterhalb frisch aussehender, also rezenter Abrißnischen der Wand und reichen teilweise bis in die Mitte des Flußbettes hinein. Da sie von den episodisch abkommenden Fluten des Yebbigué noch nicht abtransportiert worden sind, müssen sie sehr jung sein.

Besonders extrem sind die Wandabbrüche bei Profil 45, 2 km unterhalb von Yebbi Zouma. Der Yebbigué trifft hier nach einer geraden Laufstrecke voll auf den weit vorspringenden linken Basalthang, den er kräftig unterschneidet. Bei dem Basalt handelt es sich um einen Rest des älteren Talbasalts, der an dieser Stelle eine etwa 35 m hohe Wand bildet. Bei näherer Untersuchung stellte sich heraus, daß sich an der exponiertesten, am weitesten nach Osten reichenden Stelle eine große, etwa 50 m lange und 5 bis 6 m breite Wandpartie abzulösen begann. Die Ablösefläche war durch einen tiefen, bis zu 1/2 m breiten Riß markiert, an dem der tiefreichende, satt rotbraune fossile Boden der Basaltoberfläche aufgeschlossen war. Der Riß zeigte keinerlei Verfüllung durch rezentes, hellgraues Verwitterungsmaterial und mußte daher, ähnlich wie in den oben beschriebenen Fällen, ganz jung sein. Auf der Kante der Scholle, genau über der Schluchtwand, standen zwei aus Basaltbrocken aufgebaute Steinfiguren mit aufgesteckten Stöcken, offenbar Symbolfiguren der Tubu. Die Steinsetzungen sahen noch völlig intakt aus, hätten aber zum Zeitpunkt der Untersuchung nur noch unter Lebensgefahr erreicht werden können, ebenfalls ein Hinweis auf die Frische des Risses und damit auf die Aktualität des Wandabbruches. Ein weiterer Hinweis hierauf fand sich unterhalb der Wand, wo auf einer niederen Flußterrasse neben der kleinen Palmoase der Schluchtsohle ein Garten angelegt war, der keine Bearbeitung mehr erkennen ließ. Offenbar war der Ort infolge des drohenden Wandabbruches aufgegeben worden. Wenig südlich dieser Stelle, bis fast zur Autopiste hin, ist die Schluchtoberkante in mehrere kleine Schollen aufgelöst, die langsam absitzen und somit eine typische Stufung bewirken.

Etwa 4 km yebbiguéabwärts von Yebbi Zouma ist das folgende Profil, Profil 45, das sehr gut die Einschaltung des jüngeren in den älteren Talbasalt zeigt, aufgenommen. Die heutige Schlucht hat sich an der Grenze der beiden Basaltströme eingeschnitten und besitzt, entsprechend der unterschiedlichen morphologischen Widerständigkeit der beiden Basalte, ganz verschieden geformte Wände. Die linke Wand im jüngeren, unverwitterten Basalt ist trotz der Höhe von 30 m fast senkrecht, die rechte Wand im älteren, kugelig verwitterten Basalt dagegen abgeschrägt und nur etwa 50 bis 60° steil. Sie ist im oberen Teil von Blöcken bedeckt und besitzt eine etwa 10 m hohe Blockhalde am Fuß.

Das letzte Profil in der Reihe, P r o f i l 52, ist am nördlichsten Ende des Yebbigué-Talbasaltes aufgenommen, an einer Stelle, an der das Tal infolge außerordentlicher Verbreiterung auf über 200 m und Abflachung der Hänge keinen Schluchtcharakter mehr besitzt. Der Talbasalt — es handelt sich dabei um den älteren — weist hier nur noch eine Mächtigkeit von 3 m auf; seine Oberfläche liegt etwa 20 m über dem rezenten Flußbett. Der Basaltstrom überlagert rote, feinkörnige, geschichtete fluviale Sedimente von 1 m Mächtigkeit. An einer benachbarten Stelle ist unter dem Basalt eine mehrere Meter mächtige rote bis rotbraune Schotterakkumulation aufgeschlossen, der sich diskordant eine jüngere, gelblich-graue Schotterakkumulation anlagert. Ähnlich den bisher besprochenen Aufschlüssen handelt es sich auch hier bei den beiden rotgefärbten Akkumulationen um Bodenbildungen bzw. verschwemmte Böden, die durch den auflagernden, sehr geringmächtigen Basalt nur unwesentlich gefrittet wurden.

3.1.2.1 Ergebnisse

1. Das Yebbigué-Tal ist im Laufe seiner jüngeren Entwicklung zweimal von Basaltströmen, sogenannten Talbasalten, auf seiner Sohle verschüttet worden. Demnach lassen sich eine ältere und eine jüngere Talbasaltgeneration unterscheiden. Kennzeichen des älteren Talbasalts im Luftbild sind die graue Farbe und ein mäßig gut entwickeltes hydrographisches Netz der Oberfläche; Kennzeichen des jüngeren Talbasalts die fast schwarze Farbe und ein nur in Ansätzen erkennbares hydrographisches Netz auf der ansonsten unruhigen kleinkuppigen Oberfläche. Was die Ausdehnung betrifft, so nimmt der ältere Talbasalt eine etwa 10 mal größere Oberfläche ein als der jüngere, der im Oberlauf des Yebbigué-Tales um Yebbi Bou völlig fehlt und nur im Mittelabschnitt zwischen Profil 32 und Profil 44 (Yebbi Zouma) eine dominierende Rolle spielt. Unterhalb von Yebbi Zouma tritt er gegenüber dem älteren Talbasalt zunehmend an Bedeutung zurück. Jede Talbasaltgeneration besteht nicht nur aus einem einzigen Strom, sondern meist aus zwei, im Falle des älteren Talbasalts bei Yebbi Bou sogar aus drei Strömen, die ohne erkennbare Frittungszone einander unmittelbar auflagern.

2. Entsprechend den beiden verschieden alten Basaltstromgenerationen konnten auch z w e i S c h l u c h t g e n e r a t i o n e n nachgewiesen werden. Die ältere Generation, die besonders gut unterhalb von Yebbi Zouma entwickelt ist, läßt sich im Luftbild als breites Kastental von doppelter Breite wie die heutige Schlucht verfolgen. Die jüngere Generation, d. h. also die heutige Schlucht, ist dagegen schmal und tief eingeschnitten und weist an Durchbrüchen durch den jüngeren Talbasalt, wie etwa zwischen Profil 34 und Profil 37, extreme Engstellen auf.

3. Die beiden Basaltschluchtgenerationen zeichnen sich nicht nur durch verschiedene Größe, sondern auch durch ihren abweichenden Verlauf aus. Dies ist beispielsweise zwischen Profil 33 a und Profil 37 der Fall, wo die ältere Schluchtstrecke in Anlehnung an die Tiefenlinie des präbasaltischen Yebbigué-Tales mehr geradlinig, die jüngere dagegen stark gewunden verläuft.

4. Das ungefähre A l t e r der beiden Schluchtgenerationen im Bereich von Yebbi Zouma läßt sich wie folgt bestimmen: die Eintiefung der älteren Basaltschlucht ereignete sich entsprechend dem mittel- bis jungquartären Alter des älteren Talbasalts im mittleren und jüngeren Quartär. In diesem Zeitraum wurde ein Ausraum vom doppelten Volumen der heutigen Basaltschlucht geschaffen. Ferner erfolgte eine beachtliche Verschotterung sowie eine intensive Verwitterung im Sinne einer Rot- bis Rotbraunfärbung (Profile 39 und 44). Danach, vermutlich erst am Ende des Pleistozäns, erfolgte die Verschüttung dieser Schlucht durch den jüngeren Talbasalt und in dem kurzen, bis zur Gegenwart reichenden Zeitraum die Bildung der heutigen Schlucht. Für das sehr geringe Alter der heutigen Schlucht im jüngeren Talbasalt sprechen folgende Befunde: a) Der Ausraum im Vergleich zur älteren Schluchtgeneration ist gering, die Schlucht schmal und tief. b) Die fluviale Formungsintensität (Tiefen- und Seitenerosion) ist sehr hoch. Besonders kann die Intensität der Seitenerosion anhand der zahlreichen frischen, schluchtwandparallelen Risse sowie Wandabbrüche festgestellt werden.

5. Die Entwicklung dieser sehr jungen Schlucht ist heute offenbar an einem Punkt angelangt, wo trotz der Tendenz zu starker Tiefenerosion die Seitenerosion zunehmend formbestimmend wird, im Sinne einer raschen Verbreiterung der Schlucht. Der Grund für diesen Formungswandel liegt in der Tatsache, daß bereits an vielen Stellen, wo der junge Talbasalt völlig durchschnitten wurde, die liegenden, horizontal geschichteten massigen Tuffbreccienbänke der Serie SCI von der Erosion angegriffen werden. Da sie der Tiefenerosion erheblich mehr Widerstand leisten als der vertikal geklüftete Basalt, verlangsamt sich deren Geschwindigkeit ganz erheblich. Die Unterschneidung der Basaltwände, als deren Folge umfangreiche Wandabbrüche auftreten und damit die Verbreiterung der Schlucht, gehen jedoch unvermindert weiter. Die heutige, enge Schlucht im Bereich des jüngeren Talbasalts befindet sich daher im Sinne von DAVIS (1902) am Übergang vom „Jugend-" in das „Reifestadium". Als noch „voll jugendlich" dürfte nur die extreme Durchbruchstrecke zwischen Profil 34 und Profil 37 angesehen werden.

6. Bei den roten bis rotbraunen Akkumulationen, die sich sowohl unter dem älteren, vor allem aber unter dem jüngeren Talbasalt finden, handelt es sich einmal um Schotter- sowie Schwemmfächerakkumulationen, deren rotgefärbte Matrix als i n - s i t u - B o d e n sowie als verschwemmter Boden gedeutet wird. Die Wirkung der Frittung auf diese Akkumulationen läßt sich im einzelnen schwer bestimmen. Sie besteht meist in einer Farbvertiefung, etwa von Rotbraun nach Rot bis

Rotviolett, die je nach Mächtigkeit des auflagernden Basalts unterschiedlich tief reichen kann. Im extremen Fall von Profil 39, wo über der bis zu 5 m mächtigen, roten Schotterakkumulation ein 25 m mächtiger Talbasalt liegt, reicht sie vermutlich in Spuren 4 m tief. Als eindeutiger Frittungshorizont läßt sich stets jedoch nur eine schmale, rotviolette Zone unmittelbar unter der Auflagerungsfläche des Basalts nachweisen. Die gleiche Beobachtung machten HAGEDORN (1971) und BRIEM (1971) im Enneri Wouri im West-Tibesti, wo ebenfalls rote, fluviale Sedimente unter jungen Talbasalten aufgeschlossen sind.

7. Infolge der Unsicherheit hinsichtlich der Frittungswirkung ist eine klimatische Deutung der roten bis rotbraunen Böden bzw. Bodensedimente schwierig. Für mediterrane Böden sind sie in den meisten Fällen etwas zu intensiv, für tropische Böden dagegen zu schwach rot gefärbt, vor allem aber zu gering verwittert. Unter Berücksichtigung einer gewissen Farbvertiefung durch Frittung jedoch müßte die ursprüngliche Farbe nach Rotbraun tendieren, womit eine Deutung als Mediterranboden im w. S. am ehesten in Frage käme. Für diese Annahme spricht auch die Möglichkeit, die roten Böden bzw. Bodensedimente unter dem Talbasalt mit rotbraunen Böden außerhalb der Yebbigué-Schlucht zu verknüpfen. Dies ist bei Yebbi Zouma der Fall, wo rote, fluviale Sedimente unter dem Talbasalt mit einem mächtigen rotbraunen, vermutlich mediterranen fossilen Boden 2 km südlich von Yebbi Zouma verknüpft werden können.

Im folgenden Kapitel soll die Entwicklung der heutigen Yebbigué-Schlucht im älteren und jüngeren Talbasalt anhand der Untersuchung der jungen Flußterrassen untersucht werden. Von besonderem Interesse ist dabei die Frage, ob sich die Schluchtentwicklung kontinuierlich unter ständiger Vorherrschaft der Tiefenerosion oder in Phasen wechselnder Tiefen- und Seitenerosion bzw. gar Akkumulation abgespielt hat. Zur exakten Klärung der Terrassenstratigraphie in der Basaltschlucht war es jedoch notwendig, die Terrassen flußaufwärts über die Basaltschlucht hinaus bis in das Ursprungsgebiet der Täler in der Hochregion zu verfolgen. Im vorliegenden Fall geschah dies an einem südlichen Quellfluß des Yebbigué, der in dem 2900 m hohen Tarso Tieroko beginnt.

Das folgende Kapitel gliedert sich daher in zwei Hauptabschnitte: 1. die Untersuchung der jungen Flußterrassen im Tarso Tieroko und auf dessen ausgedehnter Vorlandschwemmebene, sowie 2. die Untersuchung der Terrassen in der Basaltschlucht des Yebbigué. Aus Gründen der Übersichtlichkeit wurde weiter untergliedert in: 1. Tarso Tieroko, 2. Vorlandschwemmebene, 3. den obersten Abschnitt der Basaltschlucht bis Yebbi Bou und 4. die Basaltschlucht bis zur Einmündung von Iski/Djiloa und dem breiten Talbereich bis in Höhe von Profil 54.

3.2 Die Talentwicklung nach der Verschüttung durch Talbasaltströme: Die Untersuchung der jungen Flußterrassen

3.2.1 Terrassenuntersuchung vom Tarso Tieroko bis etwa zur Mitte der östlich vorgelagerten Vorlandschwemmebene

In der 2000 m hoch gelegenen Nebencaldera auf der Nordostflanke des Tieroko-Massivs, deren rückwärtige Wände fast senkrecht bis auf über 2500 m ansteigen, liegen bis über 30 m mächtige, fluvial geschichtete Sedimente, deren zum Calderenausgang geneigte Oberfläche ein oberes Terrassenniveau darstellt. Eine vergleichbare Terrasse wurde von BÖTTCHER (1969, S. 10) in gleicher Höhe in der 10 km südwestlich gelegenen, nach Süden entwässernden Hauptcaldera des Tieroko nachgewiesen. In etwa 10 m Höhe über dem rezenten Flußbett ist ein weiteres, tieferes Terrassenniveau ausgebildet. Es liegen demnach zwei Flußterrassen vor, die rein beschreibend als „obere" und „untere" Terrasse benannt werden. Die Neigung der beiden Niveaus zum Calderenausgang hin beträgt im Falle des älteren fast 8 %, im Falle des jüngeren dagegen nur 6 %. Das rezente, breite Flußbett weist ein Gefälle von 4 bis 5 % auf. Es ist also eine stetige Abnahme der Neigung bzw. des Gefälles vom ältesten fossilen Talboden bis zum rezenten Bett zu verzeichnen.

Ein 25 m hoher Aufschluß der oberen Terrasse am Calderenausgang in 1900 m Höhe zeigt folgenden Aufbau (Profil 1, Abb. 13):

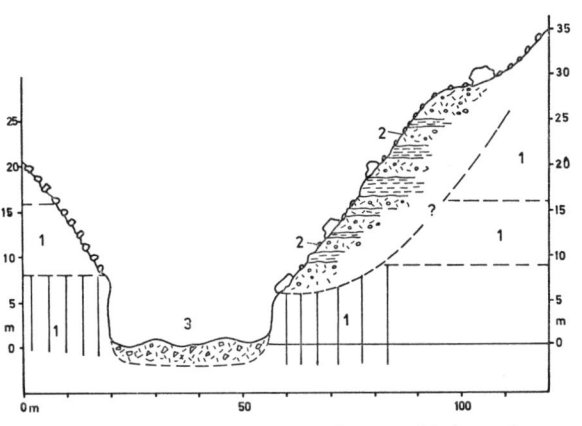

Profil 1 (1900 m): 1. SN2-Basalt, verschiedene Ströme; 2. obere Terrasse: Akkumulation aus wechsellagernden feinschuttreichen und feinkörnigen bodenartigen Schichten; 3. schutt- und kiesreiches torrentenähnliches rezentes Bett.

Über einem 4 m bis 5 m hohen Sockel aus anstehendem Basalt folgt eine mächtige, auf den ersten Blick fast einheitlich erscheinende Akkumulation von grauschwarzer Farbe. Zum überwiegenden Teil besteht sie aus gut gebankten und teilweise kreuzgeschichteten Grobsand-, Kies- und Feinschuttlagen. Schotterlagen sind selten und meist als flache Linsen zwischengeschaltet. Lokal finden sich auch einzelne größere Blöcke. Der Verwitterungsgrad ist gering und äußert sich lediglich in einer relativ dünnen, dunkelbraunen Rinde der Grobbestandteile. Weiterhin fallen bei näherer Betrachtung durchgehende, meist schmale Bänke aus graubraunem, bodenähnlichem Material auf, die infolge ihrer größeren Festigkeit auf dem mit etwa 45° geneigten Terrassenhang leicht vorstehende Gesimse bilden.

Ein ausgeprägtes unteres Terrassenniveau ist an dieser Stelle nicht vorhanden. Dafür ist die Lateralerosion infolge der Enge des Schluchtaustrittes hier am Calderenausgang zu stark.

Das rezente Flußbett des kastenförmigen Tales weist einen ebenen Querschnitt, d. h. keine Gliederung in Hoch- und Niedrigwasserbett auf. Es enthält in seiner ganzen Breite nur Schotter, Kies und Grobsand. Feinsand oder gar Ton fehlen völlig. Insgesamt ist eine auffällige Korngrößenzunahme gegenüber der Akkumulation der oberen Terrasse zu verzeichnen, die ihre Ursache sowohl in anderen rezenten Verwitterungs- und Abtragungsbedingungen im Einzugsgebiet sowie in anderen Abflußbedingungen im Flußbett haben muß. In 1900 m Höhe stehen am Rande des Flußbettes in einer Reihe zehn hochstämmige, etwa 6 m hohe Tamarisken. Weiter flußab, gegen Profil 2, folgen einige ebenso hochstämmige Akazien. Die Wuchsform läßt in beiden Fällen auf kräftige rezente Erosion in diesem Schluchtabschnitt schließen.

Eine zusammenhängende Akkumulation der oberen Terrasse zieht sich zungenförmig etwa 3 km in die sich ständig verengende Schlucht hinein. Gleichzeitig verschmälert sich auch das rezente Bett bis auf wenige Meter. Sein kontinuierliches Gefälle von 4 bis 5 % wird nach 3 km durch eine 4 m hohe Stufe unterbrochen. Die obere Terrasse dagegen zieht sich, wie an den Resten zu erkennen ist, knicklos über diese Stufe hinweg. Demnach muß für jene Zeit mit einer viel stärker vorschüttenden Akkumulation als heute gerechnet werden. Die Terrassenreste finden sich nicht allein auf Spornen an Gleithängen, sondern erstaunlicherweise auch häufig an steilen Prallhängen, wie das folgende Profil 2 zeigt.

Im Profil ist außerdem eine unverfestigte Grobschotterakkumulation angeschnitten, die sich infolge ihrer braunen Färbung scharf von den blaugrauen, frischen Sedimenten des rezenten Bettes abhebt. Der Verwitterungsgrad der Schotter ist sehr gering, der Zurundungsgrad jedoch erheblich besser als bei den Schottern im rezenten Bett. Die Akkumulation wird als erniedrigter Rest der unteren Terrasse gedeutet.

Talwärts von Profil 2 beginnt der extremste, 2 km lange Abschnitt der gesamten Schluchtstrecke, der im Luftbild an den dicht aufeinanderfolgenden, engen Mäanderbögen erkennbar ist. Kennzeichnend für das verkieste Flußbett ist sein hohes Gefälle von maximal 8 %, das auf einen stark geneigten Felsuntergrund hindeutet.

Oberhalb wie auch unterhalb dieser Strecke treten Gefällswerte von 5 bis 6 % auf.

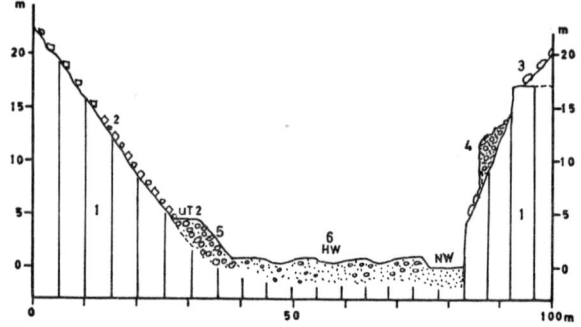

Profil 2 (1800 m): 1. SN2-Basalt; 2. Gleithang; 3. Prallhang; 4. angebackener unverwitterter Rest der oberen Terrasse; 5. Sand-Kies-Schotterakkumulation; 6. Flußbett, enthält Schotter, Kies und Grobsand.

In der Übersicht ist die extremste Mäanderschlinge dargestellt, deren Prallhänge im SN2-Basalt kräftig versteilt sind. Gerade an diesen Prallhängen aber haften grauschwarze gut gebankte Kies-Schotterreste der oberen Terrasse, während sie an den flacheren Gleithängen entweder fehlen oder vom Hangschutt zugedeckt sind. Dies kann angesichts des mäßigen Verfestigungsgrades nur mit einem geringen Alter der Akkumulation erklärt werden (Profil 2).

Die 10 m breite Niedrigwasserrinne ist nur etwa 30 cm in die Kies-Schotter-Sedimente des Talbodens eingetieft. Diese sind, wie aus Profil 3 hervorgeht, zwar nicht sehr mächtig, haben aber einen gestuften Untergrund glatt überdeckt. Ein Beweis dafür ist die 1 m hohe Stufe zwischen dem Niedrigwasserbett und der tiefer liegenden Überlaufrinne (im Profil mit 8 bzw. 7 bezeichnet.). Die unteren 2/3 der Stufe bestehen aus anstehendem Basalt, während der obere Teil aus dicht gepackten Blöcken und Schottern aufgebaut ist und gleichsam einen festen Damm gegen das kiesige Niedrigwasserbett bildet. Die Festigkeit des Dammes erweist sich jedoch als gering. So können größere Blöcke mit dem Hammer leicht herausgelöst werden, wobei sie rundum die frische Gesteinsfarbe zeigen. Es kann sich also nicht um einen älteren Akkumulationsrest handeln, sondern vielmehr um Material, das bei jedem größeren Abkommen im Zuge einer tiefgreifenden Umlagerung auf der gesamten Talsohle ebenfalls umgelagert wird. Entsprechend müßte der Wall, der eine Hochwasserakkumulation darstellt, von der ablaufenden Flut jedesmal wieder neu gebildet werden.

Das Gefälle der Überlaufrinne bis zur Einmündung in den Hauptarm beträgt zwar nur 4 %, unter Einbeziehung der 1 m hohen Überlaufstufe jedoch mehr als 10 %, was etwa der mittleren Neigung des unausgeglichenen Talbodens im Anstehenden entspricht. Das Gefälle des Niedrigwasserbettes beträgt dagegen im Mittel nur 7 %, wobei jedoch berücksichtigt werden muß, daß es gegenüber der Überlaufrinne die fast doppelte Länge aufweist. Die Niedrigwasserrinne sucht somit durch größtmögliche Verlängerung des Weges das geringstmögliche Gefälle zu erreichen, was vermutlich als Folge einer extrem hohen Geröllbelastung zu deuten ist.

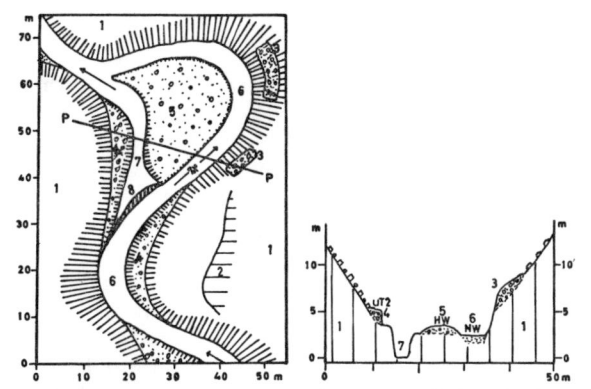

Profil 3 (1740 m): 1. SN2-Basalt; 2. 20 m hohes Erosionsniveau; 3. angebackener Rest der oberen Terrasse; 4. Kies-Schotter-Akkumulation der unteren Terrasse; 5. Hochwasserbett, Kies, Schotter; 6. Niedrigwasserbett, nur Feinkies; 7. Überlaufrinne; 8. 2 m hohe dammähnliche Überlaufstufe.

Das wenig flußab folgende Profil, Profil 4, ist an einer engen Biegung aufgenommen und zeigt infolgedessen ein stark asymmetrisches Tal mit stark unterschnittenem Prallhang. Weiterhin läßt es eine deutliche Gliederung der rechtsseitigen Kies-Schotter-Akkumulationen in zwei Niveaus und somit in eine obere (20 m) und eine untere (9 m) Terrasse erkennen.

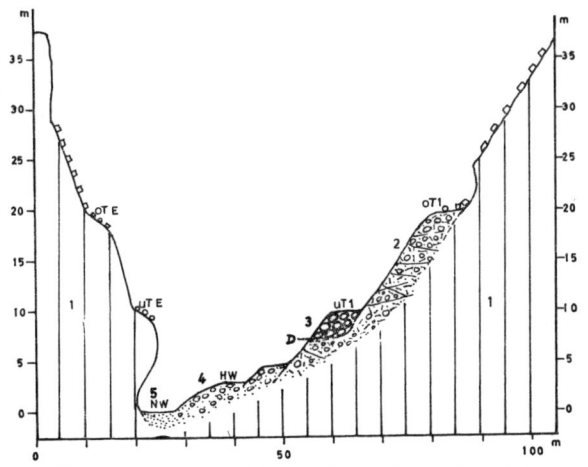

Profil 4 (1700 m): 1. SN2-Basalt; 2. Sand-Kies-Akkumulation der oberen Terrasse, enthält bodenartige Horizonte; 3. diskordant aufgelagerte Grobschotterakkumulation der unteren Terrasse; 4. verschottertes Hochwasserbett; 5. tief ausgekolktes verkiestes Niedrigwasserbett.

Der Aufbau des Akkumulationskörpers der oberen Terrasse entspricht demjenigen in Profil 1 am Calderenausgang, mit dem Unterschied allerdings, daß gröbere Bestandteile vorherrschen und als Schotterlage auch den Terrassenhang überziehen. Der geringmächtige Akkumulationskörper der unteren Terrasse besteht nahezu ausschließlich aus groben, gut gerundeten Schottern in chaotischer Lagerung. Die extreme Asymmetrie des Flußbettes mit der Sprunghöhe von fast 3 m zwischen Niedrigwasser- und Hochwasserbett sowie die tiefe Auskolkung im anstehenden Basalt weisen auf eine gegenwärtig kräftige Tiefenerosion hin. Ein weiterer Hinweis darauf ist das völlige Fehlen von Bäumen (Akazien oder Tamarisken) in diesem Abschnitt. Sie fehlen im gesamten Schluchtmittellauf.

Das folgende Profil, Profil 5, ist etwa 4 km unterhalb von Profil 4 und 500 m oberhalb des Schluchtausganges aufgenommen (vgl. Abb. 15).

Auffallend ist eine im Vergleich zum Schluchtmittellauf erhebliche Verbreiterung des Flußbettes, das ein ausdrucksloses Querrelief besitzt. Es hat daher große Ähnlichkeit mit dem Flußbett im Oberlauf der Schlucht. Ähnlich wie dort wird das breite, schwemmfächerartige Bett von mehreren, schwach eingeschnittenen, anastomosierenden Rinnen durchzogen, deren breiteste das Niedrigwasserbett darstellt. Der Kiesanteil im gesamten Flußbett ist sehr hoch, wesentlich höher als der Grobschotteranteil. Feinsandbänke und tonige Absätze fehlen völlig. Eine Erklärung hierfür liegt wahrscheinlich in dem hohen Materialtransport sowie dem Gefälle von 4 % begründet. Die Mächtigkeit der Talbodensedimente dürfte mehrere Meter betragen. Hier im Schluchtmittellauf liegt demnach ähnlich wie im Oberlauf erneut ein Akkumulationskörper des Talbodens vor, der aber nicht als Vorschüttungsakkumulation zungenförmig flußab, sondern als Rückstauakkumulation zungenförmig flußauf reicht. Dieser Rückstau als Folge einer Strömungsabnahme wird sowohl durch eine spürbare Gefällsabnahme des Untergrundes als auch durch die trichterartige Verbreiterung gegen das Vorland hin erzeugt. Der Schluchtmittellauf hingegen stellt trotz der durchgehenden Sedimentdecke eine gefällsreiche Erosionsstrecke im Sinne einer „Durchtransport"- (HÖVERMANN, 1972) bzw. „Durchgangstransportstrecke" (BÜDEL, 1972; MENSCHING, 1970) dar.

Eine mächtige, durchgehende Terrassenakkumulation wie in Profil 4 fehlt hier. Es finden sich aber auf dem hohen Basaltsockel des linken Talhanges eine Sand-Kies-Schotterauflage mit einem Niveau in fast 20 m Höhe sowie ein Erosionsniveau in 15 m Höhe. Beide können als Niveaus der oberen Terrasse gedeutet werden. Ein weiteres Niveau in 7 m Höhe über dem rezenten Flußbett entspricht dem Niveau der unteren Terrasse. Der in Profil 5a dargestellte Aufschluß zeigt einen ganz ähnlichen Aufbau wie die Aufschlüsse der oberen Terrasse in den Profilen 1 bis 4. Der Akkumulationskörper besteht überwiegend aus mäßig verfestigten, gut geschichteten Sand-Kiesbänken von dunkelgrauer Farbe. Auch einzelne Schotterlinsen sind zwischengelagert. Nach unten geht er in bräunliche, erdige Bänke über, die, wie durch eine Grabung festgestellt werden konnte, noch mindestens 1/2 m unter das heutige Bett hinabreichen. In 4 m Höhe ist ein 40 cm mächtiger strukturloser Schluffhorizont von hellgrauer Farbe zwischengeschaltet, der sich scharf gegen die liegenden und hangenden Sand-Kiesschichten abgrenzt und daher als Fremdkörper wirkt. Die hangenden Grobsandschichten sind dünn gebankt und weisen eine erhebliche Festigkeit auf. Sie werden diskordant von einer lockeren, braun gefärbten Schotterakkumulation überlagert, die keinerlei Schichtung erkennen läßt. Es handelt sich demnach um einen eigenen, vermutlich sehr jungen Sedimentkörper, der die Akkumulation der unteren Terrasse darstellt.

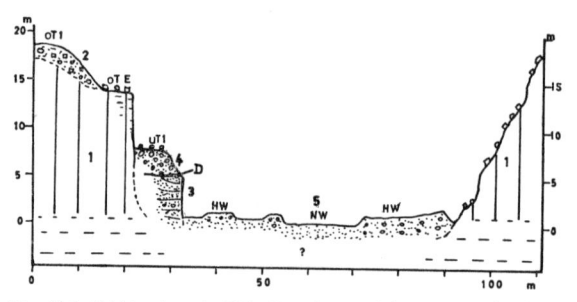

Profil 5 (1660 m): 1. SN2-Basalt; 2. Schotter- und Schuttakkumulation; 3. schwarzgraue bis bräunliche Sand-Kies-Akkumulation der oberen Terrasse; 4. diskordant aufgelagerte Grobschotterakkumulation der unteren Terrasse; 5. tief versandetes und verkiestes Niedrigwasserbett.

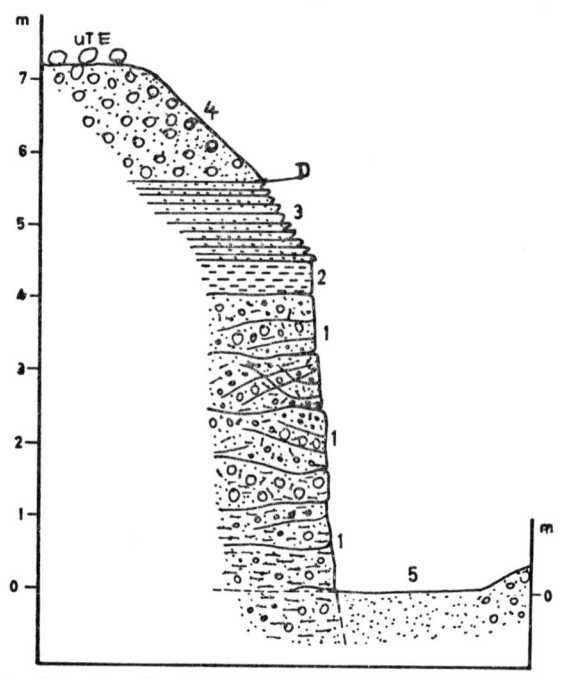

Profil 5 a (Detailprofil): 1. Sand-Kies-Akkumulation, nach unten bodenartig; 2. hellgrauer Schluffhorizont; 3. dünngebankte Sande; 4. diskordant aufgelagerte Grobschotterakkumulation der unteren Terrasse; 5. randliche Niedrigwasserrinne.

Am Gebirgsaustritt der Schlucht, etwa 500 m unterhalb von Profil 5, ergibt sich folgende Situation: der gerade Lauf des Flußbettes setzt sich nicht auf dem vorgelagerten, ausgedehnten fossilen Schwemmfächer fort, sondern biegt im rechten Winkel nach Norden um und folgt dann dem Rand des Schwemmfächers in einem weiten Bogen. Hierbei erfolgt anfangs eine ständige Verbreiterung bis auf max. 300 m, die sich talwärts wieder etwas verringert, wodurch der Eindruck eines schmal bandförmigen rezenten Schwemmfächers entsteht. Der fossile Schwemmfächer dagegen stellt ein ungefähr dreiecksförmiges, von einem dichten fossilen Gerinnenetz durchzogenes, etwa 3 mal 3 km messendes Gebilde dar, das mit einem mehrere Meter hohen Prallhang scharf an das rezente Bett grenzt. Dieser Prallhang ist an der Schwemmfächerwurzel beim Gebirgsaustritt der Schlucht 5 m hoch und erreicht 2,5 km flußab an der seitlichen Schwemmfächerkante sogar max. 9 m. An der Schwemmfächerwurzel ist das folgende Profil, Profil 6, aufgenommen:

Über dem breiten, stark verkiesten Flußbett liegen das erwähnte Schwemmfächerniveau sowie weitere Niveaus in 8 m, 12 m und 17 m Höhe. Das untere Niveau läßt sich durchgehend mit dem 7-m-Niveau in Profil 5 verbinden und stellt somit die untere Terrasse, das höchste Niveau in 17 m Höhe die obere Terrasse dar. Die Niveaus in 12 m und 8 m können als Erosionsniveaus der oberen Terrasse gedeutet werden. Der Akkumulationskörper der unteren Terrasse besteht wie im Fall von Profil 5 aus einer 2 bis 3 m mächtigen, lockeren, einem Sockel aus feinkörnigen, geschichteten Sedimenten diskordant auflagernden Schotterakkumulation. Diese feinen Sedimente stellen ebenfalls einen stark erniedrigten Sockel der oberen Terrasse dar. Auch hellgraue Bänke in der Art des Schluffhorizontes in Profil 5 sind aufgeschlossen.

Die 17 m mächtige Akkumulation der oberen Terrasse besteht zumindest äußerlich aus groben, gut gerundeten Basaltschottern, die kaum eine Schichtung erkennen lassen. Es handelt sich hierbei um eine besonders grobe Fazies am Schluchtausgang, die im engen Schluchtbereich fehlt. Anhand des im Profil angeschnittenen ausgedehnten Restes der oberen Terrasse sowie weiteren Resten nahe der Schwemmfächerwurzel und schwemmfächerabwärts in Schutzlagen hinter inselartigen Basalterhebungen läßt sich ein älteres fossiles Schwemmfächerniveau rekonstruieren, dessen Sprunghöhe zum jüngeren im Wurzelbereich 10 m erreicht, sich aber schwemmfächerabwärts rasch erniedrigt. Sein Gefälle ist demnach höher als das des jüngeren Schwemmfächers und beträgt im Wurzelbereich 6 bis 7 % gegenüber 4 bis 5 % des letzteren. Der bandförmige rezente Schwemmfächerbereich weist auf gleicher Höhe ein Gefälle von nur 3 % auf.

Nach etwa 3 km ist am unteren Ende des eine zusammenhängende Fläche bildenden jüngeren fossilen Schwemmfächers das folgende Profil, Profil 7, aufgenommen. Das kies- und grobsandreiche Flußbett zeigt keinen ebenen, sondern einen leicht konvexen Querschnitt. In der Mitte, dem höchsten Teil des Bettes, ist die Niedrigwasserrinne, vergleichbar dem Bett eines Dammflusses, flach eingeschnitten. Sie mäandriert aber sehr stark und unterschneidet sowohl oberhalb als auch unterhalb des Profils die angrenzenden Terrassenhänge. Zusammen mit der Beobachtung über eine starke Verwilderung der Rinnen auf dem gesamten rezenten Schwemmfächerband vom Schluchtausgang bis zu Pro-

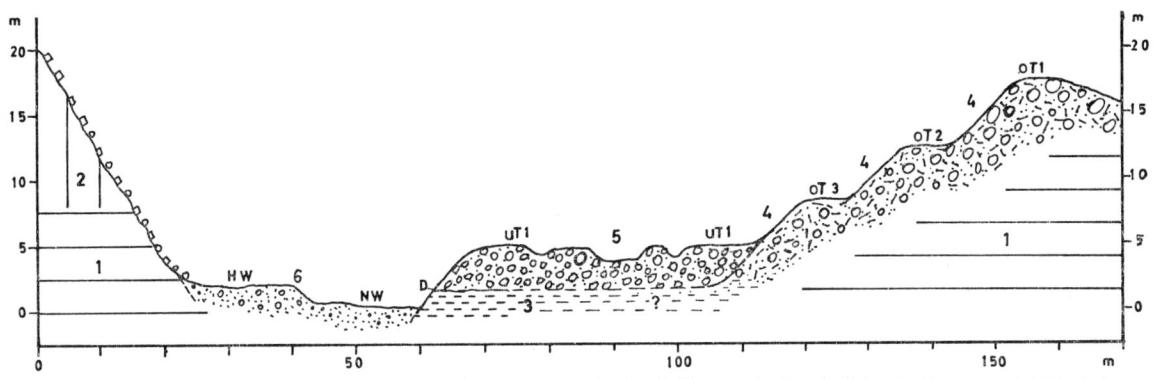

Profil 6 (1640 m): 1. helle Tuffe; 2. SN2-Basalt; 3. bräunliche bis hellgraue bodenähnliche Sedimente; 4. Kies-Schotter-Akkumulation der oberen Terrasse; 5. Schotterakkumulation der unteren Terrasse, Wurzel des jüngeren fossilen Schwemmfächers; 6. Sand-Kies-Schotter-Akkumulation des rezenten Bettes.

fil 7 lassen diese Befunde auf eine kräftige Lateralerosion sowie einen Transport großer Geröllmengen schließen. Mit einiger Wahrscheinlichkeit handelt es sich speziell bei dem Abschnitt oberhalb von Profil 7 sogar um einen Bereich kräftiger rezenter Akkumulation, worauf zahlreiche „stammlose", d. h. bis zur Krone einsedimentierte Akazien hindeuten (Abb. 16).

Auf der rechten Seite wird das Flußbett durch den 6 bis 7 m hohen Terrassenhang des jüngeren fossilen Schwemmfächers begrenzt, dessen Aufbau — 2 bis 3 m mächtige, lockere Grobschotterakkumulation, diskordant über feinkörnigen, geschichteten Sedimenten — der Stratigraphie des Prallhangs an der Schwemmfächerwurzel (Profil 6) gleicht. Demnach liegt auch hier eine relativ geringmächtige Akkumulation der unteren Terrasse auf einem stark erniedrigten Sockel der älteren Terrasse; ein Befund, der auch für den gesamten Terrassenhang flußauf von Profil 7 gilt. Es ist daher anzunehmen, daß die der Akkumulation der unteren Terrasse entsprechende Grobschotterlage auf dem gesamten jüngeren fossilen Schwemmfächer nur eine relativ dünne Decke von 2 bis 3 m darstellt.

Unmittelbar unterhalb von Profil 7 vereinigt sich der fossile Schwemmfächer mit nördlich anschließenden, ebenfalls fossilen Schwemmfächern zu einer ausgedehnten Schotterschwemmebene, die hier eine mittlere Neigung von 2 % aufweist. Diese Neigung nimmt gegen den tiefsten Bereich der Ebene kontinuierlich auf weniger als 1 % ab. Insgesamt gesehen ergibt sich damit von der Wurzel des jüngeren Schwemmfächers bis zum tiefsten Bereich der Schwemmebene ein flach-konkaves, fast gestrecktes Längsprofil. Das Längsprofil des rezenten Bettes dagegen weist in Höhe von Profil 7 einen deutlichen Knick auf. Das Gefälle nimmt auf kurzer Entfernung von knapp 3 % auf 1,5 % ab, während sich zugleich das breite, schwemmfächerähnliche Bett in mehrere schwach eingetiefte Rinnen aufspaltet, deren Sprunghöhe zur jüngeren fossilen Schwemmfächeroberfläche ständig abnimmt und in Höhe von Profil 8 nur noch 2 m beträgt. Verglichen mit dem schwach-konkaven Längsprofil des fossilen Schwemmfächers ist das des rezenten Schwemmfächerbereichs somit stärker konkav, d. h. stärker durchhängend.

Das an der Prallkante einer rezenten Schwemmfächerrinne aufgenommene P r o f i l 8 liegt im Staubereich eines inselförmigen Basaltmassivs und zeigt im Prinzip den gleichen Aufbau wie die Prallhänge in Profil 7 und Profil 6: auf einem 1,5 m mächtigen, aus feinkörnigem Material aufgebautem Sockel liegt scharf diskordant eine lockere, dunkelgraue Sand-Kies-Schotterakkumulation, die gegenüber Profil 7 eine deutliche Korngrößenabnahme aufweist.

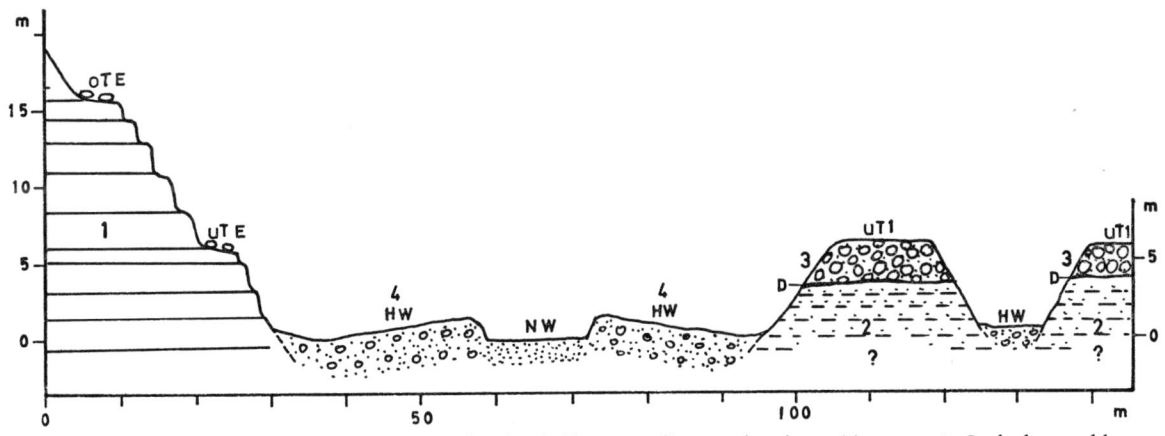

Profil 7 (1570 m): 1. hellgraue Tuffe; 2. schluffreiche, hellgraue Sedimente der oberen Terrasse; 3. Grobschotterakkumulation der unteren Terrasse; 4. Sand-Kies-Feinschotter-Akkumulation des rezenten Bettes.

Abweichend von den Profilen 7 und 6 läßt der Sockel, der ebenfalls als stark erniedrigte obere Terrasse interpretiert werden muß, eine deutliche Differenzierung in mehrere Bänke erkennen. An der Basis ist ein Horizont aus zementstaubartigem Material, vermutlich Bimsstaub, aufgeschlossen (1). Darüber folgt weniger leichtes, graues, bodenähnliches Material (2), das seinerseits von einer rötlich-grauen Bank (3) überlagert wird. Diese enthält zahlreiche, etwa 10 cm messende Brocken von hellrotem, steinharten Material, das von Schilfstengelabdrücken durchsetzt ist und daher wie zerlöchert erscheint. Es erinnert an gebrannten Ton und stellt vermutlich umgelagertes Frittungsmaterial dar. Darüber liegt diskordant ein schmales, schwarzes Torfband (4). Es folgt erneut ein Bimsstaubhorizont (5) und dann eine undeutlich gegliederte Folge hell- bis dunkelgrauer, von zahlreichen kleinen Hohlräumen durchsetzten bodenähnlicher Horizont (6), die äußerlich eine leichte Kalkverkrustung aufweisen. Eindeutige pflanzliche oder tierische Fossilien wurden nicht gefunden. Das Schluff- und Feinsand enthaltende rezente Flußbett ist oberflächlich völlig trocken. Auch in 50 cm Tiefe konnte nicht die geringste Spur von Feuchtigkeit festgestellt werden.

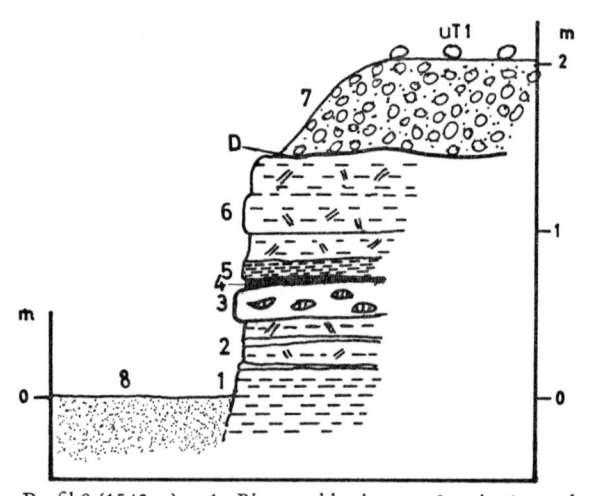

Profil 8 (1540 m): 1. Bimsstaubhorizont; 2. wie 1., nach oben bodenartig; 3. rötlicher Horizont mit eingelagerten Frittungsbruchstücken; 4. diskordantes Torfband; 5. Bimsstaubhorizont; 6. dunkelgraue, bodenartige, Pflanzenreste enthaltende Horizonte; 7. schwarzgraue, lockere Sand-Kies-Schotterakkumulation der unteren Terrasse.

Im Vergleich dazu muß die Akkumulation der feinkörnigen, fossilen Sedimente in einem erheblich feuchteren Milieu erfolgt sein. Darauf weisen die bodenähnlichen Horizonte, vor allem aber das schwarze Torfband hin, das sogar ein zeitweilig sumpfiges Milieu anzeigt. Schwieriger ist die Deutung des rötlichen Horizontes (3), der die vermutlich gefritteten Brocken enthält. Zusammen mit den Bimsstaubhorizonten (1, 5) weist er auf junge vulkanische Vorgänge im näheren oder weiteren Umkreis hin.

3.2.1.1 Zusammenfassung und Deutung

Vom Oberlauf der Schlucht in 2000 m Höhe bis zum unteren Ende des großen Vorlandschwemmfächers in 1540 m Höhe (Profil 8) konnten zwei durchgehende Flußterrassen nachgewiesen werden. Sie wurden rein beschreibend „obere" und „untere" Terrasse genannt.

1. Ihre **Sprunghöhen** zum rezenten Bett betragen in der Caldera in 2000 m Höhe 30 bzw. 10 m, im Schluchtmittellauf 20 bzw. 9 m und am Schluchtausgang 18 bzw. 5 m. Von hier bis zum Schwemmfächerende in Profil 8 ist nur noch die jüngere Terrasse durchgehend vorhanden. Ihre Sprunghöhe erhöht sich erneut bis auf 9 m oberhalb von Profil 7, um dann bis zum Schwemmfächerende in Profil 8 auf 2 m abzunehmen. Auf gleicher Höhe beträgt die Sprunghöhe der etwas weiter südlich in inselartigen Resten vorhandenen oberen Terrasse 6 bis 7 m.

2. Die **Akkumulationen der beiden Terrassen** unterscheiden sich grundsätzlich, einmal in ihrer Mächtigkeit und zum anderen in ihrem Aufbau. Die Mächtigkeit der älteren Akkumulation entspricht mit Ausnahme des Oberlaufs in der Caldera stets der Sprunghöhe der Terrasse, die Mächtigkeit der jüngeren Akkumulation dagegen ist in allen Aufschlüssen gering und beträgt durchschnittlich nur 2 bis 3 m. Dieser geringmächtige Akkumulationskörper lagert stets einem mehr oder weniger stark erniedrigten Sockel der älteren Akkumulation auf, d. h. er ist in die ältere Akkumulation eingeschachtelt.

Was ihren unterschiedlichen Aufbau betrifft, so besteht die Akkumulation der oberen Terrasse in der Schlucht aus einer differenzierten Folge von Sand, Kies, Schottern und bodenähnlichen Schichten mäßigen Verfestigungsgrades. Die Farbe ist dunkelgraubraun, der Verwitterungsgrad gering. Kennzeichnend für die Akkumulation ist weiterhin ein hoher Feinschuttanteil. Am Schluchtausgang besteht sie zumindest äußerlich nur aus groben Schottern, deren Größe bis zu den inselartigen Terrassenresten im Mittelteil der Schwemmebene erheblich abnimmt. In gleicher Weise nimmt auch die Korngröße der bodenähnlichen Bänke in der Akkumulation stark ab. Dies wird besonders in Profil 8 deutlich, wo sie als Folge schluffig-feiner Schichten aufgeschlossen sind. Die geringmächtige Akkumulation der unteren Terrasse besteht dagegen vom Oberlauf der Schlucht bis Profil 8 in der Mitte der Schwemmebene aus einer einheitlichen, unverfestigten Schotterakkumulation, die weder eine Schichtung noch deutliche Verwitterungsspuren erkennen läßt. Die meist groben Schotter weisen eine gute Zurundung auf.

3. Im Vergleich dazu bestehen die rezenten Sedimente des Flußbettes in der Schlucht ganz überwiegend aus Grobsand, Kies und relativ wenigen, groben Schottern. Feinsand oder gar Ton fehlen völlig. Nach dem Schluchtaustritt, besonders deutlich aber erst unterhalb von Profil 7, nimmt die Korngröße der Sedimente rasch ab bis zur Feinsand- und Schlufffraktion in Profil 8. Das

Flußbett ist überall trocken, ein Hinweis auf das Fehlen oberflächennahen Grundwassers im gesamten Bereich.

4. Die Bildungsbedingungen der Terrassen können wie folgt charakterisiert werden:

a) Aufgrund der faziellen Ähnlichkeit des Akkumulationskörpers der unteren Terrasse mit den Sedimenten des rezenten Bettes kann angenommen werden, daß die untere Terrasse unter Klima- und Abflußbedingungen entstanden ist, die den heutigen vergleichbar sind. Allerdings ist aufgrund ihrer erheblich gröberen Schotter im Vergleich zu denen des rezenten Flußbettes mit einem wesentlich stärkeren vorzeitlichen Abkommen und damit, klimatisch gesehen, mit stärkeren Regenfällen als Ausdruck eines etwas feuchteren Klimas zu rechnen.

b) Die Bildungsbedingungen der oberen Terrasse dagegen müssen sich aufgrund des stark abweichenden Sedimentcharakters wesentlich davon unterscheiden. Die Feinkörnigkeit und die gute Schichtung der Akkumulation deuten weniger auf stoßweises Abkommen als auf ruhiges Fließen hin; der hohe Feinschuttanteil überdies auf einen hohen Materialanfall infolge kräftiger Hangabtragung. Bezeichnenderweise sind die Sedimente eng mit einer entsprechenden fossilen Hangschuttdecke verzahnt — eine Verzahnung, wie sie in diesem Ausmaß weder bei den Sedimenten der unteren Terrasse noch des rezenten Bettes beobachtet werden konnte. Weiterhin läßt der nachweisbare, wenn auch geringe Verwitterungsgrad der gesamten Akkumulation sowie die Einschaltung von graubraunen bodenähnlichen oder gar schwarzen torfähnlichen Horizonten auf ein zumindest jahreszeitlich, möglicherweise sogar permanent feuchtes Milieu schließen. Die Jahresniederschlagsmenge sowie vor allem die Niederschlagshäufigkeit müssen erheblich größer gewesen sein als heute. Verglichen mit dem heutigen, hochariden Klima herrschten demnach Pluvialverhältnisse.

5. Aufgrund des geringen Verwitterungsgrades und der Tatsache, daß in der engen Tierokoschlucht Akkumulationsreste häufig an erosionsgefährdeten Prallhängen haften, ergibt sich ein niedriges Alter der Akkumulation der oberen Terrasse. Sehr jung muß daher die in die obere Terrasse eingeschachtelte Akkumulation der unteren Terrasse sein.

6. Nicht nur hinsichtlich ihres Aufbaus und ihrer Mächtigkeit, sondern auch hinsichtlich ihrer Ausdehnung unterscheiden sich obere Terrasse, untere Terrasse und rezentes Bett stark voneinander. In der Tieroko-Schlucht besteht dieser Unterschied in einer von der oberen Terrasse bis zum rezenten Bett abnehmenden Talbodenbreite. So stellt der Talboden insbesondere zur Zeit der oberen, aber auch noch zur Zeit der unteren Terrasse ein breites Torrentenbett dar, in dem Lateralerosion vorherrschte. Ähnlich wie das heutige Bett wies es im Schluchtmittellauf die geringste Breite auf. Das heutige Bett dagegen ist überall erheblich schmaler und im Schluchtober- sowie Mittellauf von kräftiger Tiefenerosion geprägt. Geradezu extrem wird das Mißverhältnis im Bereich des großen Vorlandschwemmfächers, wo der der unteren Terrasse entsprechende fossile Schwemmfächer das rezente Flußbett in der Form eines schmal bandförmigen Schwemmfächers um ein Vielfaches an Ausdehnung übertrifft. Noch ausgedehnter war der der oberen Terrasse entsprechende Schwemmfächer, wie an dessen inselartigen Resten auf der Schwemmebene zu erkennen ist.

Die gleiche Beobachtung machte BUSCHE (1972, 1973) bei Untersuchungen an Schwemmfächern der nördlichen Umrahmung dieser Schotterschwemmebene. Er unterschied neben einer in der Schotterschwemmebene selbst nicht nachzuweisenden ältesten rotbraun verwitterten Generation eine ältere, sehr ausgedehnte graubraun verwitterte sowie eine jüngere, erheblich weniger ausgedehnte und praktisch unverwitterte Generation und die schmal-bandförmigen rezenten Fließbereiche. Hierbei entsprechen die mittlere und jüngere Generation der oberen und unteren Terrasse.

7. Nicht so auffällig, aber doch deutlich unterscheiden sich obere und untere Terrasse sowie das rezente Bett im Längsprofil. Das durchschnittliche Gefälle nimmt von der oberen Terrasse bis zum rezenten Bett zwar nur geringfügig ab; die Form des Längsprofils verändert sich jedoch deutlich. So ist sie im Falle der beiden fossilen Terrassen ausgeglichener, d. h. gestreckter als beim rezenten Bett. Beispielsweise ziehen sich beide Terrassen knicklos über die 4 m hohe Stufe im rezenten Bett des Schluchtoberlaufes hinweg und weisen an der Extremstelle im Schluchtmittellauf (Profil 3) ein geringeres Gefälle als das hier sehr gefällsreiche rezente Bett auf. Im Vorland, oberhalb von Profil 7, ist das Gefälle des rezenten Bettes dagegen geringer als das des jüngeren fossilen Schwemmfächers, so daß es unterhalb von Profil 7 zu einer Annäherung der beiden Niveaus, ja sogar fast zu einer Verschneidung kommt. Im Vergleich mit den Längsprofilen der fossilen Terrassen ist das Längsprofil des rezenten Bettes demnach durchhängender und zugleich unausgeglichener.

8. Die gegenwärtige Formungstendenz scheint dieses Durchhängen noch zu verstärken. So finden sich am Schluchtbeginn in 1900 m Höhe hochstämmige Tamarisken und Akazien am Rande des Flußbettes, während Bäume im Schluchtmittellauf völlig fehlen. In Höhe von Profil 7, im unteren Bereich des Vorlandschwemmfächers, jedoch sind Bäume vorhanden und bis zu den Kronen einsedimentiert. Im ersten und zweiten Fall deutet dies auf kräftige rezente Erosion, im dritten Fall auf rezente Akkumulation hin. Der Schluchtober- und Mittellauf stellen demnach Erosionsstrecken, der mittlere und vor allem untere Abschnitt des rezenten Schwemmfächerbandes dagegen ausgeprägte Akkumulationsstrecken dar.

9. Was die Erosionsleistung, etwa bei der Zerschneidung der oberen Terrasse betrifft, so ist sie nicht im Bereich der engsten Schluchtstrecke, d. h. im Mittellauf, sondern im wesentlich breiteren Oberlauf und in der Caldera am größten. Dies geht aus der Sprunghöhe der oberen Terrasse zum rezenten Bett hervor, die vom Unterlauf bis in die Caldera hinein kontinuierlich zunimmt und beispielsweise in Profil 1

47

25 m beträgt. Gerade hier, in Profil 1, ist das Bett aber breit und stark verschottert und weist damit keine typische Erosionsform auf. Die Situation ähnelt den von BÜDEL (1969) beschriebenen Verhältnissen in Periglazialgebieten, wo sich auf den breiten Schottersohlen der Flüsse infolge des „Eisrindeneffekts" eine „exzessive Tiefenerosion" abspielt. Da der „Eisrindeneffekt als Motor der Tiefenerosion" im vorliegenden Beispiel ausscheidet und eine junge tektonische Verstellung ebenfalls nicht in Frage kommt, muß die starke Tiefenerosion im Bereich von Profil 1 als Ausdruck eines Klimawandels zum Ariden hin und damit als Konvergenzerscheinung betrachtet werden.

10. Was die Hangabtragung betrifft, so ist seit der Zeit des Aufbaus der oberen Terrasse bis heute eine beträchtliche Intensitätsabnahme zu verzeichnen. Sehr stark muß die Hangabtragung zur Zeit des Aufbaus der oberen Terrasse gewesen sein, worauf die bereits erwähnte Verzahnung der Terrassensedimente mit konkav auslaufenden Hangschuttdecken hinweist. Eine ähnliche Situation, d. h. die Verzahnung einer mächtigen fossilen Hangschuttdecke mit einer entsprechenden Terrasse, wurde bereits von BUSCHE (1972, 1973) aus der Umgebung von Yebbi Bou, von JANNSEN (1970) aus dem westlichen Zentral-Tibesti (Tarso Voon), von HÖVERMANN (1972) und GABRIEL (1970) aus dem nordwestlichen Teil des Gebirges (Tarso Ourari) und von PACHUR (1970) sowie ERGENZINGER (1972) aus dem West-Tibesti beschrieben.

Der hohe Anteil an eckigem Feinschutt kann nur mit einer intensiven physikalischen Verwitterung erklärt werden, wobei es sich mit einiger Wahrscheinlichkeit um Frostverwitterung handelt. Dies entspräche den Vorstellungen von HÖVERMANN (1963, 1967, 1972), HAGEDORN (1966, 1971), JANNSEN (1970) und MESSERLI (1972) über eine vorzeitliche starke sowie gegenwärtig noch feststellbare periglaziale Verwitterung in der sogenannten Hochregion des Gebirges[18].

Viel schwieriger ist dagegen eine Verzahnung der unteren Terrasse mit einer entsprechenden Hangschuttdecke nachzuweisen. Wo die Terrasse als eindeutiger Rest vorliegt, ist sie, wie erwähnt, meist in die obere Terrasse eingeschachtelt. Nur an wenigen Stellen, so an der Einmündung von Seitentälern, läßt sich eine Verzahnung mit Hangschutt erkennen, der sich aber nicht breitflächig, sondern mehr bandförmig nur ein Stück hangaufwärts zieht.

Das rezente Flußbett scheint überhaupt nicht mehr mit eigenständigen Hangschuttdecken verzahnt zu sein, denn der Kontakt zu den Hängen vollzieht sich, grob betrachtet, fast ausschließlich über mehr oder weniger tief eingeschnittenen Runsen. Diese weisen erst in Höhen über 2000 m zunehmend verwaschene Formen auf und geben damit einen Hinweis auf die dort auch rezent noch vorhandene, mit der Höhe zunehmende

---

[18] KAISER (1970) dagegen lehnt diese Auffassung ab und spricht von reiner Salzverwitterung in allen Höhenzonen des Gebirges.

flächenhafte Abtragung auf diesen Hängen. Ein weiterer Hinweis darauf sind die leichte Beweglichkeit des Hangschuttes bei der Begehung sowie die relativ helle Färbung der Schuttpartikel. Diese rührt offensichtlich von einer schwerkraftbedingten, langsamen Rollbewegung der Partikel hangabwärts her, wobei sie rundum mit der grauverwitterten feinkörnigen Matrix in Berührung kommen. Ähnliche Verhältnisse beschrieb HÖVERMANN (1967, 1972) aus der Hochregion des West-Tibesti und deutete sie als im wesentlichen periglaziale Erscheinungen. KAISER (1970, 1972) sowie MESSERLI (1972) lehnen diese Auffassung ab und führen die rezenten flächenhaften Schuttbewegungen der Hochregion stattdessen auf Spülprozesse zurück. HAGEDORN (1971) schließt sich zwar der Auffassung von HÖVERMANN im wesentlichen an, drückt sich aber vorsichtiger aus, indem er von einer „arid-periglazialen" Höhenstufe des Tibestigebirges spricht.

Hinsichtlich der Gesamtmenge des auf diese Weise anfallenden und in die Flußbetten gelangenden Hangschutts bleibt die gegenwärtige Hangschuttproduktion erheblich hinter der jüngeren vorzeitlichen (untere Terrasse) und gar um ein Vielfaches hinter der älteren vorzeitlichen (obere Terrasse) zurück.

3.2.2 Terrassenuntersuchungen auf der nördlichen Schotterschwemmebene bis zum Beginn der Yebbigué-Schlucht

Die Profilreihe beginnt mit Profil 9 im Mittellauf der kleinen Schlucht, die den Nordostsporn des Tieroko-Massivs zerschneidet. Das Tal verläuft annähernd parallel zu der beschriebenen, 5 km weiter südwestlich gelegenen Hauptschlucht und kann somit trotz der tieferen Lage gut mit dieser verglichen werden. In 1550 m Höhe mündet die Schlucht auf die Schotterschwemmebene aus, wo sich die Profilreihe bis zu deren Nordostende fortsetzt (Profil 10 bis Profil 16). Da hiermit der tiefste Teil der Schotterschwemmebene erfaßt wird, stellt diese zweite Profilreihe zugleich eine, wenn auch etwas nordwärts versetzte Fortsetzung der ersten dar. Die in Profil 9 in 1600 m Höhe dargestellte fluviale Akkumulation liegt geschützt in einer rechtsseitigen Bucht des engen Tales und zeigt folgenden Aufbau:

An der Basis liegen über einem Torfhorizont (3) gelblichgraue verfestigte, schluffreiche Sedimente (4) mit hohem Feinschuttgehalt und relativ wenigen, unregelmäßig verteilten Schottern. Darüber folgen ein fast steinfreier Übergangs- (5) und dann ein völlig steinfreier, staubfeiner Horizont (6, Bimsstaub). Dieser wird überlagert von einer stärker verfesteten, rötlichgrauen bodenähnlichen Bank (7), die zahlreiche rotgefrittete, von Schilfröhren durchzogene Brocken enthält. Darüber folgen eine mächtigere graubraune, bodenähnliche Bank (8), ein zweiter Torfhorizont und erneut ein graubrauner bodenähnlicher Horizont, dessen Material schwerer ist als von (8) und von zahlreichen röhrenförmigen Hohlräumen durchzogen wird. Es handelt sich dabei vermutlich um Pflanzenreste. Ohne scharfe Grenze geht der Horizont in die 3 m mächtige, graubraune, abschließende Bank über. Diese besteht aus wechsellagernden bodenähnlichen und feinschuttreichen Horizonten, die nach oben zunehmend gerundete Schotter enthalten, wobei der Schotteranteil insgesamt gesehen jedoch gering bleibt. Die ausgeprägte Hohlkehle in 8 m Höhe über dem rezenten Bett deutet auf eine kräftige Lateralerosion zur Zeit des Abschlusses der Akkumulation hin. Daß es sich hierbei wahrscheinlich um die ursprüngliche Akkumulationsoberfläche handelt, wird durch die rauhe, keine Spuren fluvialer Glättung aufweisende Außenfläche der Basaltwand oberhalb der Hohlkehle belegt.

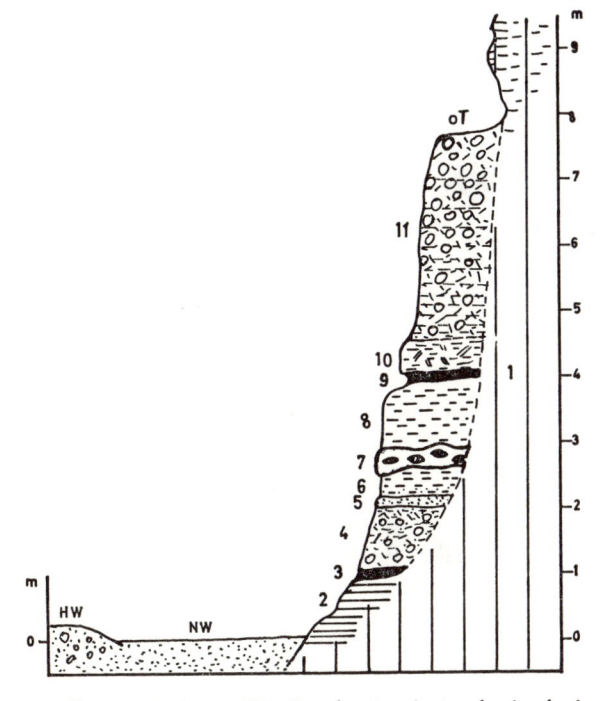

Profil 9 (1600 m): 1. SN2-Basalt; 2. wie 1., plattig abwitternd; 3. schwarzer Torfhorizont; 4. Feinschuttakkumulation, schluffreich, wenige Schotter; 5. Übergangshorizont; 6. dunkler Bimsstaubhorizont; 7. bodenartiger Horizont mit Frittungslinsen; 8. bodenartiger Horizont; 9. schwarzer Torfhorizont; 10. wie 8., dunkelgrauer bodenartiger Horizont; 11. wie 4., mehrere bräunliche Bänke enthaltend, Schotter nach oben zahlreicher werdend.

Die Akkumulation besitzt somit einen Aufbau, der vereinfacht ausgedrückt aus 1. einer Bank grober fluvialer Sedimente an der Basis, 2. einer Abfolge feiner, teilweise vulkanischer Sedimente im Mittelteil und 3. erneut einer mächtigen Bank grober fluvialer Sedimente im oberen Teil besteht. Dabei sind die Übergänge zwischen 1. und 2. und besonders zwischen 2. und 3. fließend. Dieser Aufbau entspricht, trotz der erstmals festgestellten Gliederung in drei deutlich getrennte Abschnitte (grob-fein-grob) weitgehend dem der oberen Terrasse in der südlicher gelegenen Hauptschlucht, wie er insbesondere in den Profilen 1, 2 und 9 dargestellt ist. Die Sprunghöhe von nur 8 m erscheint allerdings für die obere Terrasse, die in der Hauptschlucht über 20 m erreicht, zu gering, kann jedoch leicht mit dem viel kleineren Einzugsgebiet des Flusses und dem infolge der tieferen Lage weitaus geringeren Schuttanfall erklärt werden. Die Akkumulation grenzt, ähnlich wie die Akkumulation der oberen Terrasse im Oberlauf der Hauptschlucht (Profil 1) nicht unmittelbar an das rezente Flußbett, sondern ruht auf einem 1 m hohen Basaltsockel, woraus ebenfalls auf eine beachtliche Erosionsleistung des Flusses seit dem Abschluß der Akkumulation geschlossen werden kann.

Flußab verengt sich das Tal zu einer stark mäandrierenden Schlucht, in der Terrassenreste nur an Spornen auftreten. Die Basalthänge sind völlig mit grobem Schutt überkleidet. Das Gefälle des durchgehend Lockersedimente enthaltenden Flusses beträgt 3 bis 4 %. Ähnlich wie bei der südlich gelegenen Hauptschlucht mündet auch hier das Tal gegen das Vorland in einem ausgedehnten fossilen Schwemmfächer aus, der jedoch nur einen Bruchteil der Größe des südlich gelegenen Hauptschwemmfächers besitzt. Der rezente Schwemmfächerbereich stellt ebenfalls nur ein schmales, mäandrierendes Band dar, das jedoch nicht an der Seite, sondern in der Mitte des fossilen Schwemmfächers eingeschnitten ist. Aus den Aufschlüssen entlang des rezenten Schwemmfächerbereichs, die eine Gliederung aufweisen in einen Sockel aus feinkörnigem, geschichtetem Material, der diskordant von einer geringmächtigen Schotterakkumulation überlagert wird, geht hervor, daß es sich hierbei um einen der unteren Terrasse entsprechenden Schwemmfächer handeln muß.

Das folgende Profil, P r o f i l 10, wurde an einem langen Prallhang unterhalb des Zusammenflusses mit einem weiteren Gerinne aufgenommen.

Die Schichtenfolge der Akkumulation ist sehr ähnlich wie in den Profilen 8 und 9. Wie in Profil 8 wird auch hier die vermutlich stark erniedrigte Akkumulation der oberen Terrasse von der Akkumulation der unteren

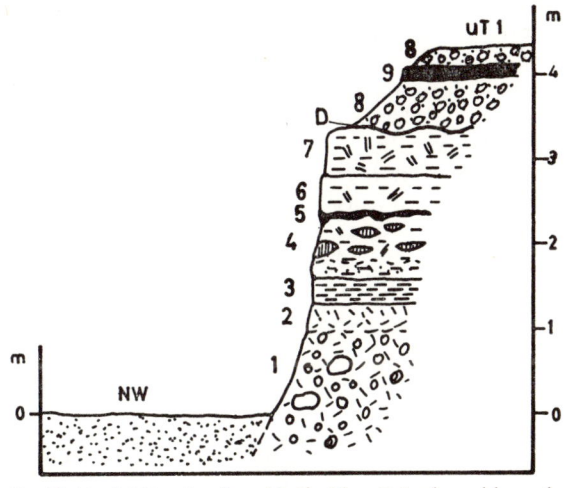

Profil 10 (1510 m): 1. schluffreiche Feinschuttakkumulation; 2. Übergangshorizont; 3. Bimsstaubhorizont; 4. Helle Schluffhorizonte, Frittungslinsen enthaltend; 5. Torfband; 6. verkrusteter bodenartiger Horizont; 7. bräunlicher, bodenartiger Horizont, reich an organischem Material, äußerlich verkrustet; 8. Sand-Kies-Schotter-Akkumulation der unteren Terrasse; 9. schwarzes Torfband.

49

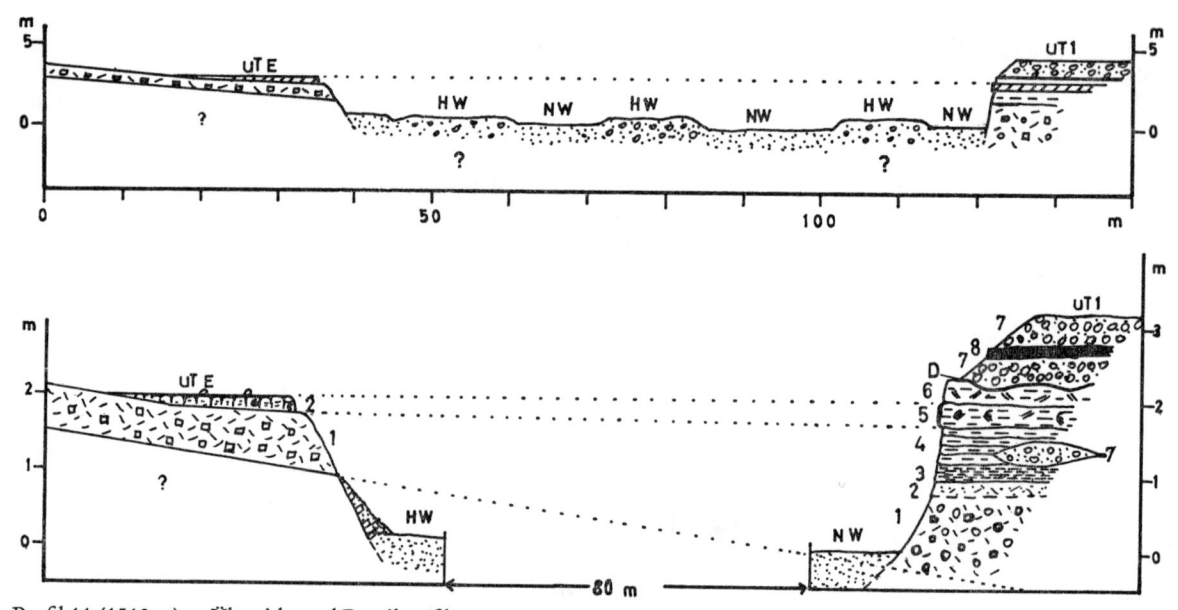

Profil 11 (1510 m): Übersicht und Detailprofil.
Detailprofil, linke Seite (Schwemmfächerende): 1. grauer, lockerer Schutt; 2. 10×15 m großer, verkrusteter Feinmaterialrest. — Rechte Seite: 1. Die Abfolge der Schichten entspricht weitgehend der in Profil 10, mit dem Unterschied, daß 5. und 6. äußerlich stärker verkrustet sind.

Terrasse scharf diskordant überlagert. Die gelbgraue, feinschuttreiche Bank (1) an der Basis der Akkumulation ist vermutlich infolge Grundwassereinflusses stärker verbacken als in Profil 9, hat aber sonst gleiches Aussehen. Darüber folgen ebenfalls ein Übergangs- (2) und ein grauer Bimsstaubhorizont (3), dann eine hellgraue Bank (4), die gefrittete Brocken enthält. Diese Schicht wird von einem schwarzen Torfband (5) überlagert, auf das schließlich graubraune, krümelige, bodenähnliche Bänke folgen (6, 7), die beide an der Außenfläche eine leichte Verkrustung aufweisen. Auf der verkrusteten, zahlreiche Schilfabdrücke enthaltenden oberen Bank (7) liegt diskordant die im frischen Zustand schwarz-graue Sand-Kies-Schotterakkumulation der unteren Terrasse. Sie enthält, abweichend von Profil 8, ein schwarzes durchgehendes Torfband.

Nicht weit von Profil 10 entfernt, in der Übergangszone zu dem die Schwemmebene im Norden begrenzenden schmalen Schwemmfächersaum[19] ist das folgende Profil, Profil 11, aufgenommen. Die durch Punkte dargestellten Linien sollen gleiche Horizonte miteinander verbinden.

Auf der linken Talseite liegt über dem grauen, lockeren Schwemmfächerschutt ein etwa 15 mal 10 m großer, bereits von BUSCHE (1972, 1973, S. 5.71) beschriebener, stark verkrusteter Feinmaterialrest. Äußerlich hellrötlich-grau, ist er innen dunkelgrau und besitzt eine staubartige Struktur. Neben Schilfresten konnten auch einige Schneckenschalen gefunden werden. In die Oberfläche sind einige Schotter eingelassen, die das in 2 m Höhe über dem rezenten Bett gelegene Niveau als Erosionsniveau der unteren Terrasse ausweisen. Der verkrustete Feinmaterialrest korrespondiert mit dem faziell gleichen, ebenfalls äußerlich stark verkrusteten Horizont (5) auf der rechten Talseite, d. h. mit der Akkumulation der oberen Terrasse und muß daher ebenfalls als Rest dieser Terrasse angesehen werden. Die Grobmaterialakkumulation an der Basis des rechtsseitigen Aufschlusses weist eine ausgeprägte Rostfleckigkeit sowie eine schwache Gleyfärbung auf — Befunde, die einen hohen Stand des vorzeitlichen Grundwasserspiegels vermuten lassen.

Der Aufbau der gesamten Akkumulation entspricht im übrigen ziemlich genau dem in Profil 10; allerdings treten hier erstmals in größerer Zahl Schneckenschalen in mehreren Schichten auf.

Nur etwa 1 km flußab von Profil 11 ist das folgende Profil, Profil 12, aufgenommen. Die rechte Talseite gleicht weitgehend dem entsprechenden Aufschluß in Profil 11, mit dem Unterschied allerdings, daß die Akkumulation der unteren Terrasse völlig erodiert ist. Der oberste Horizont weist eine nur schwache Verkrustung auf; durch Verkrustung sehr hart ist dagegen der unterlagernde hellgraue Horizont, der in Profil 11 als Rest auf dem Schwemmfächerende aufliegt und als Leithorizont dient.

Stärker von Profil 11 weicht dagegen die Stratigraphie der linken Talseite ab. Der Feinmaterialrest, der in Profil 11 an der Oberfläche liegt und eine starke Verkrustung aufweist, ist hier in die erheblich mächtigere (1,5 m) gelbgraue Schwemmfächerakkumulation eingeschaltet und kaum verkrustet. Er läßt sich entlang eines Gerinnes noch ein Stück schwemmfächeraufwärts verfolgen, wie BUSCHE (1972, 1973) beschreibt. Ein Vergleich mit der Akkumulation der oberen Terrasse, wie sie etwa in Profil 9 aufgeschlossen ist, läßt eine ge-

---

[19] Dieser Schwemmfächersaum wurde von BUSCHE (1972, 1973) eingehend beschrieben.

wisse Ähnlichkeit im Aufbau — Grobmaterial an der Basis, Feinmaterial im Mittelteil, Grobmaterial als Abschluß — erkennen. Es ist daher wahrscheinlich, daß die gelbgraue Schwemmfächerakkumulation in Profil 12 der oberen Terrasse entspricht.

Diese Schwemmfächerakkumulation überlagert diskordant eine rotbraune Schotterakkumulation, die ihrerseits ohne scharfe Grenze in die darunterliegenden sandigen, undeutlich geschichteten Basis-Schichten übergeht. Deren Farbe weist von oben nach unten eine Abstufung von Hellbraun über Gelbbraun bis Gelbgrau dicht über dem rezenten Flußbett auf und läßt daher eine Deutung der Akkumulation als einen in-situ oder nur schwach fluvial umgelagerten Boden zu. Ausgangsmaterial für diesen Boden scheint ein Tuff gewesen zu sein. Daß es sich bei der rotbraunen Akkumulation um autochthone Bodenbildung handelt, geht aus dem hohen Verwitterungsgrad der Basaltschotter hervor. Die Schotter sind im Verband meist zerfallen und zeigen beim Anschlagen mit dem Hammer eine 1 bis 2 cm dicke, graue Verwitterungsrinde. Die gesamte, rotbraun bis braun gefärbte Akkumulation besitzt große Ähnlichkeit mit der ebenfalls rotbraunen Akkumulation auf den wenige Kilometer nordöstlich gelegenen Schwemmfächern, die nach BUSCHE (1972, 1973) die älteste nachweisbare Schwemmfächergeneration in diesem Bereich darstellen. Dort ist der grobe Basaltfanglomeratschutt im Verband zerfallen und stark verwittert. Der rotbraune Boden, dessen Farbintensität von oben nach unten kontinuierlich abnimmt, wird nach den Untersuchungen von BUSCHE über 2 m mächtig.

Der gleiche rotbraune Boden ist, wie früher schon beschrieben, unabhängig vom Gestein überall auf den weniger erosionsgefährdeten flacheren Reliefteilen des Arbeitsgebietes vorhanden. Er konnte in Vertiefungen der SCI-Rhyolithhochfläche ebenso nachgewiesen werden wie auf den gesamten Oberflächen der älteren Talbasalte. Oberflächlich wird der Boden von einer 4 bis 5 cm dicken, hellgrauen, lockeren Schluffschicht überdeckt, die das den gegenwärtig herrschenden Klimabedingungen adäquate Verwitterungsprodukt darstellt. BUSCHE (1973) bezeichnete dieses Verwitterungsprodukt in Anlehnung an die von VOLK und GEYGER (1970) beschriebenen „Schaumböden" ebenfalls als solche. Im vorliegenden Fall scheint es jedoch etwas zu gewagt, überhaupt von „Boden" zu sprechen. Die Bezeichnung „Staub — Yerma", wie sie HAGEDORN (1971) in Anlehnung an KUBIENA (1955) für die Wüstenböden im Vorland des Südwest-Tibesti gewählt hat, ist möglicherweise zutreffender.

In Höhe von P r o f i l   1 3 (nur in der Karte eingetragen), knapp 2 km flußab von Profil 12, am Zusammenfluß der beiden Hauptsammelgerinne der Schotterschwemmebene, besitzt die obere Terrasse nur noch eine Sprunghöhe von 4 m, während die untere Terrasse eine Sprunghöhe von weniger als 2 m aufweist. Südlich von Profil 13, im weit eingebuchteten Staubereich des die Schwemmebene im Osten begrenzenden Talbasaltstroms ist die verkrustete Feinmaterialakkumulation auf einer größeren Fläche zusammenhängend entwickelt. Im Luftbild hebt sich dieser Bereich infolge seiner weißen Farbe scharf von den umgebenden dunklen Schotterflächen ab. Das folgende Profil, P r o f i l   1 3 a, stammt vom nördlichen Ende dieser Zone und zeigt einen Aufbau aus mehreren, äußerlich hellgrauen und verkrusteten, im Innern jedoch grauen bis bräulichen, leicht krümeligen Schichten, die eine gewisse Ähnlichkeit mit einem anmoorigen Boden erkennen lassen. Die zweitoberste Schicht dagegen ist stark verkrustet und stellt gewissermaßen die harte Deckschicht der Akkumulation dar. Sie entspricht dem bereits in den Profilen 11 und 12 dargestellten, stark verkrusteten Leithorizont der Feinmaterialakkumulation.

Die Kruste — es handelt sich um eine Kalkkruste mit über 90 % Kalkgehalt — ist ein bis mehrere cm dick und weist an der Oberfläche ein charakteristisches polygonales Trockenrißmuster auf. Der Durchmesser der Polygone beträgt im Mittel 20 cm; die Tiefe der Risse 10 cm, im Extremfall bis zu 20 cm. Alle Schichten der Akkumulation, besonders aber die harte Deckschicht,

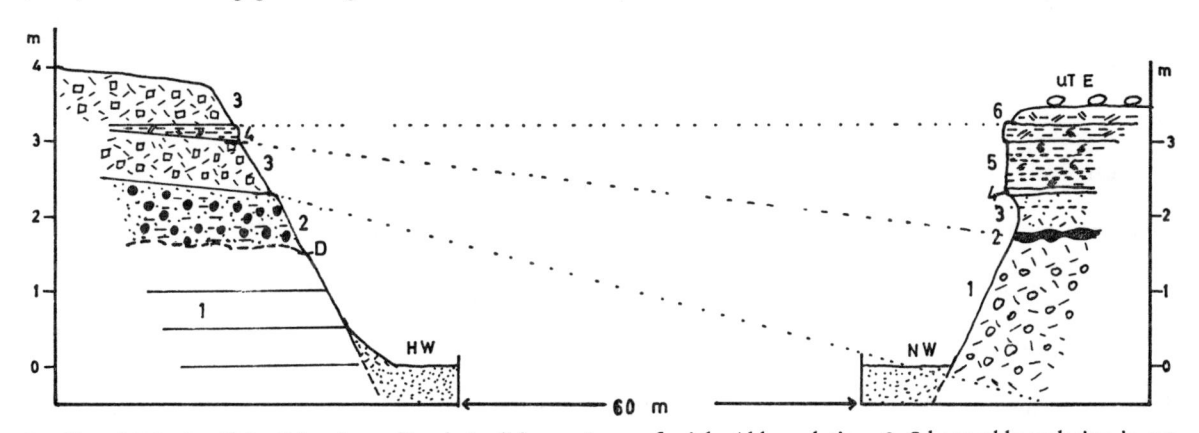

Profil 12 (1505 m): linke Seite: 1. sandige, bräunlich verwitterte fluviale Akkumulation; 2. Schotterakkumulation in rotbraunem Boden, Schotter stark verwittert, zerfallen beim Herausnehmen; 3. grauer, lockerer Schwemmfächerschutt; 4. zwischengeschaltete Schluffbank. — rechte Seite: 1. schluffreiche Feinschuttakkumulation, stärker verbacken als in Profil 10; 2. schwarzes Torfband; 3. Übergangshorizont; 4. Bimsstaubhorizont; 5. helle Schluffhorizonte, reich an Fossilien (wie 4. in Profil 10); 6. bodenartige Horizonte, stark verkrustet und schneckenreich (wie 6. und 7. in Profil 10).

enthalten zahlreiche pflanzliche und tierische Fossilien. An pflanzlichen Makrofossilien sind vor allem Schilfreste *(Typha)*, verfilzte Characeenbruchstücke und Reste von Gräsern vorhanden. Das Pollenspektrum (SCHULZ, 1970) weist neben zahlreichen Nichtbaumpollen einen relativ hohen Anteil an Baumpollen auf. Es handelt sich dabei ganz überwiegend um Pollen holarktischer Baumarten wie etwa *Pinus, Alnus, Betula, Carpinus, Quercus* und holarktisch-mediterraner Baumarten wie etwa *Cupressus* und *Olea*.

heutigen unterscheiden. Auf der Schotterschwemmebene, die heute an keiner Stelle Oberflächenwasser oder auch nur feuchte Zonen aufweist, die hochstehendes Grundwasser andeuten würden, herrschte zur Zeit der Feinmaterialakkumulation ein hyperhumides Milieu. Vermutlich waren weite Teile der Ebene von Schilfsümpfen bedeckt in der Art, wie sie heute noch lokal im Tibestigebirge vorkommen, so etwa bei Zoui im Tal des Bardagué im West-Tibesti. Daneben gab es mit einiger Wahrscheinlichkeit an günstigen Stellen, wie etwa im

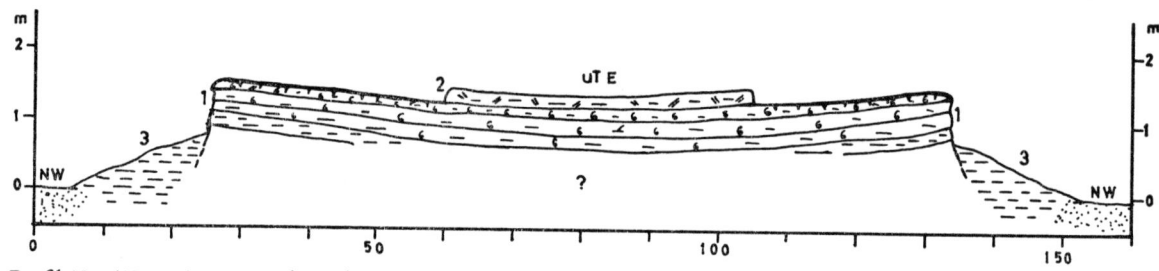

Profil 13 a (1505 m): 1. stark verkrustete, schneckenführende Feinmaterialschichten; 2. schwarzgrauer, bodenartiger, schneckenfreier Horizont; 3. graues Schluffmaterial am Hangfuß.

In Anbetracht der großen Zahl von Baumpollen erscheint es unwahrscheinlich, sie ausschließlich durch Fernflug zu erklären[20]. Sie müssen vielmehr überwiegend autochthon entstanden sein — eine Ansicht, die auch SCHULZ (1970) vertritt. Die heutige Vegetation im weiteren Umkreis von Profil 13 a setzt sich aus extrem trockenheitsresistenten Arten zusammen, so etwa aus locker stehenden Horstgräsern und Artemisia. Als einzige Holzpflanze ist die Akazie vertreten.

An tierischen Fossilien enthalten die Schichten eine große Zahl von Schnecken- und Ostrakodenschalen. Die Schneckenschalen wurden von JAECKEL (in: BÖTTCHER, ERGENZINGER, JAECKEL, KAISER, 1972) untersucht und ergaben ein Artenspektrum von sowohl holarktischen als auch afrikanischen Formen. Zugleich ergab sich eine Einteilung in Süßwasser- und Landformen, wobei der Anteil ersterer zwar überwiegt, der Anteil der Landformen jedoch recht hoch ist. Brackwasser vertragende Formen fehlen völlig. Bemerkenswert ist weiterhin, daß alle wasserlebenden Formen periodische Austrocknung vertragen und nicht auf perennierend stehendes oder fließendes Wasser angewiesen sind. In der folgenden Tabelle ist das Artenspektrum für die untere Schotterschwemmebene dargestellt. Neben Probenmaterial aus Profil 13 a wurde solches aus den Profilen 10 bis 13 sowie von weiteren Fundorten ausgewertet (Tab. 2).

Dieses Artenspektrum, zusammen mit den pflanzlichen Makroresten und Pollen, weist auf vorzeitliche ökologische Verhältnisse hin, die sich grundsätzlich von den

Staubereich des die Ebene im Osten begrenzenden Basaltstromes auch kleinere, flache Seen, die sowohl überdauern als auch nur jahreszeitlich auftreten konnten.

Einen Hinweis auf solche flachen Seebildungen gibt Profil 13 a dadurch, daß die Schichtserie im Mittelteil eine leichte Einwalmung zeigt. Meist wird es sich jedoch nicht um offene Wasserflächen, sondern um tümpelartige Stillwasserzonen zwischen den Flußarmen gehandelt haben. Abflußlose Bereiche auf der Schwemmebene sind jedoch die Ausnahme, wie Gefällemessungen auf den verkrusteten Flächen zeigen. Es ergibt sich fast überall eine Übereinstimmung mit dem Flußgefälle, d. h. eine gleichsinnig der allgemeinen Abdachung der Ebene folgende Neigung. Diese nimmt analog zum Flußgefälle bis zum Nordostende der Ebene auf weniger als 1/2 % ab, während gleichzeitig die Mächtigkeit der Feinmaterialakkumulation auf weniger als 30 cm abnimmt.

Tabelle 2

1 a) Süßwasserformen (holarktisch)	
Pisidium milium	3,9 %
Galba truncatula	7,0 %
Armiger crista	32,9 %
1 b) Süßwasserformen (afrikanisch)	
Pisidium ovampicum	0,1 %
Bulinus truncatus	0,6 %
Lymnaea natalensis	2,1 %
Anisus dallonii	0,8 %
Segmentorbis angustus	0,5 %
2 a) Landformen (holarktisch)	
Vertigo antivertiga	1,5 %
Vallonia pulchella	25,2 %
Vallonia enniensis	9,2 %
Zonitoides nitidus	2,0 %
2 b) Landformen (afrikanisch)	
Succinea chudeaui	14,2 %

---

[20] Das Problem des Pollenfernfluges ist noch weitgehend ungeklärt und wird gegenwärtig insbesondere von VAN CAMPO (1965), MALEY (1971), SCHULZ (1973) u. a. untersucht.

Das folgende Profil, Profil 14, ist am äußersten Nordostende der Schotterschwemmebene aufgenommen und zeigt einen Querschnitt durch das hier sehr breite, tief versandete Sammelgerinne. Sein Gefälle beträgt nur noch wenige °/oo — ein Wert, wie er sonst nur in den Unterläufen der großen Tibesti-Flüsse auftritt.
Infolge der geringen Niveauunterschiede ist das Bett ausdruckslos. Die Hochwasserbänke heben sich weniger durch ihre Sprunghöhe als durch ihre Materialzusammensetzung — überwiegend Kies und Schotter — vom breiten Niedrigwasserbett ab. Dieses ist angefüllt mit Feinsand und Schluff und damit völlig verschieden von den Grobsand-Feinkiesbetten der Tieroko-Schluchten. Eine etwas ausgeprägtere Sprunghöhe von 1,50 m weisen die breiten, infolge der dicken Berindung der Grobbestandteile im Luftbild fast schwarz erscheinenden Schotterbänke der oberen Terrasse auf. Ihr Aufbau an den Erosionskanten zum rezenten Bett ist in einem Detailprofil (Profil 14 a) dargestellt. Deutlich kommt die für die Akkumulation der oberen Terrasse typische Gliederung — Grobmaterial an der Basis, Feinmaterialserie im Mittelteil und erneut Grobmaterial als Abschluß — zum Ausdruck, wobei die Grobmaterialfazies auf mit den heutigen vergleichbare, die Feinmaterialserie jedoch auf viel feuchtere Klimaverhältnisse hinweist. Dies geht aus ihrem hohen Fossiliengehalt sowie den beiden schwarzen Torfbändern hervor. Was die untere Terrasse in diesem Flußabschnitt betrifft, so weist sie, wie aus einer wenig unterhalb von Profil 14 liegenden Schotterbank hervorgeht, eine Sprunghöhe von nur noch 40 bis 50 cm auf und verschneidet sich damit mit der verkrusteten Feinmaterialakkumulation.

Wenige hundert Meter flußab von Profil 14, in Höhe des Endes der die Schwemmebene im Osten abriegelnden Basaltzunge bricht der breite Fluß unvermittelt ein (Profil 16) und setzt seinen Weg als enge, tief eingerissene Basaltschlucht fort. In Höhe des Schluchtbeginns mündet ein von Süden kommendes, kleines Gerinne ein, das deshalb von besonderem Interesse ist, weil es die gleichen stark verkrusteten Feinmaterialreste der oberen Terrasse enthält, wie sie auf der ausgedehnten Schwemmebene vorkommen. Zwischen dieser und dem Einzugsgebiet des kleinen Gerinnes besteht keinerlei Zusammenhang, wie aus der Lage des Basaltstroms, der sich keilförmig dazwischenschiebt, leicht zu ersehen ist. Das kleine Gerinne liegt, von der Schwemmebene aus gesehen, hinter dem Basaltstrom.

Insgesamt vier Terrassenvorkommen wurden gefunden, wobei das unterste mit 40×30 m Fläche und einer Mächtigkeit von 40 cm das weitaus größte darstellt. Die übrigen drei Vorkommen finden sich flußauf in 50 m, 150 m und 250 m Entfernung. Alle vier Vorkommen besitzen zwar den gleichen Aufbau, lassen aber eine gewisse Feuchtigkeitsabstufung von unten nach oben erkennen. So fehlen im obersten Vorkommen beispielsweise Schneckenschalen völlig, während sie in den

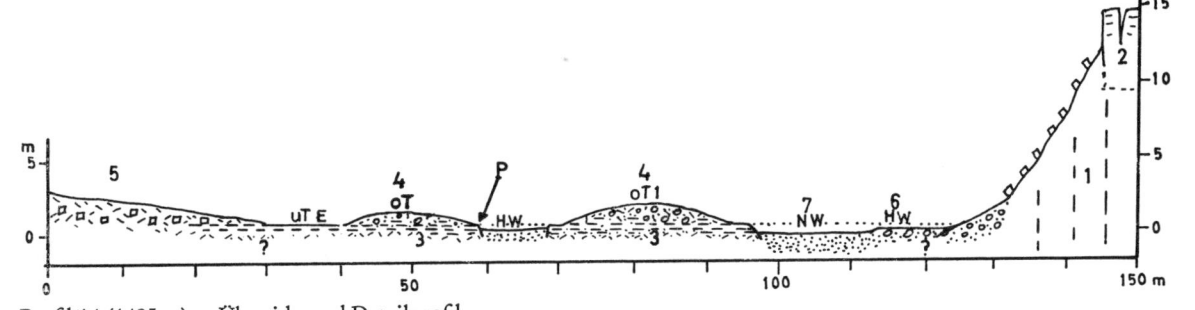

Profil 14 (1495 m): Übersicht und Detailprofil.
Übersicht: 1. SCI-Deckrhyolith; 2. SN3-Basaltstrom; 3. Feinmaterialakkumulation der oberen Terrasse; 4. Grobmaterialakkumulation der oberen Terrasse; 5. graue Schwemmfächerakkumulation; 6. Hochwasser-Schotterbank; 7. tief versandetes Niedrigwasserbett.

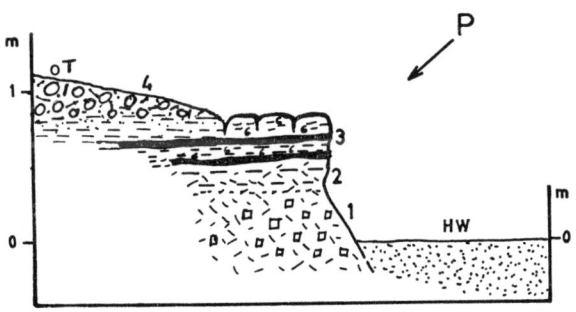

Detailprofil (P): 1. Schwemmfächerfeinschutt; 2. Übergangshorizont; 3. stark verkrustete, schneckenführende Feinmaterialakkumulation, außen hell-, innen dunkelgrau, mit zwischengeschalteten Torfbändern; 4. feinmaterial- und schuttreiche Schotterakkumulation.

beiden unteren Vorkommen sehr zahlreich sind. Die harte, von einem polygonalen Trockenrißmuster durchzogene Kalkkruste an der Oberfläche erreicht im obersten Vorkommen die maximale Dicke von 10 cm. Alle vier Terrassenreste, zwischen denen ein Höhenunterschied von über 10 m besteht, weisen eine gleichsinnige, dem Gefälle des Gerinnes (2 %) entsprechende Neigung auf, wodurch ihre rein fluviale Entstehung bewiesen ist. Eine Felsbarriere, an der ein gewisser Aufstau hätte erfolgen können, ist nirgends vorhanden. Das Tälchen besitzt im Oberlauf einen muldenförmigen, im Unterlauf dagegen mehr kerbtalförmigen Querschnitt. Hier ist das folgende Profil, Profil 15, aufgenommen.

Das Detailprofil (Profil 15 a) läßt im wesentlichen den gleichen Aufbau wie die Terrassenreste auf der Schwemmebene (Profile 10 bis 14) erkennen, mit der

Abweichung allerdings, daß der Sockel aus Grobmaterial fehlt. Dies ist vermutlich auf die leichte Verwitterbarkeit der vorherrschenden Gesteinsart des Einzugsgebietes — es handelt sich dabei um den Deckrhyolith der SCI-Serie — zurückzuführen. Die unter feuchtzeitlichen Bedingungen leichte Verwitterbarkeit des Rhyoliths erklärt auch, warum das kleine Gerinne von nur 3 km Länge eine Feinmaterialakkumulation aufbauen konnte, die derjenigen der Schotterschwemmebene an Mächtigkeit fast gleichkommt. Reste dieses hellgrauen, schluffähnlichen Verwitterungsmaterials finden sich im flachmuldenförmigen Oberlauf des Gerinnes als 20 bis 30 cm mächtige Decke. Darunter folgt, wie bei einigen Schürfungen festgestellt werden konnte, der erwähnte, satt rotbraune Boden. An den flachen Rhyolithhängen des Tälchens dagegen tritt überall nacktes Gestein zutage. Der rotbraune Boden sowie die hellgraue Verwitterungsdecke sind fast völlig abgespült. Unter den gegenwärtigen Verwitterungsbedingungen wird neben Grus zwar ebenfalls hellgrauer Schluff gebildet, jedoch nur in geringer Menge.

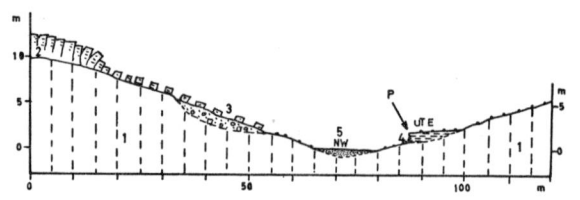

Profil 15 (1500 m): Übersicht und Detailprofil.
Übersicht: 1. SCI-Deckrhyolith; 2. SN3-Basaltzunge; 3. grauer Schotterrest; 4. Feinmaterialakkumulation (siehe Detailprofil); 5. versandetes Gerinnebett.

3.2.2.1 Zusammenfassung und Deutung

1. Der untersuchte Flußlauf weist eine konkave Gefällskurve auf mit Gefällswerten von 4 % bei Profil 9 in 1600 m Höhe, 2 % etwa in der Mitte der Schwemmebene (Profile 10 bis 12) und nur noch wenigen Promille am Nordostende der Ebene. Wie in der südlich gelegenen Hauptschlucht, konnten auch hier eine obere und eine untere Flußterrasse nachgewiesen werden. Die Sprunghöhe der oberen Terrasse nimmt von 8 m im Schluchtmittellauf (Profil 9) auf weniger als 2 m am Nordostende der Schwemmebene (Profil 14) ab, wobei jedoch zu berücksichtigen ist, daß hier eine gekappte Akkumulation vorliegt. Im gleichen Sinne nimmt die Sprunghöhe der unteren Terrasse von 3 bis 4 m auf 0,5 m ab. Dies bedeutet zugleich eine kontinuierliche Gefällsabnahme von der oberen Terrasse bis zum rezenten Bett. Außerdem verliefen die Längsprofile der Terrassen gestreckter als das des rezenten Bettes. Was die Mächtigkeiten der Terrassenakkumulationen betrifft, so ist in beiden Fällen ein der allgemeinen Gefällsabnahme im Längsprofil entsprechendes Ausdünnen der Terrassenkörper zu beobachten, das nur als Folge einer von der Hochregion des Tieroko-Massivs ausgehenden vorschüttenden Akkumulation erklärt werden kann.

2. Älter als die Akkumulation der oberen Terrasse ist die in Profil 12 aufgeschlossene rotbraune Schotterakkumulation. Die zahlreichen, gut gerundeten Schotter sind äußerlich stark verwittert und teilweise zersetzt — beides Befunde, die nur durch eine nachträgliche kräftige Verwitterung erklärt werden können.

Es ergibt sich damit die vorläufige Stratigraphie:
a) Schotterakkumulation;
b) Phase intensiver Verwitterung, in deren Verlauf der rotbraune Boden entstand;
c) Zerschneidung;
d) Akkumulation der mächtigen oberen Terrasse;
e) Zerschneidung zu einem stark erniedrigten Sockel;
f) Akkumulation der geringmächtigen unteren Terrasse;
g) Zerschneidung, Ausbildung des heutigen Bettes.

3. Die Akkumulationen der oberen und unteren Terrasse unterscheiden sich von der rotbraunen Akkumulation deutlich durch ihren weitaus geringeren Verwitterungsgrad. So ist die Akkumulation der oberen Terrasse nur schwach grau-bräunlich, die der unteren Terrasse ähnlich, aber kaum erkennbar verwittert. Lediglich die Schotter der oberen Terrasse, die im Gegensatz zu denen der rotbraunen Akkumulation unzersetzt sind, lassen infolge ihrer dunkelbraunen, rissigen Oberfläche einen deutlich stärkeren Verwitterungsgrad als die der unteren Terrasse erkennen. Diese tragen nur eine dünne, glatte Rinde [21].

4. Der A u f b a u der unteren und oberen Terrasse ist dagegen sehr unterschiedlich. Während die untere Terrasse eine einfache Sand-Kies-Schotterakkumulation darstellt, besitzt die obere Terrasse einen dreigeteilten

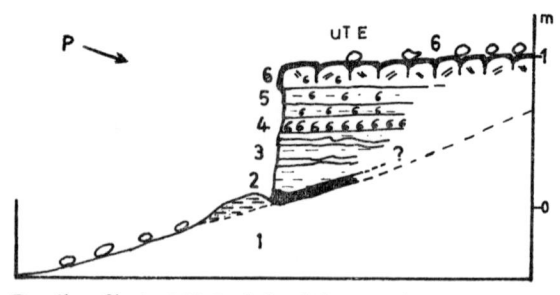

Detailprofil: 1. SCI-Deckrhyolith; 2. schwarzer Torfhorizont; 3. Wechsel von hell- und dunkelgrauen Feinmaterialhorizonten; 4. Schneckenhorizont mit sehr kleinen Schalen; 5. Feinmaterialhorizonte; 6. wie 5., jedoch äußerlich sehr stark verkrustet.

---

[21] Nach HABERLAND (1970) handelt es sich dabei um Gesteinsrinden.

Akkumulationskörper — Grobsedimente an der Basis, Feinsedimente im Mittelteil und erneut Grobsedimente als Abschluß — wobei die Übergänge jeweils fließend sind. Das abschließende Grobsediment ist in weiten Teilen der Schwemmebene vor der Akkumulation der unteren Terrasse flächenhaft abgetragen worden. Die Akkumulation der unteren Terrasse liegt vielfach diesem Rumpf auf.

Von besonderem Interesse sind die Feinsedimente des Mittelteils der Akkumulation der oberen Terrasse. Die einzelnen Bänke weisen, besonders im tiefsten Teil der Schwemmebene (Profile 13 a und 14) zahlreiche Schneckenschalen und Schilfreste auf. Bei den Schnecken handelt es sich sowohl um Land- als auch um Wasserformen, wobei jedoch auffällt, daß Tief- sowie Brackwasserformen völlig fehlen. Nur Süßwasserarten sind vertreten. Die Feinmaterialakkumulation stellt ganz überwiegend ein rein fluviales Sediment dar, wie aus dem gleichsinnigen Gefälle, das in etwa dem Flußgefälle entspricht, hervorgeht. Nur lokal in besonderen Staubereichen (Profil 13 a) handelt es sich um Stillwassersedimente, allerdings von Seen sehr geringer Ausdehnung und Tiefe. Einen weiteren Beweis für den fluvialen Charakter der Sedimente stellen die Reste an dem kleinen Gerinne am Nordostende der Ebene dar. Hier hat sich die Akkumulation in ungünstiger Lage, d. h. in einem flachen Kerbtälchen, ohne jede Staumöglichkeit entwickelt. Dementgegen vertritt KAISER (1972) die Auffassung, daß es sich bei den Sedimenten der Schwemmebene um echte Seekreiden handelt, die in einem ausgedehnten See abgelagert wurden.

Wie aus den dargelegten Befunden zu ersehen ist, bot die heute völlig trockene und vegetationsarme Schwemmebene zu jener Zeit das Bild einer weithin mit Schilf bestandenen Sumpflandschaft, die stellenweise von offenen Wasserflächen durchsetzt und von Wasserläufen durchzogen war. Dabei konnte durchaus eine jahreszeitlich weitgehende Austrocknung erfolgen. Außerdem ist aufgrund der Pollenspektren anzunehmen, daß diese Sumpflandschaft sowie vermutlich deren Umgebung von einer lockeren Gehölzformation mitteleuropäisch-mediterraner Baumarten besetzt war (SCHULZ, 1970).

5. Das Klima zu jener Zeit mußte daher insbesondere sehr viel feuchter gewesen sein als heute, aber auch wesentlich kühler[22]. Nur bei relativ niedrigen Mitteltemperaturen konnte sich schwarzer Torf bilden und trotz des hohen Sonnenstandes eine Versalzung verhindert werden. Von ebenso großer Bedeutung war vermutlich die starke Verminderung der Insolation durch eine ganzjährig relativ dichte Bewölkung — ein wichtiger Faktor, auf dessen Bedeutung für das pluvialzeitliche Klima des Tibestigebirges u. a. HÖVERMANN (1972) und MESSERLI (1971) hingewiesen haben. Was die Niederschläge betrifft, so müssen sie nicht nur sehr viel höher, sondern auch viel breiter über das Jahr verteilt gewesen sein. Vermutlich waren Sommer- und Winterregen die Regel.

6. Ein besonderes Problem ist die Verkrustung der Feinmaterialakkumulation, die jedoch nur an ihren Außenflächen, insbesondere an der freigelegten Oberfläche auftritt. Besonders stark verkrustet ist dabei stets ein bestimmter Horizont, der als Leithorizont beschrieben worden ist. Die harte, hellgrau-rötliche Kalkkruste auf seiner Oberfläche ist meist einige cm, im Extremfall 10 cm dick und von einem polygonalen Trockenrißmuster durchzogen, wobei die einzelnen Polygone Durchmesser von 15 bis 20 cm und die Risse eine ebensolche Tiefe zeigen. Da in die Kalkkruste Schilfreste sowie zahlreiche Schneckenschalen eingebettet sind, kann ihre Bildung erst nach Ablagerung der Sedimente unter wesentlich trockeneren Bedingungen erfolgt sein. Vermutlich handelte es sich um die Zeit der Zerschneidung der oberen Terrasse. Das heutige Klima dagegen ist für eine Kalkkrustenbildung wiederum zu trocken, worauf das ausgeprägte Trockenrißmuster hindeutet. Es zeigt eine Zerstörung, auf keinen Fall aber eine aktive Bildung der bestehenden Kalkkruste an. Demnach muß die Kalkkrustenbildung in einem Klima erfolgt sein, dessen Humiditätsgrad zwischen dem hohen der Bildungszeit der Sedimente und dem sehr geringen rezenten liegt. Es kann daher mit einigen hundert Millimetern Niederschlag gerechnet werden. Dies entspräche den Befunden, nach denen rezente Kalkkrustenbildung im gesamten mediterranen Norden Afrikas (GIGOUT, 1960; ROHDENBURG und SABELBERG, 1969; RUELLAN, 1967; u. a.) sowie in Vorderasien (WIRTH, 1958) bei Winterniederschlägen von ±200 mm vorkommt.

Die Bildung von Kalkkrusten erfolgt nach Meinung der meisten Autoren (zusammenfassend zitiert bei WERNER, 1971) nicht an der Bodenoberfläche, sondern in tieferen Horizonten und ist daher pedogenetischen Ursprungs. Dabei soll die Kalkanreicherung durch vorwiegend absteigende Wasserbewegung im Sinne der Theorie der Luftkissen-Wasserbänderbildung (MEYER und MOSHREFI, 1969) erfolgen. Eine Verhärtung der Kalkanreicherungshorizonte soll erst eintreten, nachdem die ehemals darüberliegenden Horizonte abgetragen worden sind. RUTTE (1958, 1960) spricht hierbei von einer „sekundären Verhärtung an Außenflächen". Ebenfalls RUTTE vertritt jedoch auch die Auffassung einer Kalkkrustenbildung durch vorwiegend aufsteigende Wasserbewegung. Als Ursache wäre in diesem Fall eine hohe Verdunstung anzusehen.

Nach welchem Mechanismus die Kalkkrustenbildung auf der Schwemmebene erfolgte, bleibt jedoch fraglich. Unsicher vor allem deshalb, weil es sich bei der Feinmaterialakkumulation nicht um einen Boden, der sich in Ruhe entwickeln konnte, sondern im wesentlichen um fluviale, allerdings bodenähnliche Sedimente handelt.

---

[22] Das heutige Klima kann fast als voll-arid bezeichnet werden (HECKENDORFF, 1969; GAVRILOVIC, 1969; KAISER, 1972; MESSERLI, 1971; u. a.). Im Bereich der Schwemmebene ist es charakterisiert durch 40 bis 60 mm Niederschlag (episodische Sommerregen), starke Austrocknung durch den NE-Passat sowie ungehinderte Insolation bei Auftreten nächtlicher Fröste im Winterhalbjahr (HECKENDORFF, 1969).

7. Unklar bleibt ebenfalls die Deutung der rotgefritteten Bruchstücke im mittleren Horizont der Feinmaterialakkumulation. Es kann sich beispielsweise um Frittungsmaterial handeln, das lange vorher gebildet und später nur noch umgelagert wurde. Allerdings spricht das Auftreten in einem ganz bestimmten Horizont eher für die Bildung in einer bestimmten Phase der Terrassenakkumulation. Demnach muß mit vulkanischer Aktivität im Einzugsgebiet während der Akkumulation der oberen Terrasse gerechnet werden. Mit großer Wahrscheinlichkeit ebenfalls vulkanischen Ursprungs ist zumindest noch der liegende Horizont, der keinerlei Schichtung, Struktur oder Fossiliengehalt aufweist und infolge seiner zementstaubartigen Beschaffenheit noch am ehesten als Bimshorizont gedeutet werden kann.

3.2.3 Terrassenuntersuchung im Oberlauf der Schlucht zwischen Schluchtbeginn und der Oase Yebbi Bou

Im folgenden wird der Schluchtbereich des Yebbigué im älteren und jüngeren Talbasalt behandelt, der in scharfem Gegensatz zur ausgedehnten Schotterschwemmebene steht. Die Schlucht im Anschluß an die Schotterschwemmebene ist im älteren Talbasalt ausgebildet, der die Fortsetzung des die Schwemmebene im Osten abdämmenden Basaltstromes darstellt. Der Basaltstrom hat das hier noch sehr flache, alte SCI-Tal verschüttet, dessen Talschluß in Höhe des heutigen Schluchtbeginns gelegen haben muß. Nach der Verschüttung durch den Basalt erfolgte die Einschneidung nicht an diesem vorgezeichneten Talschluß, sondern epigenetisch unter seitlicher Ausbildung einer neuen, etwa 60 m langen Klammstrecke im harten SCI-Deckrhyolith. Die plötzliche Verbreiterung zu einem kastenförmigen Tal unterhalb der Klammstrecke ist demnach auf die Einmündung der Klamm in das altangelegte präbasaltische Tal zurückzuführen. Die Klammstrecke und die anschließende Verbreiterung werden in einem Längs- sowie drei Querprofilen dargestellt (Profile 16, 16a, b, c).

Der sehr schmale Klammboden enthält eine durchgehende Sandakkumulation, deren Mächtigkeit am Klammausgang mindestens 3 m beträgt. Die Wände sind teilweise tief ausgekolkt und dadurch überhängend und im unteren Teil von einer Vielzahl horizontal verlaufender toniger Flutmarken überzogen. Oben an den Wänden haften an mehreren Stellen helle, zahlreiche Schneckenschalen und Schilfabdrücke enthaltende Kalktuffreste, deren Kalkgehalt mehr als 90 % beträgt. Eine Schichtung ist gut zu erkennen. Die in ihrer Mächtigkeit stark wechselnden Schichten liegen jedoch nicht horizontal, sondern verlaufen gebogen und gedreht. Abgesehen

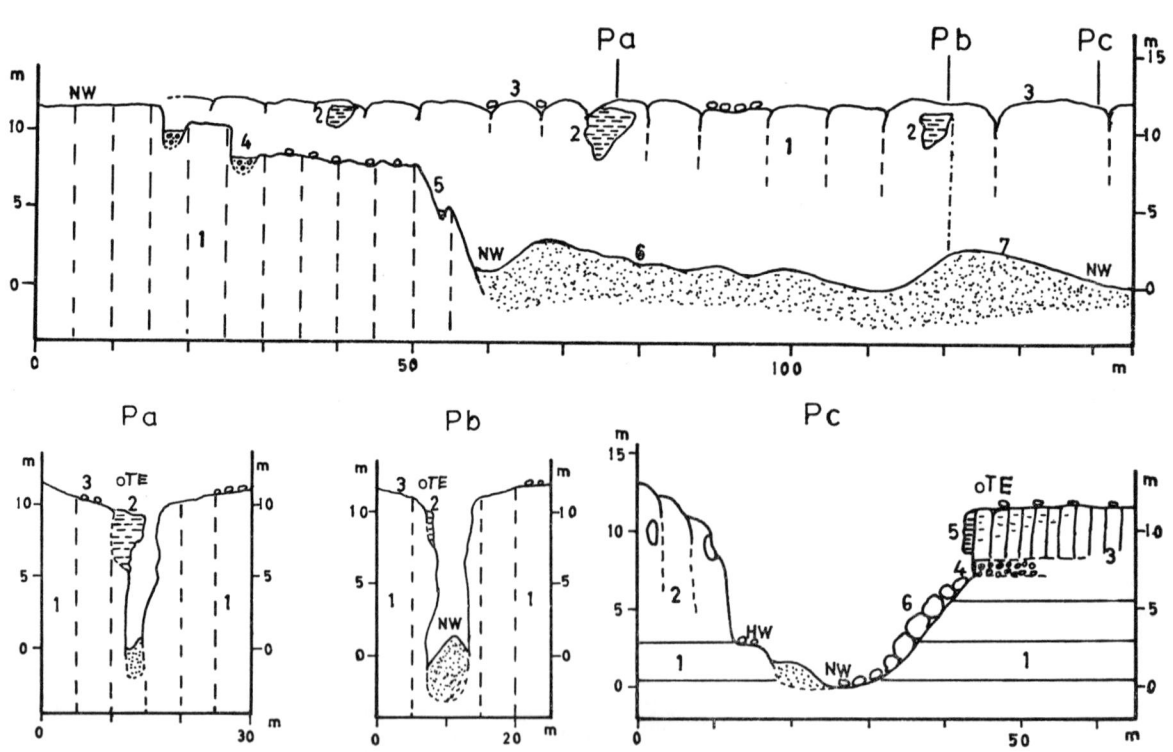

Profil 16 a und b (1490 m): 1. SCI-Deckrhyolith; 2. angebackene Kalktuffreste; 3. Niveau der Schotterschwemmebene; 4. Mahltöpfe; 5. Schießrinne; 6. Sand-Kies-Akkumumulation; 7. wie 6., am Klammausgang.
Profil 16 c (1485 m): 1. SCI-Tuffe; 2. SCI-Deckrhyolith mit tafoniähnlichen Hohlformen; 3. SN3-Basalt; 4. Gefrittete Schotterakkumulation; 5. Angebackener Kalktuffrest; 6. Blockhalde.

von dieser Besonderheit und der durchgehenden Verkrustung weisen die Reste in Färbung und Fossiliengehalt eine völlige Übereinstimmung mit der nur 50 bis 70 m entfernten, oberflächlich verkrusteten Feinmaterialakkumulation der oberen Terrasse auf der Schwemmebene sowie in dem von Süden kommenden Gerinnetälchen auf. Außerdem läßt sich das obere Niveau der Kalktuffakkumulation mit diesem Vorkommen auf der Fläche knicklos verbinden. Alle Befunde sprechen somit für eine Übereinstimmung der verkrusteten Feinmaterialakkumulation der oberen Terrasse auf der Schwemmebene mit den Kalktuffresten in der Klamm. Diese stellen demnach nur eine im Schnellenbereich auftretende Variante der ansonsten geschichteten, teilweise erdigen Feinmaterialakkumulation dar. Etwa 200 m talab von Profil 16 c ist das folgende Profil, P r o f i l 1 7, aufgenommen.

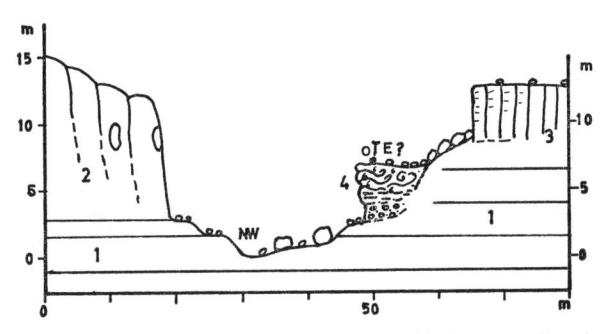

Profil 17 (1475 m): 1. bis 3. wie in Profil 16.; 4. Kalktuffakkumulation über groben, verbackenen Basisschottern.

Auf dem Gleithang der rechten Talseite befindet sich erneut ein größerer Kalktuffrest, der jedoch nicht, wie in Profil 16 c, an die Basaltwand angebacken ist, sondern einem schmalen Sockel grober, gut gerundeter Schotter aufliegt. Eine Übergangszone ist nicht erkennbar; vielmehr besteht zwischen Kalktuff und Basisschottern eine scharfe Trennlinie. Die Basisschotter gehen unter der Kalktuffakkumulation hindurch und verzahnen sich mit dem groben Basaltblockschutt des Hanges, während die Tuffakkumulation selbst keinerlei Verbindung zum Hangschutt besitzt und daher als Fremdkörper wirkt. Das in etwa 7 m über dem Niedrigwasserbett breit entwickelte Niveau läßt sich über mehrere zwischen Profil 16 c und Profil 17 an die Basaltwand angebackene Kalktuffreste knicklos mit den entsprechenden Kalktuffniveaus in Profil 16 a bis c verbinden. Ebenso besteht eine fazielle Übereinstimmung mit den Kalktuffresten in Profil 16 a bis c, so in Färbung, Fossiliengehalt und Schichtung. Auch hier sind keine horizontalen, sondern gedrehte und gebogene Schichten vorhanden. Besonders gut sind solche kreisrunden, gedrehten Strukturen auf der Oberfläche entwickelt.

Die Akkumulation besteht zum großen Teil aus sehr hartem Tuff, der von zahlreichen Schilfröhren durchzogen ist und deshalb eine zellige oder „palisadenähnliche" Struktur (JUX und KEMPF, 1971) aufweist.

Daneben enthält sie jedoch auch zahlreiche, fest zusammengesinterte Kiesbänder und Schotterlinsen. Flache, unverfestigte Schotter- und Kiesbänke finden sich auf der Oberfläche der Akkumulation, die demnach ein Erosionsniveau darstellt. Die schwarzbraunen Schotter und Kiese sind fast unverwittert und gleichen der Sand-Kies-Schotterakkumulation der unteren Terrasse auf der Schwemmebene, die diskordant der dort verkrusteten Feinmaterialakkumulation, d. h. dem Sockel der oberen Terrasse, aufliegt. Demnach handelt es sich bei den in Profil 17 vorliegenden Schotter- und Kiesbänken ebenfalls um solche der unteren Terrasse, während die Kalktuffakkumulation eine mehr oder weniger stark erniedrigte obere Terrasse darstellt.

Ein weiteres Profil, P r o f i l 1 8, wurde nur 300 m flußab von Profil 17 an einer Ausbuchtung der Basaltschlucht aufgenommen.

Der Aufbau der Kalktuffakkumulation gleicht völlig dem in Profil 17; auch die Basisakkumulation aus groben Schottern ist vorhanden. Abweichend von Profil 17 wird der Kalktuff jedoch von einer lockeren, schwach grau verwitterten Sand-Kies-Schotterakkumulation, die einen hohen Blockschuttanteil enthält, überlagert. Sie besitzt eine große Ähnlichkeit mit der bereits in mehreren Profilen (Profile 1 bis 6, Profil 9) dargestellten Grobmaterialfazies der oberen Terrasse. Es ist deshalb anzunehmen, daß die Akkumulation in Profil 18, einschließlich der Basisschotter unter dem Kalktuff, eine vollständige Akkumulation der oberen Terrasse darstellt.

Das Flußbett im Schluchtabschnitt zwischen den Profilen 16 und 18 ist von kubikmetergroßen, kantengerundeten Basalt- und Rhyolithblöcken bedeckt, zwischen denen sich lockere, graue Sand- und Kiesbänke befinden (Abb. 27). Auch Riesenblöcke kommen vor, so etwa ein walzenförmiger Rhyolithblock von 2 m Länge, der mit seiner Längsachse quer zur Strömungsrichtung liegt (Abb. 28). Daß die Blöcke, insbesondere die Riesenblöcke, gegenwärtig noch von abkommenden Fluten bewegt werden, steht außer Zweifel, denn Flutmarken finden sich an den Talwänden bis in eine Höhe von 4 m. Außerdem ist bei dem hohen mittleren Gefälle von 4 % und der Enge des Tales mit einer starken Strömung

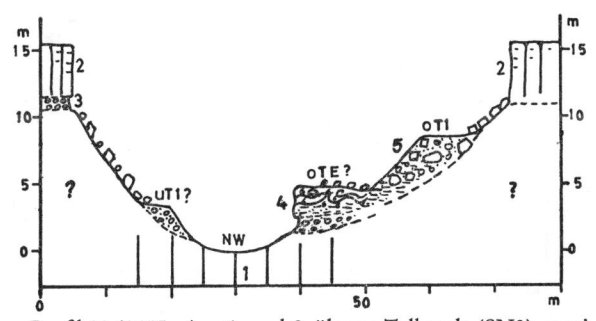

Profil 18 (1465 m): 1. und 2. älterer Talbasalt (SN3), zwei verschiedene Ströme; 3. Gefrittete Schotterakkumulation; 4. Kalktuffakkumulation über verbackenen Basisschottern; 5. blocküberdeckte, schluffreiche Schotterakkumulation.

sowie einer ebenso starken Turbulenz zu rechnen. Nach der Theorie von MORTENSEN und HÖVERMANN (1957) müßte es zur Ausbildung von Wasserwalzen kommen, durch die sich die Bewegung der Blöcke weniger rollend als vielmehr durch Abheben und kurzzeitiges Schweben vollzieht.

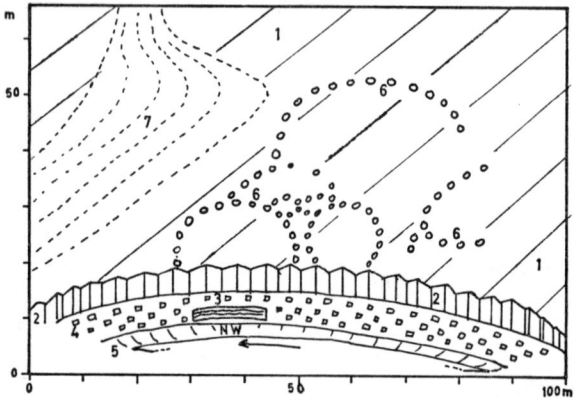

Profil 17 a (1490 m): 1. Talbasaltoberfläche; 2. Schluchtwand, im Talbasalt ausgebildet; 3. Kalktuffakkumulation; 4. Blockhalde; 5. rezentes Flußbett; 6. Steinringe, teilweise anerodiert; 7. Schwemmfächer eines kleinen, auf die Talbasaltoberfläche ausmündenden Gerinnes.

Zwischen den Profilen 17 und 18 finden sich an einer schluchtrandnahen Stelle auf der Talbasaltoberfläche kreisförmige, 10 bis 30 m Durchmesser aufweisende Steinringe, die teilweise durch den Schluchtrand abgeschnitten sind (vgl. BUSCHE, 1973). So ist in einem Fall ein Steinring von 20 m Durchmesser nur noch zur Hälfte vorhanden. Genau unterhalb dieses halbierten Steinringes befindet sich auf der Blockhalde am Fuß der 5 m hohen Basaltwand ein in situ gebildeter Kalktuffrest. Wenn die Vermutung stimmt, daß es sich wirklich um einen angeschnittenen und nicht etwa in dieser Form ursprünglich errichteten Steinring handelt, so steht fest, daß der Schluchtrand an dieser Stelle seit der Bildung der Kalktuffakkumulation und damit seit dem Beginn der Akkumulation der oberen Terrasse bis heute nur ganz unwesentlich zurückverlegt wurde. Die Wirkung der Lateralerosion war demnach in der jüngsten Phase der Talentwicklung zumindest in diesem Abschnitt gering. Sehr stark dagegen muß sie vor der Akkumulationszeit der oberen Terrasse gewesen sein, in der die Steinringe angeschnitten wurden. Dies würde bedeuten, daß die Steinringe ein vermutlich ziemlich hohes Alter besitzen (Profil 17 a).

Unterhalb von Profil 18 nimmt das Gefälle des Flußbettes rasch ab und beträgt nach 200 m oberhalb einer das Flußbett unterbrechenden 10 m hohen Basaltstufe nur noch 1 %. Die folgenden Profile sind 20 m oberhalb (Profil 19 a) sowie 30 m unterhalb (Profil 19 b) der Stufe aufgenommen. Weiterhin ist die Stufe noch in einem Längsprofil dargestellt (Profil 19). Die Mächtigkeit der Kalktuffakkumulation beträgt oberhalb der Stufe in Profil 19 a nur 1,5 m, unterhalb dagegen in Profil 19 b 8 m. Wie dem Längsprofil zu entnehmen ist, dünnt der Kalktuffrest in Profil 19 a gegen die Stufe hin aus und läßt sich über diese hinweg knicklos mit dem Kalktuffniveau in Profil 19 b verbinden. Es ist also ein deutliches fossiles Niveau vorhanden, das sich glatt über die hohe Stufe hinwegzieht (Abb. 21).

Profil 19 (Längsprofil über die Stufe hinweg):

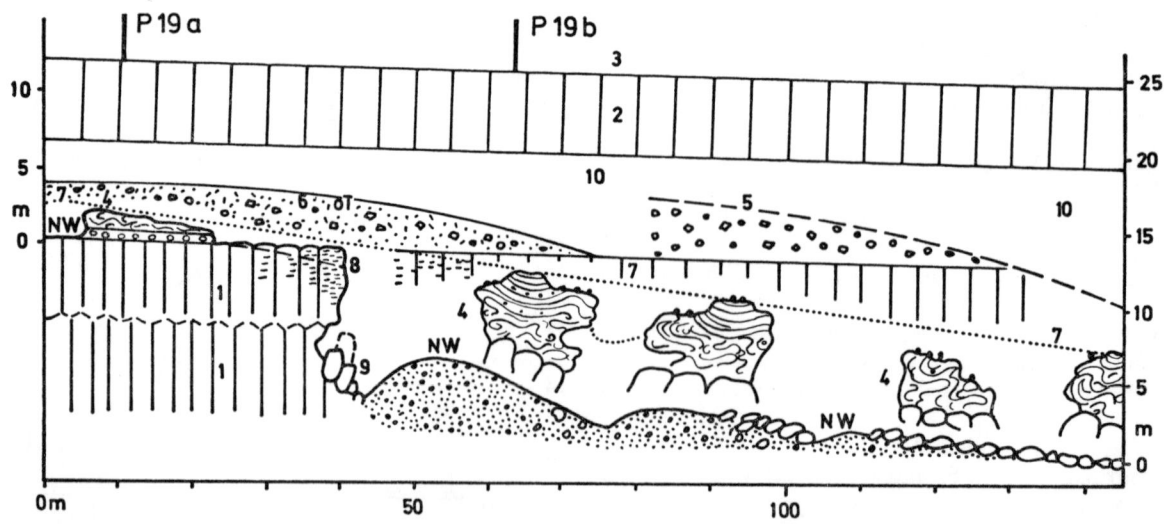

Profil 19: 1. und 2. älterer Talbasalt (SN3), zwei verschiedene Ströme; 3. Talbasaltoberfläche; 4. Kalktuffakkumulation; 5. ältere Terrassenakkumulation, vorwiegend aus Blockschutt bestehend; 6. jüngere Terrassenakkumulation (obere Terrasse), schluffreiche Schotterakkumulation; 7. durchgehendes Niveau der Kalktuffakkumulation über die Stufe hinweg (4 bis 5 %); 8. V-förmige, schräge Rinne; 9. abgestürzte Basaltsäulen; 10. Blockhalde.

Ebenso über die Stufe hinweg zieht sich die in beiden Profilen dargestellte fluviale Grobmaterialakkumulation, die ebenso wie in Profil 18 einen Teil der oberen Terrasse darstellen dürfte. Eine noch ältere Grobmaterialakkumulation zieht sich, wie das Längsprofil zeigt, vermutlich ebenfalls knicklos über die Basaltstufe hinweg. HAGEDORN (1971, S. 78) und BRIEM (1971) beschreiben aus dem Unterlauf des Enneri Wouri im West-Tibesti ebenfalls eine Lokalität, wo sich eine Sand-Kies-Schotterterrasse („Oberterrasse") knicklos über eine mehrere Meter hohe Basaltstufe hinwegzieht.

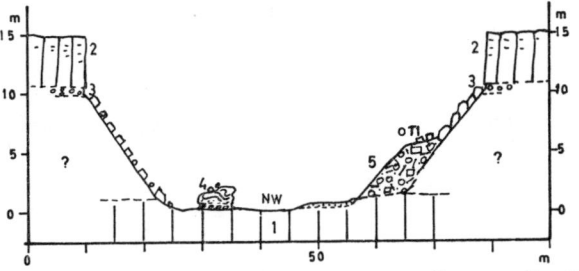

Profil 19 a (1460 m): 1. bis 5. wie in Profil 18; Kalktuff- (4) und Schotterakkumulation (5) ausdünnend.

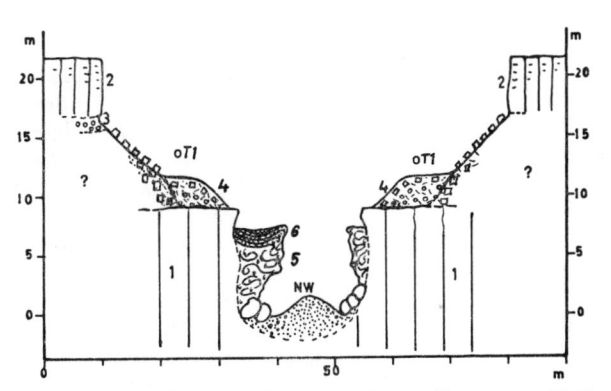

Profil 19 b (1445 m): 1. bis 3. wie in Profil 18; 4. schluffreiche Schotterakkumulation; 5. Kalktuffakkumulation mit verbackenen Sand-Kies-Schichten als Abschluß (6).

Für das über die Stufe in Profil 19 hinwegziehende fossile Kalktuffniveau ergibt sich ein Gefälle von 5 bis 6 %. Ein ähnliches Gefälle weisen die Niveaus der beiden Grobmaterialakkumulationen auf. Daß diese Werte nicht ungewöhnlich sind, zeigt ein Vergleich mit dem heutigen Flußbettgefälle der geröllreichen Tieroko-Schluchten. So weist etwa im Bereich von Profil 3 das sandig-kiesige Flußbett ein Maximalgefälle von 7 % auf. Der Talboden zur Zeit der oberen Terrasse unterschied sich demnach von dem heutigen vor allem durch sein viel ausgeglicheneres Gefälle. Es zeigte im Bereich der Stufe nur eine gewisse Versteilung, während das heutige Gefälle an dieser Stelle einen 10 m hohen Bruch aufweist. Weiterhin besaß der Talboden eine viel größere Breite. Er glich vermutlich den breiten, ebenen Talböden, wie sie heute nur noch in den geröllreichen Schluchten des Tieroko-Massivs vorkommen (Profile 1 bis 6, Profil 9). Das Tal jedoch, wie es vor der Verschüttung durch die obere Terrasse bestand, glich in Form, Tiefe und Längsprofil fast vollkommen der gegenwärtigen Schlucht. Es wies ein ebenso unausgeglichenes, durch die Stufe unterbrochenes Längsprofil auf und besaß ein schmal-wannenförmiges, geröllarmes Flußbett. Selbst die 10 m hohe, halbkreisförmige Basaltstufe, an der gegenwärtig ein lebhafter Abbruch von Säulen erfolgt, kann gegenüber der Zeit vor der Verschüttung durch den Kalktuff erst um wenige Meter zurückgewandert sein. Dies belegt ein Kalktuffrest, der flußab in einer Entfernung von 30 m an die Basaltwand angebacken ist und bis auf wenige Meter an die rechte Seite der halbkreisförmigen Stufe heranreicht.

Wie Profil 19 b sowie das Längsprofil über die Stufe hinweg zeigen, bestehen die Reste der Kalktuffakkumulation unterhalb der Stufe aus mächtigen Klötzen, deren Oberflächen flußab ein einheitliches Niveau bilden. An einem solchen langgestreckten Kalktuffrest wurde das folgende Detailprofil, Profil 20, aufgenommen. An der Basis der Akkumulation, die etwa 2 m über dem Niedrigwasserbett liegt, sind wechsellagernde Schichten aus fest zusammengesintertem Sand, Kies und vor allem feinem splittähnlichem Schutt aufgeschlossen (1). Die hellgrauen Schichten führen vereinzelt Schneckenschalen. Insgesamt ist eine Zunahme des Schluffanteils von unten nach oben zu beobachten. In etwa 1,80 m Höhe folgt ein weicher, zementstaubartiger Horizont (2, Bims), der von einem massenhaft schneckenführenden Schluffhorizont (3) überlagert wird. Darüber folgt eine Serie schräg herausragender, sehr harter Horizonte, deren rötliche Färbung vermutlich von Frittung herrührt. Die Serie wird von einer Folge kreidiger Schluffschichten (Seekreiden) überlagert, die massenhaft gut entwickelte Schneckenschalen enthalten. Eine in Heidelberg durchgeführte 14-C-Datierung (Nr. 2939 bis 2357) einer größeren Menge dieser Schneckenschalen ergab ein Alter von 8180 ± 70 J. b. p. Darüber liegt eine etwa 2,5 m mächtige Folge aus wechsellagernden, dünnen, schneckenführenden Schluffschichten, die infolge ihrer Härte leicht vorstehen und mächtigeren relativ weichen Kies- und Feinschuttschichten. Diese enthalten keine Fossilien. In etwa 5 m Höhe wird die gesamte helle, kalkreiche Schichtenfolge scharf diskordant von einer lockeren, graubraunen, gutgeschichteten Sand-Kies-Schotterakkumulation überlagert. Außer Basaltschottern enthält die Akkumulation auch gerundete Kalktuffschotter, deren Zahl von unten nach oben in auffallender Weise zunimmt. Ausschließlich Tuffschotter bilden den Abschluß der Akkumulation.

Das Profil läßt demnach eine deutliche Zweiteilung in einen differenziert aufgebauten unteren und einen relativ einheitlich zusammengesetzten oberen Teil erkennen. Bei dem unteren Teil, der den Hauptteil der Gesamtakkumulation darstellt (1 bis 8), handelt es sich mit Sicherheit um die Akkumulation der oberen Terrasse, denn die Übereinstimmung mit den Profilen 8 bis 12 sind eindeutig. Dies gilt etwa für die verbackene Grobmaterialakkumulation an der Basis, den Bims- und gefritteten Horizont sowie die darüberliegenden schluffreichen Horizonte des Mittelteils und schließlich wieder für die Schichtenfolge aus grobem Material, die den Abschluß bildet. Abweichend von den Profilen auf der Schwemmebene sind hier in Profil 20 die schluffreichen Horizonte jedoch als echte Seekreiden zu deuten. Bei dem diskordant auflagernden oberen Teil des Profils handelt es sich mit großer Wahrscheinlichkeit um die Akkumulation der unteren Terrasse, denn die Ähnlichkeit der Sedimente mit denen der unteren Terrasse in den Tieroko-Schluchten sowie auf der Schwemmebene ist sehr groß. Der einzige Unterschied besteht im Vorhandensein zahlreicher Kalktuffschotter. Diese weisen auf eine intensive Zerstörung der Kalktuffakkumulation während der Bildung der unteren Terrasse hin.

Insgesamt ergibt sich damit die gleiche stratigraphische Abfolge — untere Terrasse, diskordant auf der erniedrigten oberen Terrasse — wie auf der Schotterschwemmebene. Allerdings läßt sich aufgrund der geringen Mächtigkeit von nur 2 m nicht auf die ursprüngliche Mächtigkeit der unteren Terrasse in der Schlucht schließen. Diese kann im Bereich der Talmitte wesentlich größer gewesen sein.

Die Schneckenschalen der Seekreideschichten sind teilweise in ein feines Gespinst aus Characeenbruchstücken und sonstigen fossilen Wasserpflanzen eingebettet, was für eine autochthone Bildung spricht. Die Schneckenproben, die von JAECKEL (BÖTTCHER et al., 1972) untersucht wurden, ergaben eine Artenzusammensetzung, die der auf der unteren Schotterschwemmebene weitgehend entspricht. Folgende Abweichungen wurden festgestellt: Die Wasserformen sowie die wärmeliebenden afrikanischen Formen nehmen deutlich zu. Beides läßt sich mit den besonderen ökologischen Bedingungen in der engen Schlucht gegenüber der offenen Schwemmebene erklären. In der Schlucht ist stets eine höhere Feuchtigkeit und ausgeglichenere Temperatur zu erwarten als auf der Schwemmebene, wo Wind und Sonneneinstrahlung eine stärkere Austrocknung sowie die ungehinderte Ein- und Ausstrahlung größere Temperaturgegensätze erzeugen.

Pollenuntersuchungen (SCHULZ, 1970, 1973) an characeenreichem Seekreidematerial (I) sowie an einem stratigraphisch etwas höher liegenden, zahlreiche eingebackene Schilfreste enthaltenden Kalktuffhorizont (II) ergaben folgendes Artenspektrum (Tab. 3): Auffällig ist die weitgehende Übereinstimmung mit den Pollenproben von der Schotterschwemmebene. Auch hier treten zahlreiche Pollen von Baumarten auf, die heute im Tibestigebirge infolge zu großer Trockenheit nirgends mehr gedeihen können, wie etwa *Pinus, Cupressus, Alnus, Betula, Carpinus, Tilia, Quercus, Juglans, Olea, Fraxinus*. Die Baumarten ergeben ein Spektrum überwiegend mediterran-montaner Arten. Ebenfalls für sehr viel höhere Feuchtigkeit während der Ablagerung der Sedimente spricht das Vorkommen von Farn-, *Typha*- und *Nymphaea*-Pollen. Gleichzeitig jedoch treten in den Proben zahlreiche Pollen trockenresistenter Arten auf wie *Ephedra, Chenopodia, Artemisia* sowie *Acacia, Salvadora* und *Tamarix*. Alle diese Arten kommen heute noch verstreut im Einzugsgebiet des Flusses vor, so etwa *Ephedra, Chenopodia, Artemisia* und *Acacia* auf der Schotterschwemmebene, *Acacia, Salvadora* und *Tamarix* in den Schluchten des Tieroko-Massivs. Wahrscheinlich handelt es sich daher bei Pollen dieser Arten in den Proben um junge Verunreinigungen. Insgesamt ergibt sich daher für die Zeit um 8000 J. b. p. in vorsichtiger Interpretation (zum Problem des Fernflugs s. o. S. 52) das Bild einer die Schlucht sowie deren Umgebung bedeckenden, lockeren, grasreichen Gehölzformation überwiegend mediterran-montaner Arten (SCHULZ, 1970, 1973). Die Vegetation in der feuchten Schlucht war vermutlich dichter als auf den umgebenden trockenen Flächen.

Ein wenig flußab von Profil 20, in einer Einbuchtung der harten Kalktuffakkumulation, wird die Seekreideakkumulation lokal bis zu 3 m mächtig (Abb. 22). Sie wurde hier ganz offensichtlich hinter einem Kalktuffriegel in einem tiefen Kolk abgelagert. Bei einer hypo-

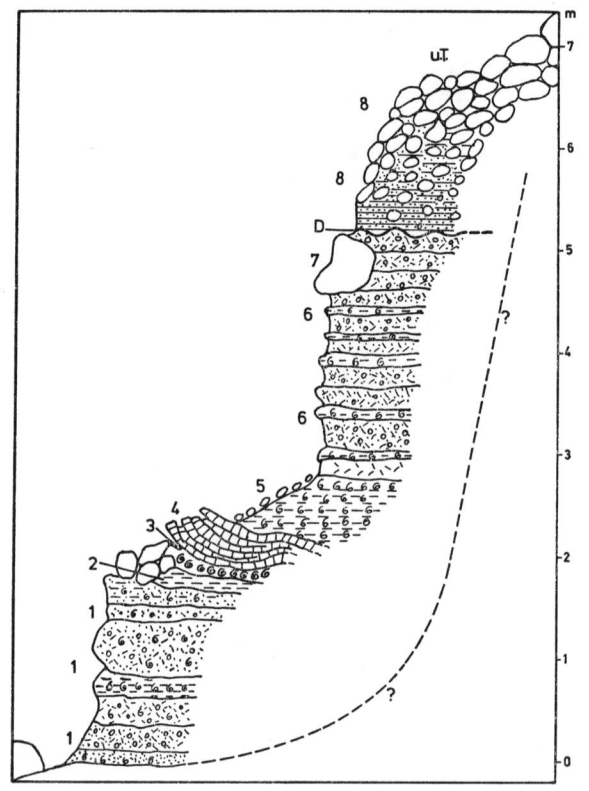

Profil 20 (1440 m): 1. Wechsel von verbackenen Feinschutt- und schneckenführenden Kalktuffschichten, nach oben schluffreicher; 2. Bimsstaubhorizont; 3. Seekreidehorizont, massenhaft Schnecken enthaltend; 4. Gefrittete Feinmaterialhorizonte; 5. schneckenreiche Schluffschichten, eine 14-C-Datierung der Schneckenschalen ergab ein Alter von 8180±70 J. b. p., Pollenprobe I; 6. Wechsel von verbackenen Schutt- und Kalktuffhorizonten. Die Kalktuffhorizonte führen Schnecken, Pollenprobe II; 7. eingebackener Kalktuffblock; 8. an der Basis schwarzgraue Sand-Kies-Schotterakkumulation, nach oben in reine Kalktuffschotterakkumulation übergehend, untere Terrasse.

Tabelle 3 Pollenuntersuchung von Sedimenten aus Profil 20

	Probe I	Probe II
Mimosaceae	7	
Salvadoraceae	5	9
Tamarix	1	1
Pinus	7	16
Cedrus	1	
Cupressaceae	5	
Juniperus	1	
Alnus	3	6
Betulaceae	1	
Betula	2	20
Corylus	1	2
Ostrya / Carpinus	3	11
Carpinus betulus		6
Tilia	5	3
Quercus pubescens-Typ	7	6
Quercus ilex-Typ	3	
Cercis	1	
Acer	1	
Juglandaceae	3	3
Ceratonia	2	1
Oleaceae	6	7
Fraxinus ornus	7	4
Gramineae	75	27
Cerealia-Typ	5	2
Cyperaceae	1	
Typha / Sparganium	1	
Myriophyllum	1	1
Nymphaea	1	
Caryophyllaceae	6	2
Cistaceae		1
Cruciferae	4	3
Labiatae	2	
Papilionaceae	2	1
Plantaginaceae	7	
Plumbaginaceae	1	
Ranunculaceae	1	
Rosaceae	2	
Compositae tubuliflorae	2	2
Artemisia	2	3
Chenopodiaceae	6	4
Ephedra distachya-Typ	1	
Ephedra fragilis-Typ	6	3
Polypodiaceae	17	10
Isoetes	1	
Lycopodiaceae	1	
varia	21	15

thetischen Verlängerung dieses Riegels bis zur gegenüberliegenden Schluchtseite ergäbe sich eine die Schlucht abriegelnde Tuffbarriere, hinter der ein kleiner, mehrere Meter tiefer Tümpel aufgestaut wurde. In diesem Tümpel konnten sich Seekreiden bilden. Ihr großer Reichtum an Schneckenschalen und Wasserpflanzenresten vermittelt einen Eindruck von der gut entwickelten Fauna und Flora des Seebodens (vgl. Profil 20). Auch schluchtabwärts tritt diese Situation — lokal mächtige Seekreideakkumulation in Einbuchtungen von Kalktuffklötzen — vereinzelt auf. Es ergibt sich somit das Bild einer vorzeitlichen Kalktuff(Travertin)-Treppe auf dem Schluchtboden — ein Gedanke, den erstmals GABRIEL (1970) bei der Deutung ganz ähnlicher Kalktuffreste im Enneri Dirennao (1200 m Höhe) im West-Tibesti äußerte[23].

Die bis zu 9 m hohen Kalktuffklötze flußab von Profil 20 besitzen infolge der kräftigen Erosion im Flußbett meist überhängende Wände, an denen tropfsteinähnliche Formen, ähnlich Stalaktiten, verschiedenster Größe ausgebildet sind. Die Größe reicht von wenigen cm bis zu halbmetergroßen Gebilden (Abb. 24). Abgeschlagene Teile weisen ein Muster aus engliegenden konzentrischen Ringen auf, ähnlich den Jahresringen eines Baumes. Die Bestimmung des Kalkgehaltes ergab einen Wert von fast 100 %. Demnach handelt es sich nach der Definition von BRINKMANN (1964), JUX und KEMPF (1971) u. a. um Kalksinter[24], die sich durch ihre dichte Struktur deutlich von der infolge Schilfeinlagerung zelligen Struktur des Kalktuffs unterscheiden (Abb. 25). Der gesamte oberste Teil der überhängenden Wand ist zwischen den „Tropfsteinen" von einer dicken Kalksinterschicht überzogen. Sehr wahrscheinlich wird dieser Kalksinter bei episodischen sommerlichen Regenfällen noch aktiv weitergebildet, indem sich beim Überfließen kalkhaltigen Wassers neue, dünne Schichten ablagern. Die Kalkanreicherung des Wassers dürfte durch Lösung auf der Oberfläche der Sinterklötze erfolgen.

Das folgende Profil, Profil 21, ist 300 m flußab von Profil 20 an einer engen Flußbiegung aufgenommen. Die Schlucht weist hier eine asymmetrische Form auf, mit flach aufsteigendem Gleithang und wandartig steilem Prallhang. Am Fuß des Prallhanges findet sich ein 7 m hoher Kalktuffrest. Die Oberfläche in 7 m Höhe stellt vermutlich das Erosionsniveau der unteren Terrasse dar. Auf dem flachen Gleithang dagegen ist eine Terrassentreppe entwickelt mit Niveaus in 8 m, 14 m und 19 m über dem Niedrigwasserbett. Im Falle der unteren und mittleren Niveaus handelt es sich um solche der unteren bzw. oberen Terrasse, wie aus den für beide Terrassen typischen Akkumulationen hervorgeht. Die Verflachung in 19 m Höhe jedoch stellt das Niveau einer älteren Terrasse dar. Charakteristisch für deren Akkumulation ist die intensive Rotbraunverwitterung der Matrix sowie der hohe Verwitterungsgrad der Basaltschotter. Die Schotter besitzen eine dunkelbraune, stark rissige äußere Rinde, die von einer etwa 1 cm dicken hellen Bleichungszone unterlagert wird. Erst darunter folgt der dunkle, unverwitterte Basaltkern.

---

[23] Eine gegenwärtig noch intakte Kalktuff-Seentreppe in einem Trockengebiet beschreiben JUX und KEMPF (1971) sowie LAPPARENT (1966) aus dem zentralen Afghanistan. Es handelt sich dabei allerdings um ausgedehnte Stauseen, deren größter, der Bande Paner, eine Fläche von 4,9 qkm einnimmt. Bei einer Höhenlage von 2850 bis 2920 m und einem winterkalten aber sommerwarmen Klima mit 450 mm Niederschlag pro Jahr werden gegenwärtig noch Kalktuff (Travertin), Kalksinter und Seekreiden gebildet.

[24] KAISER (1972) vertritt die Auffassung, daß es sich zumindest teilweise um Kieselsinter handelt. Dem stehen jedoch die Analysenergebnisse entgegen.

Die Akkumulation gleicht der in Profil 12 auf der Schwemmebene aufgeschlossenen rotbraunen Schotterakkumulation sowie der rotbraunen, als älteste bestimmten Fanglomeratdecke am Nordostrand der Schwemmebene (BUSCHE, 1972, 1973).

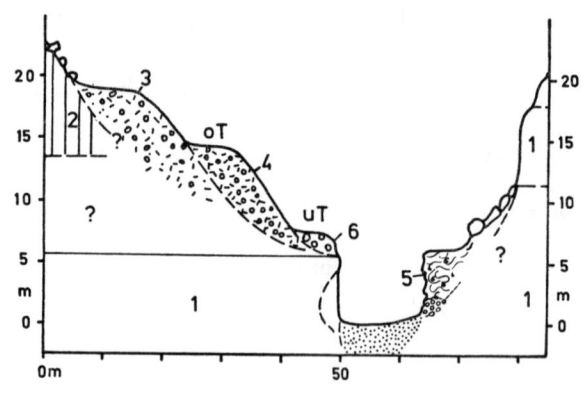

Profil 21 (1420 m): 1. SCI-Tuffe; 2. älterer Talbasalt (SN3); 3. rotbraun verwitterte Schotterakkumulation, Schotter stark verwittert; 4. graubraune schluff- und schuttreiche Schotterakkumulation der oberen Terrasse, Schotter schwach verwittert; 5. Kalktuffakkumulation der oberen Terrasse über Basisschottern; 6. Grobschotterakkumulation der unteren Terrasse, Schotter kaum verwittert.

Unterhalb von Profil 21 ändert sich der Charakter des Flußbettes. Es wird zunehmend sandiger und enthält kaum noch Blöcke. Dies hängt mit einem ausgeprägten Gefällsknick in Höhe von Profil 21 zusammen. Das Gefälle nimmt von etwa 4 % auf weniger als 2 % ab. Gleichzeitig wird der Sand des bislang völlig trockenen Flußbettes infolge hochstehenden Grundwassers feucht. Kurz vor der Einmündung des Tales in die größere Yebbigué-Schlucht tritt in Höhe von Profil 22 sogar Oberflächenwasser auf.

Im Gegensatz zur bisher besprochenen Schluchtstrecke führt die Yebbigué-Schlucht Wasser. Es handelt sich um reines Süßwasser, das in Höhe von Profil 23 in einer stark schüttenden Quelle zutage tritt. Die Quelle befindet sich am Fuße einer 50 m hohen Talbasaltwand an der Schichtgrenze zweier Basaltströme. Unterhalb der Quelle ist der Talboden von einer Kette langgestreckter Teiche, sogenannte Gueltas, bedeckt. Mit Ausnahme einiger offener Wasserflächen wird der Talboden auf ganzer Breite von einem dichten Schilfwald (*Typha*, wenig *Phragmites*) eingenommen. An Bäumen finden sich auf erhöhten Standorten Dattelpalmen, Feigen und Akazien. Der Boden der Gueltas weist eine üppige Wasserpflanzenvegetation auf, so vor allem einen dichten Characeenrasen, Laichkräuter und Grünalgen. Wasserschnecken wurden nicht gefunden[25]. Alle

---

[25] Nur an zwei Stellen im Tibestigebirge wurden bisher lebende Süßwasserschnecken nachgewiesen. Es handelt sich dabei um *Bulinus truncatus* in einer Guelta im Sandsteingebiet von Zouar auf der Südwestabdachung des Gebirges sowie um *Melanoides tuberculata* in einer Therme bei Aozou (BÖTTCHER et al., 1972, S. 211).

Wasserpflanzen sind mit einem feinen, kalkreichen Sediment überzogen. Kalkausfällungen i. S. rezenter Kalktuffbildungen treten jedoch nirgends, auch nicht an der Quelle selbst auf. Fossile Kalktuffreste in der gleichen Art wie die bisher beschriebenen finden sich jedoch überall, bis zu einer Höhe von 10 m an die Schluchtwände angebacken. In Höhe des Quellenaustritts bildet der Kalktuff sogar eine etwa 20 m hohe Brücke. Diese Situation ist in Profil 23 dargestellt.

In Höhe des Profils verengt sich die Schlucht sehr stark und geht flußaufwärts in ein klammähnliches Engtal mit schmalem, geröllfreiem Bett über, das im Längsprofil eine durch Stufen und Kolke gegliederte Treppe darstellt. Auch hier haften überall an den Wänden bis hoch hinauf Kalktuffreste — ein Hinweis darauf, daß ebenfalls eine Kalktuff-Seentreppe entwickelt war. Aus der großen Sprunghöhe der Tuffreste läßt sich außerdem auf eine bis mindestens in halbe Höhe reichende Verfüllung der engen, 45 m tiefen Schlucht schließen (Abb. 26).

Knapp 1 km flußab von Profil 23 ergibt sich folgendes Profil, Profil 24. Die Schlucht weist an dieser Stelle einen fast idealen kastenförmigen Querschnitt auf. Typisch für den linksseitigen Talbasalthang ist die Dreigliederung: abgeschrägte obere Partie, senkrechter Mittelteil, und wiederum abgeschrägte Partie am Hangfuß. Hier am Hangfuß findet sich auf einer 4 m hohen

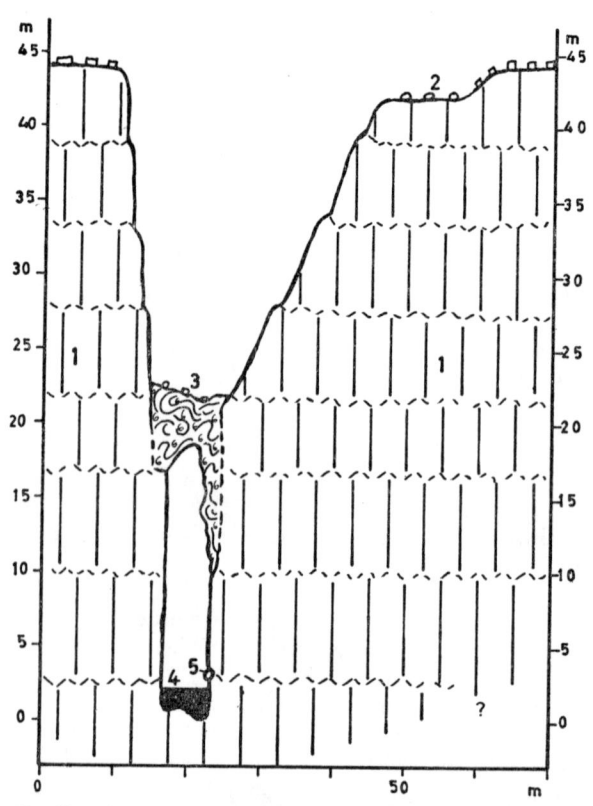

Profil 23 (1420 m): 1. älterer Talbasalt (SN3), verschiedene Ströme; 2. Erosionsniveau, rotbrauner Boden; 3. Kalktuffrest, eine Brücke bildend; 4. Guelta in einer Übertiefung des Talbodens; 5. stark schüttende Quelle.

Basisakkumulation aus verbackenen, gut gerundeten Schottern eine gutgeschichtete Feinmaterialakkumulation. In der sehr regelmäßigen Schichtung gleicht die Akkumulation der entsprechenden Feinmaterialakkumulation auf der Schwemmebene (Profile 11 bis 14), vom Material her dagegen eher den Seekreideschichten in Profil 20. Auffällig ist die gleichmäßige Verteilung von 10 Schneckenhorizonten über die gesamte Akkumulation. Die dazwischenliegenden Schichten enthalten praktisch keine Schneckenschalen. Die weiche, leicht abwitternde Akkumulation wird durch eine stark verkrustete, zahlreiche Röhren von Schilfstengeln enthaltende Schicht nach oben abgeschlossen. Diese läßt eine rückwärtige diskordante Anlagerung an den Blockschutt des Hangfußes erkennen.

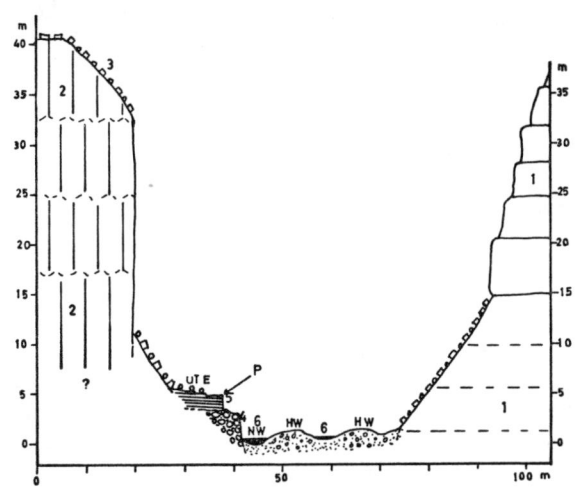

Die nur wenige Meter breite, aber 30 m lange Feinmaterialakkumulation geht flußauf unter allmählicher Fazieseränderung in eine harte Kalktuffakkumulation über, wobei gleichzeitig die regelmäßige Horizontalschichtung in eine unregelmäßige, teilweise **gedrehte** Formen aufweisende Schichtung übergeht. In der gleichen Richtung nimmt auch das Gefälle der Oberfläche von 0,5 % auf 1,5 % zu, was etwa den Gefällswerten des rezenten Flußbettes entspricht. Die auffällige Fazieseränderung rührt daher allein von der Änderung des vorzeitlichen Strömungsverhaltens in diesem Abschnitt von laminarem zu mehr turbulentem Fließen her. Für die Kalktuffbildung in der Schlucht bedeutet dies, daß ihre Ursache generell im turbulenten Fließen des Wassers zu suchen ist. Gleiches berichten JUX und KEMPF (1971) aus Afghanistan.

Das Flußbett führt in diesem Abschnitt Wasser und ist daher von einem dichten Schilfwald *(Typha)* bestanden. In Höhe von Profil 25, an der nächsten Flußbiegung, befindet sich auf dem linksseitigen Gleithang ein großer, zusammenhängender Kalktuffrest, dessen Oberfläche 9 m über dem Flußbett liegt. Unmittelbar unterhalb davon erfolgt ein enger Durchbruch des Tales durch den 40 m mächtigen Talbasalt. Der schmale Talboden ist in der gesamten Durchbruchstrecke übertieft und daher von einer etwa 70 m langen Guelta eingenommen. Ihre Ränder weisen wiederum einen dichten Schilfbewuchs auf. Unter den Wasserpflanzen fallen besonders Characeen auf, die den Gueltaboden als ein zusammenhängender Rasen überziehen.

Das folgende Profil, P r o f i l 2 6, ist wenig unterhalb der Engstelle aufgenommen.

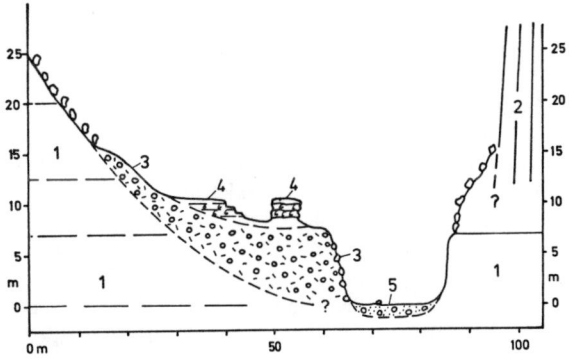

Profil 24 (1410 m): 1. SCI-Tuffe; 2. älterer Talbasalt (SN3); 3. Schotter in rotbraunem Boden; 4. Grobschotter-Basisakkumulation der oberen Terrasse; 5. Feinmaterialakkumulation der oberen Terrasse (siehe Detailprofil); 6. wasserführendes Niedrigwasserbett.

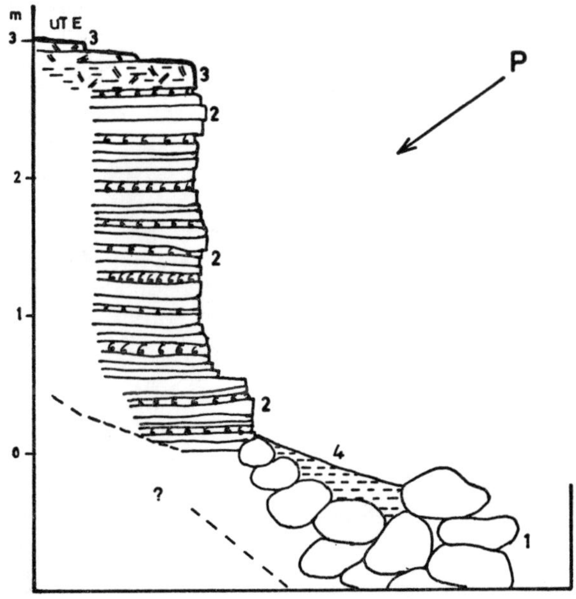

Profil 24 a (Detailprofil): 1. Grobschotter-Basisakkumulation; 2. Folge von seekreideartigen Horizonten, teilweise stark schneckenführend; 3. bodenartige Horizonte, äußerlich stark verkrustet; 4. loser Schluff.

Profil 26 (1390 m): 1. SCI-Tuffe und Tuffbreccien; 2. älterer Talbasaltstrom (SN3); 3. Schotterakkumulation, am Prallhang zum Flußbett durch kalkiges Bindemittel verbacken; 4. fossilienreiche Kalktuffakkumulation der oberen Terrasse; 5. sandig-kiesiges Flußbett.

Die aus verbackenen Schottern bestehende Basisakkumulation unter dem Kalktuff weist hier die außergewöhnliche Mächtigkeit von 8 m auf und läßt daher auf eine hohe Erosionsleistung des Flusses schließen. Mit welcher Heftigkeit der Erosion gegenwärtig zu rechnen ist, wird am Schluchtabschnitt unterhalb von Profil 26 bis Yebbi Bou deutlich. Bei einem mittleren Gefälle von 3 % weist das Flußbett ein starkes Querrelief auf; Sprunghöhen von 3 bis 4 m zwischen Hoch- und Niedrigwasserbett sind die Regel. Während das Niedrigwasserbett eine meist schmale, scharf eingeschnittene Rinne darstellt, wird das Hochwasserbett von langgestreckten, breiten Schotterbänken gebildet. Ihre Oberfläche ist von halbmetergroßen, gut gerundeten Schottern sowie von mehreren, 1 bis 2 m großen Trümmern der Kalktuffakkumulation bedeckt. Daraus wird ersichtlich, daß die Kalktuffakkumulation, deren Reste sich noch überall an den Talwänden i n s i t u finden, gegenwärtig stärkster Zerstörung und die Talsohle insgesamt stärkster Tiefenerosion unterliegt. Die Situation in diesem Schluchtabschnitt ist im folgenden Profil, P r o f i l 2 7, dargestellt.

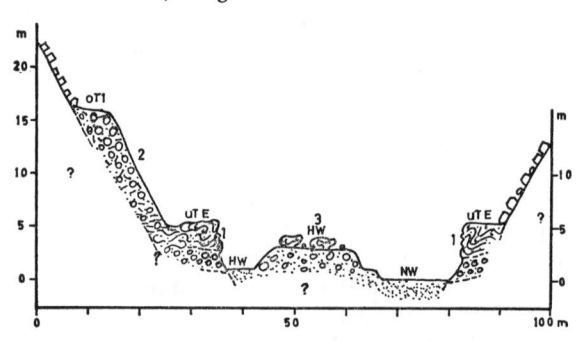

Profil 27 (1380 m): 1. Kalktuffakkumulation über verbackener Basisschotterakkumulation; 2. schluffreiche Schotterakkumulation der oberen Terrasse; 3. Kalktufftrümmer.

Das Profil zeigt außerdem auf der linken Talseite eine 16 m hohe, feinmaterialreiche Schotterakkumulation der oberen Terrasse. Eine ganz ähnliche Akkumulation findet sich im östlichen Nebental in Höhe von P r o f i l 2 9.
Oberhalb der Oase Yebbi Bou verbreitet sich das erneut wasserführende Flußbett allmählich und erreicht in Höhe der Flußoase maximal 200 m Breite. Zwei Oasensiedlungen liegen auf der hochwassergeschützten, aus chaotisch gelagerten Schottern bestehenden unteren Terrasse. Die rechtsseitige Talbasaltwand erniedrigt sich von 45 m oberhalb der Oase flußab kontinuierlich und beträgt in Höhe von Profil 30 nur noch 15 m. Unterhalb von Yebbi Bou finden sich daher in zunehmendem Maße schluchtrandnahe Erosionsniveaus auf dem Talbasalt, die durch eine Einlagerung von unterseits stark verwitterten Schottern in einen intensiv rotbraun gefärbten Boden gekennzeichnet sind. Es handelt sich vermutlich um die gleiche rotbraune Akkumulation wie in Profil 21 in der Schlucht und in Profil 12 auf der Schwemmebene. Hierauf deutet auch das gleiche Verwitterungsmuster der Basaltschotter hin — dünne, dunkelbraune, äußere Verwitterungsrinde, 1 cm mächtige hellgraue Zersatzzone und unverwitterter, dunkler Kern.

3.2.3.1 Zusammenfassung und Deutung

1. Vom Beginn der Talbasaltschlucht bis zur Oase Yebbi Bou beträgt die Entfernung 6 km bei einem Höhenunterschied von 160 m. Daraus ergibt sich für die Schlucht ein mittleres Gefälle von etwa 3 %, wobei der Wert im Oberlauf zwischen Profil 16 und Profil 21 4 %, flußab bis Yebbi Bou jedoch nur etwa 2 % beträgt. Das Gefälle dieser Abschnitte ist jedoch keineswegs ausgeglichen, sondern unregelmäßig. Besonders unausgeglichen ist es im Oberlauf, wo große Gefällsbrüche in Form zweier 10 m hoher Stufen auftreten.

2. Die Schlucht enthält Reste fossiler Flußterrassen, deren auffälligste und bedeutendste die Kalktuffterrasse darstellt. Sie führt knicklos über die beiden hohen Gefällsbrüche hinweg und besitzt damit im Gegensatz zum heutigen Flußbett ein sehr ausgeglichenes Längsprofil. Über den ersten Gefällsbruch am Schluchtanfang hinweg läßt sie sich in einem durchgehenden Niveau mit der verkrusteten Feinmaterialakkumulation auf der Schotterschwemmebene verbinden.

3. Die Übereinstimmung der Kalktuffterrasse in der Schlucht mit der verkrusteten Feinmaterialakkumulation auf der Schwemmebene beruht jedoch nicht allein auf dem durchgehenden Niveau über den Schluchtanfang hinweg, sondern vor allem auch im Chemismus und Fossiliengehalt der beiden Akkumulationen. So handelt es sich in beiden Fällen um sehr kalkreiches Material; im Falle des Kalktuffs der Schlucht sowie der Kalkkruste der Schwemmebene beträgt der Kalkgehalt über 90 %. An Fossilien finden sich in beiden Akkumulationen vor allem Schilf- und andere pflanzliche Makroreste, sowie Schneckenschalen ähnlicher Artenzusammensetzungen. Weitgehende Übereinstimmung besteht auch im Pollengehalt.

4. Infolge der Verknüpfung mit der Feinmaterialakkumulation auf der Schwemmebene, die den Sockel der oberen Terrasse darstellt, muß die Kalktuffakkumulation in der Schlucht ebenfalls als stark erniedrigte obere Terrasse gedeutet werden. Dabei ist die Abfolge — Grobmaterialakkumulation an der Basis, darüber geschichtete Feinmaterialakkumulation — wie sie auf der Schwemmebene vorhanden ist, in der Schlucht in der Form — Grobschotterlage an der Basis, darüber schlecht geschichtete Kalktuffakkumulation — modifiziert. In Höhe von Profil 18 liegt dem Kalktuff konkordant eine weitere Grobmaterialakkumulation auf, wodurch eine Übereinstimmung mit der vollständigen Akkumulation der oberen Terrasse in den Tieroko-Schluchten (Profile 1 bis 6, Profil 9) zustandekommt.

5. Wie aus den Sprunghöhen zu ersehen ist, bewirkte die Aufschüttung der oberen Terrasse eine weitgehende

Verfüllung der Schlucht. Die Verfüllung erreichte im obersten Schluchtabschnitt zwischen Profil 16 und Profil 17 die Taloberkante, d. h. die Schlucht war hier völlig zugeschüttet. Talab wurde die Verfüllung infolge der rasch wachsenden Tiefe der Schlucht zwar relativ geringer, erreichte jedoch bis Yebbi Bou stets mindestens die halbe Höhe der heutigen Schlucht. Das Längsprofil zur Zeit der oberen Terrasse wies gegenüber dem heutigen einen sehr ausgeglichenen und daher gestreckten Verlauf auf. Der in Lockersedimenten ausgebildete Talboden war breit und unterschied sich beträchtlich von dem schmalen, meist ins Anstehende geschnittenen Boden der heutigen Schlucht.

6. Der Kalktuff weist in der Regel keine horizontale, sondern eine unregelmäßig gebogene Schichtung auf, wobei häufig verbackene Bänke aus Feinschutt, Kies und Schottern dazwischen gelagert sind. Eine Verbindung dieser Bänke oder gar der Tuffschichten mit der Schuttdecke der Schluchtunterhänge konnte an keiner Stelle nachgewiesen werden. Vielmehr wirkt die gesamte Kalktuffakkumulation als Fremdkörper in der Schlucht.

7. Neben Kalktuff, der den Hauptteil der Akkumulation bildet, kommen in der Schlucht auch noch Seekreiden und Kalksinter vor. Die sehr fossilreichen, weichen Seekreiden treten in unterschiedlicher Mächtigkeit entweder zwischen Kalktuffbänken oder „hinter", d. h. im Staubereich von Kalktuffklötzen auf. Aus dieser Staulage der Sedimente, die mehrmals zu beobachten ist, läßt sich möglicherweise ablesen, daß die Schlucht von Kalktuffbarrieren mehrfach abgedämmt war und somit eine Kalktuffseentreppe existierte (GABRIEL, 1970; JUX und KEMPF, 1971). Als Beispiel für die Annahme von Kalktuffdämmen kann die in Profil 23 dargestellte Kalktuffbrücke, die beide Schluchtwände verbindet, gewertet werden. Seekreideähnliche Akkumulationen kommen aber nicht nur im Staubereich von Kalktuffdämmen, sondern gut geschichtet auch auf gefällsarmen Strecken ohne Barriere vor (Profil 24). Ihre Bildung hing demnach vom ruhigen, laminaren Fließen des Wassers ab, während Kalktuffe in einer turbulenten Strömung gebildet wurden. Kalksinter dagegen treten nur als Kleinformen an überhängenden Kalktuffwänden auf, so etwa als tropfsteinähnliche Gebilde oder lackartige, dicke Überzüge auf Kalktuff. Alle Anzeichen sprechen dafür, daß sie im Gegensatz zu den völlig fossilen Kalktuff- und Seekreideablagerungen gegenwärtig noch aktiv weitergebildet werden.

8. Die Formungsbedingungen und damit die klimatischen Verhältnisse zur Zeit der Bildung der Kalktuffakkumulation unterschieden sich grundsätzlich von den heutigen. Es muß generell mit wesentlich schwächeren Abkommen, aufgrund des Fossiliengehaltes wahrscheinlich sogar mit perennierendem Fließen gerechnet werden. Demnach ist ein Klima zu erwarten, das nicht nur eine gegenüber heute um ein Vielfaches höhere Gesamtniederschlagsmenge, sondern auch eine relativ gleichmäßige Verteilung dieses Niederschlags über das ganze Jahr aufwies. Daraus ergeben sich zwangsläufig höhere Wolkenbedeckung sowie niedrigere Temperaturen und daraus resultierend eine erheblich verringerte Verdunstung (vgl. HÖVERMANN, 1972, MESSERLI, 1971)[26].

9. Was das Alter dieser Klimaperiode betrifft, so muß sie nach der vorliegenden 14-C-Datierung von 8180 J. b. p. auf die Wende Pleistozän/Holozän fallen. Dies bedeutet aber, daß es sich bei der Entstehung der oberen Terrasse und damit der Verschüttung der Schlucht um einen sehr jungen Vorgang handelt. Dadurch wird auch verständlich, warum die mächtige Verschüttung bis heute, trotz der intensiven Erosion im gesamten Schluchtbereich, gerade erst bis zur Basis zerschnitten wurde. Die Spuren dieser Erosion sind in Form von blockverbauten, Kalktufftrümmern enthaltenden Flußbettabschnitten sowie von tief und meist ins Anstehende eingeschnittenen Niedrigwasserrinnen sichtbar. Der heutige Schluchtboden besitzt annähernd die gleiche Tiefe und Form wie derjenige vor der Terrassenverschüttung. Er stellt daher im Grunde nichts weiter als den wiederaufgedeckten älteren Talboden dar.

10. Die Zerschneidung der oberen Terrasse erfolgte nicht in einem Zuge, sondern in zwei Phasen, die von einer Phase erneuter Akkumulation unterbrochen wurden. In dieser Zeit entstand die untere Terrasse, deren geringmächtige Sand-Kies-Schotterakkumulation diskordant der Kalktuffakkumulation aufliegt. Auf die bereits kräftige Zerstörung der Kalktuffakkumulation in dieser Phase weisen die zahlreichen Tuffgerölle in der unteren Terrasse hin (Profil 20).

11. Unter der Annahme, daß der Wert der 14-C-Datierung richtig ist, ergibt sich somit für die Zeit von 8180 b. p. bis heute die Abfolge: endgültiger Aufbau der oberen Terrasse, aus deren Mittelteil (Kalktuffakkumulation) die Datierung stammt, Zerschneidung der Akkumulation bis mindestens zur Hälfte, geringfügige Akkumulation der unteren Terrasse unter gleichzeitiger weiterer Zerstörung der Kalktuffakkumulation und schließlich endgültige Zerschneidung bis etwa zur Basis der Akkumulation.

12. Das Alter der Schlucht ist jedoch erheblich höher als das Alter der oberen Terrasse, wie aus einem rotbraun verwitterten Schotterrest am Gleithang in Profil 21 hervorgeht. Bereits vor Ablagerung dieser Akkumulation, die gegenüber der oberen Terrasse die stratigraphisch nächstältere darstellt, muß die Schlucht bis mindestens zur Hälfte eingeschnitten gewesen sein. Die gleiche rotbraune Schotterakkumulation findet sich, meist nur in Form einer geringmächtigen Decke, auf der erniedrigten schluchtrandnahen Talbasaltoberfläche unterhalb von Yebbi Bou.

---

[26] MESSERLI (1971) und WINGER (1971) entwarfen ein Modell, nach dem ein humides Vorzeitklima im Tibestigebirge durch gleichzeitiges Übergreifen tropischer Sommerregen und ektropischer Winterregen zustandekommen kann.

3.2.4 Terrassenuntersuchung im Yebbigué-Tal von Yebbi Bou über Yebbi Zouma und Kiléhégé bis in Höhe der Pistenabzweigung (Profil 54)

Unterhalb der Oase Yebbi Bou verengt sich die Yebbigué-Schlucht, während sich gleichzeitig ihre Tiefe verringert. Das Tal besitzt im unteren Teil senkrechte Wände, im oberen Teil dagegen abgeschrägte Hänge und somit einen angenähert kastenförmigen Aufriß. Dieser Aufriß, der als typisch für die Schlucht im älteren Talbasalt angesehen werden kann, ist im folgenden Profil, P r o f i l 3 0, dargestellt.

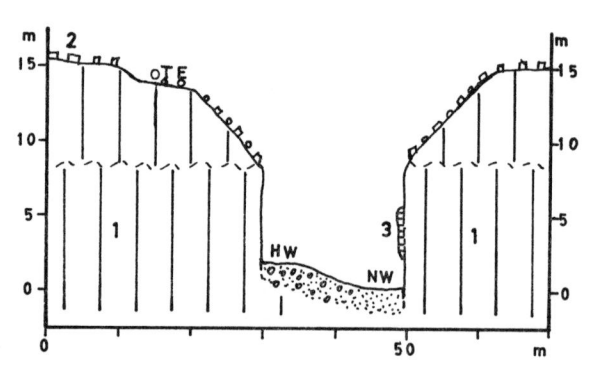

Profil 30 (1310 m): 1. älterer Talbasalt (SN3); 2. Blöcke und Schotter, teilweise aus Kugelverwitterung des Basalts hervorgegangen, in rotbraunen Boden eingebettet; 3. angebackener Kalktuffrest.

Auch hier war die Schlucht, die vorher bereits ihre heutige Form besaß, zur Zeit der oberen Terrasse verfüllt. Die Verfüllung reichte infolge der niedrigen Hänge bis zur Taloberkante, wie aus den Schotterbänken in dieser Höhe hervorgeht. Das Tal war damit als Form praktisch verschwunden und wurde erst im Zuge der nachfolgenden Erosionsphase wieder ausgeräumt. Das schmale Flußbett besitzt in diesem Abschnitt einen „schiefen" Querschnitt, der bei einem Gefälle von 1,5 % auf eine hohe Fließgeschwindigkeit des abkommenden Wassers hindeutet. Die aus Sand, Kies und Schottern bestehende Talbodenakkumulation ist nur geringmächtig. Es handelt sich daher um eine Erosionsstrecke mit vermutlich kräftigem Durchtransport.

Etwa 2 km flußab von Profil 30 verbreitert sich die Schlucht örtlich stark auf über 200 m. Am unteren Ende dieser Talausbuchtung ist das folgende Profil, P r o f i l 3 1, aufgenommen.

Das Flußbett besitzt ein kräftiges Querrelief, hervorgerufen durch zahlreiche, an die Oberfläche tretende Riffe des Talbasaltes. Die feinsandige Akkumulation des in mehrere Rinnen aufgespalten Niedrigwasserbettes sowie die Sand-Kies-Schotterakkumulation des breiten Hochwasserbettes sind nur geringmächtig. Auf dem ebenen Hochwasserbett fanden sich im Dezember 1966 mehrere flache Längsdünen und kleine Barchane von bis zu 50 cm Höhe, deren Form für eine Entstehung durch den talaufwärts wehenden Nordostpassat sprach. Während die untere Terrasse noch als geringmächtiger Rest erhalten ist, fehlt eine Akkumulation der oberen Terrasse völlig. Gut gerundete, schwach verwitterte Schotter finden sich jedoch auf dem rechten Talhang bis in eine Höhe von 15 m, weshalb dessen Verflachungen in 15 m und 8 m Höhe als Erosionsniveaus der oberen Terrasse gedeutet werden können.

Die auf Profil 31 folgende, etwa 6 km lange Schluchtstrecke weist einen ständigen Wechsel von verschotterten Schnell- und tief versandeten Flachstrecken und damit ein sehr unausgeglichenes Längsgefälle von durchschnittlich 1,5 % auf. Zugleich besitzt das Tal eine stark wechselnde Breite zwischen 20 und 100 m, wobei der typische, kastenförmige Aufriß jedoch stets erhalten bleibt. Die Unausgeglichenheit dieser Schluchtstrecke rührt von einem jungen Talbasaltstrom her, der den älteren Talbasalt und, wie früher bereits erwähnt, auch die darin eingeschnittene Schlucht überfuhr. Die heutige Schlucht in diesem Bereich ist demnach eine junge Neubildung. Etwa 6 km flußab von Profil 31 läuft der junge Talbasaltstrom in einer schmalen Zunge aus, so daß die Schlucht auf etwa 1 km Länge wieder im älteren Talbasalt ausgebildet ist. Infolge der gleichzeitig sich beträchtlich erniedrigenden Wände kommt es in diesem Abschnitt zu einer breiten Entfaltung der jungen Flußterrassen, insbesondere der oberen Terrasse. Unterhalb von Profil 33 dagegen wurde der ausgedehnte ältere Talbasalt erneut von einem jungen Talbasaltstrom überfahren, dessen heutige Schlucht ebenfalls eine

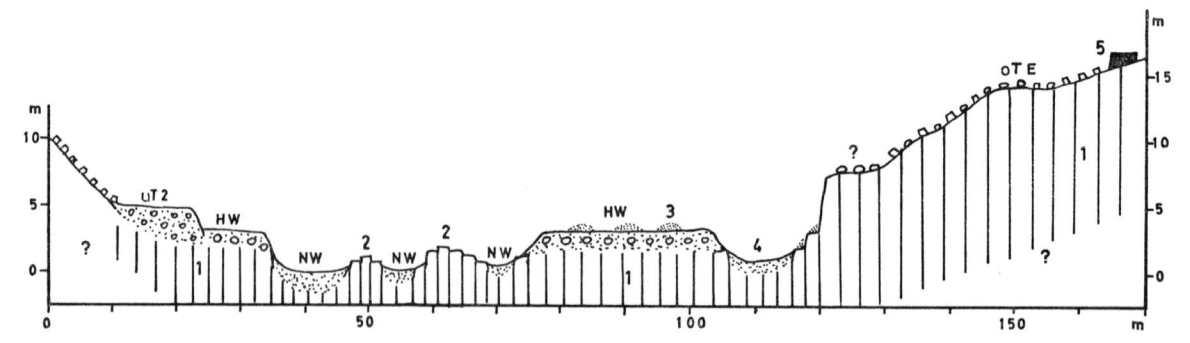

Profil 31 (1290 m): 1. älterer Talbasalt (SN3); 2. Basaltriffe im Flußbett; 3. kleine Dünen aus Staub und Feinsand; 4. Hochwasserrinne; 5. Steingrab, vermutlich neolithisch.

junge Neubildung darstellt. Profil 33a zeigt folgenden Aufbau:
Die Akkumulationen der unteren und oberen Terrasse sind nur geringmächtig über anstehendem Basalt entwickelt. In beiden Fällen handelt es sich um Schotterbänke, die sich jedoch deutlich durch ihren unterschiedlichen Verwitterungsgrad unterscheiden. Die Bänke der oberen Terrasse enthalten einen hohen Schluff- und Feinschuttanteil, während die der unteren Terrasse überwiegend aus groben, gut gerundeten Schottern bestehen.

der oberen Terrasse dar. Auf der linken Talseite ist die obere Terrasse in Form einer schmalen, schluffreichen Schotterakkumulation vorhanden. Sie wird überlagert von seekreideähnlichen Sedimenten, die ihrerseits von Hangschutt überdeckt sind. Bei den seekreideähnlichen Sedimenten handelt es sich um solche des Timi-Unterlaufs, die auf dem Luftbild, erkennbar als weiße Flächen, eine große Ausdehnung besitzen. Das starke Querrelief des Flußbettes und die tiefe Auskolkung der linken Schluchtwand deuten auch an dieser Stelle auf ausgeprägte Erosion im Flußbett hin.

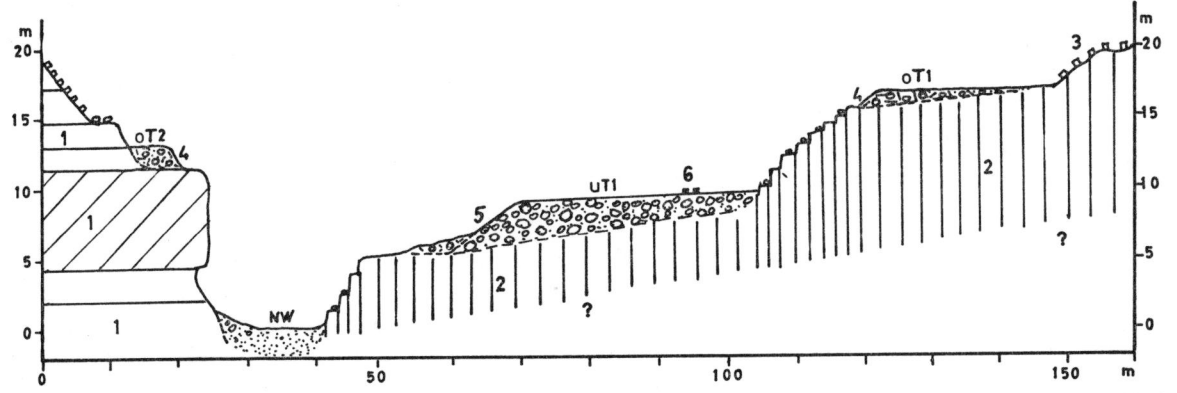

Profil 33 a (1230 m): 1. SCI-Tuffe; 2. jüngerer Talbasalt (SN4); 3. kuppige Oberfläche des jüngeren Talbasalts; 4. schluff- und schuttreiche Schotterakkumulation der oberen Terrasse; 5. Grobschotterakkumulation der unteren Terrasse; 6. Autopiste.

Unterhalb von Profil 33 a wird die Akkumulation der oberen Terrasse zunehmend mächtiger und bildet auf der linken Talseite einen zusammenhängenden Schotterkörper, dessen Basis nur wenig über dem rezenten Bett liegt. Das Flußbett zeigt ein ähnlich unregelmäßiges, durch Basaltriffe gegliedertes Relief wie in Höhe von Profil 31 und stellt daher ein reines Erosionsbett dar.
Vor der 2 km unterhalb von Profil 33 a erfolgenden starken Schluchtverengung ist das folgende Profil, Profil 34, aufgenommen.
Das Niveau in 15 m Höhe auf dem jüngeren Talbasalt der rechten Talseite stellt ein breites Erosionsniveau

Unterhalb von Profil 34 durchbricht der Yebbigué in einer engen, gefällsreichen Schluchtstrecke (4 %) den jüngeren Talbasalt. Das Längsprofil ist vielfach gestuft und durch zahlreiche Kolke gegliedert. Diese sind, da am Beginn der Engtalstrecke Grundwasser austritt, alle wassergefüllt und bilden eine Gueltakette. Das schmal wannenförmige, in den anstehenden Basalt geschnittene Flußbett weist eine dichte Schilfvegetation *(Typha)* auf. Die folgenden beiden Profile (Profil 35, Profil 36) stammen vom Beginn (Profil 35) und von der Mitte (Profil 36) der Engtalstrecke. An der linken Talwand in Profil 35 ist unterhalb der Ein-

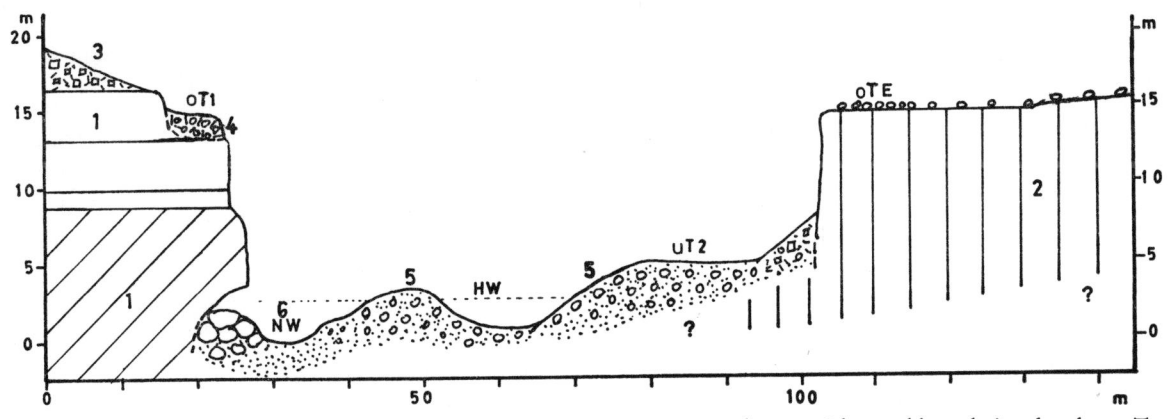

Profil 34 (1225 m): 1. SCI-Tuff; 2. jüngerer Talbasalt (SN4); 3. Hangschutt; 4. Schotterakkumulation der oberen Terrasse; 5. Schotterakkumulation der unteren Terrasse sowie des Hochwasserbettes; 6. tief ausgekolkte Niedrigwasserrinne.

mündung eines fossilen Mündungsarmes des Timi ein Kalktuffrest von der gleichen Art wie der Kalktuff in der Schlucht bei Yebbi Bou angebacken. Dieser Kalktuffrest verzahnt sich gerinneaufwärts mit den weichen, seekreideähnlichen Sedimenten der Ebene, deren Oberfläche eine dünne Schotterstreu aufweist.

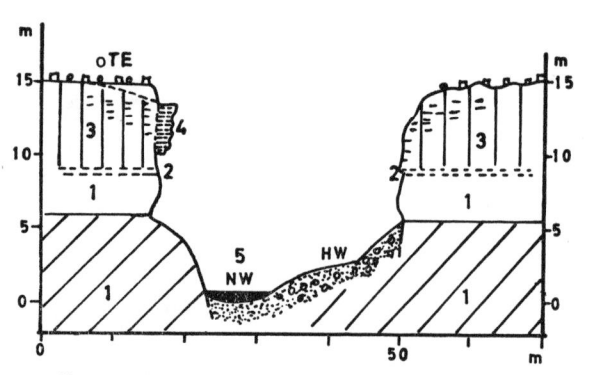

Profil 35 (1220 m): 1. SCI-Tuffe; 2. Frittungszone; 3. jüngerer Talbasalt (SN4); 4. angebackener Kalktuffrest; 5. schilfbestandene Guelta.

Nur etwa 100 m westlich des Schluchtrandes erheben sich zwei kleine, ihrem Aussehen nach sehr junge Stratovulkane, die die seekreideähnlichen Sedimente gefrittet haben. Am Fuß der Vulkane sind die sonst fast weißen und sehr weichen Sedimente ziegelrot hart wie gebrannter Ton und stark durchsetzt mit fossilen Schilfröhren. Die Intensität der Färbung sowie des Verfestigungsgrades nehmen vom Fuß der Vulkane weg kontinuierlich ab. Wie eine kleine Schürfung zeigte, sitzen die jungen Schlackenkegel den seekreideähnlichen Sedimenten auf, sind also mit Sicherheit jünger als diese. Infolge der völligen Übereinstimmung der seekreideähnlichen Sedimente sowie des Kalktuffs in Profil 35 mit den etwa 8000 Jahre alten Seekreide- bzw. Kalktuffsedimenten in der Schlucht bei Yebbi Bou (Profil 20), muß es sich bei den Stratovulkanen um ganz junge Bildungen nach 8000 Jahren b. p. handeln. Es sind die jüngsten vulkanischen Bildungen im Arbeitsgebiet überhaupt, die nach VINCENT (1963) entweder als SN4- oder gar SH-Vulkane gedeutet werden können (siehe auch Kartierung).

Unterhalb der Engtalstrecke, in Höhe von Profil 37, nähert sich der Talquerschnitt wieder zunehmend der typischen Kastenform. Die Wände der Schlucht sind fast senkrecht und etwa 30 m hoch. Der junge, 25 m mächtige Talbasaltstrom wird hier bis unter seine Basis zerschnitten, wo eine rote-rotbraune Schotterakkumulation aufgeschlossen ist. Diese wurde bereits in Abschnitt 3.1.2 näher beschrieben. In dem etwa 3 km langen Abschnitt zwischen Profil 37 und Profil 40a finden sich mehrere, an die fast senkrechten Basaltwände angebackenen Kalktuffreste. Bevorzugt treten sie an der Einmündung von Gerinnen auf [27], die meist fossile Mündungsarme des Timi darstellen sowie in der Mündungsschlucht des Timi selbst (Profil 38). Hier können sie Sprunghöhen von maximal 15 m erreichen. Ihr Vorhandensein beweist, daß die Schlucht in diesem Abschnitt bereits vor der Zeit der Kalktuffbildung, d. h. vor der Bildungszeit der oberen Terrasse, etwa in ihrer heutigen Form und Tiefe vorhanden war. In Profil 40a, das an einer engen Mäanderschlinge aufgenommen wurde, bietet sich folgendes Bild: Auf dem linken Talhang ist die obere Terrasse als mächtige, schluffreiche Schotterakkumulation 25 m hoch entwickelt. Auf dem noch etwas höheren Erosionsniveau des Talbasalts liegen Schotterbänke der Terrasse in fast 30 m Höhe. Diese ungewöhnliche Sprunghöhe beruht auf zwei Ursachen: einmal auf der sehr großen Materialfracht des Timi, der wenig oberhalb von Profil 40 in den Yebbigué mündet, und zum anderen auf der starken Tiefenerosion in diesem Talabschnitt. Die Stärke der Tiefenerosion läßt sich daran ermessen, daß die Basis der Akkumulation der oberen Terrasse bis zu 7 m über dem rezenten Bett liegt. Die heutige Schlucht weist demnach eine um diesen Betrag größere Tiefe auf als die Schlucht vor der Verschüttung durch die obere Terrasse. Die Verfüllung der Schlucht in Höhe von Profil 40a zur Zeit der oberen Terrasse betrug demnach etwa 20 m und reichte bis zur Taloberkante. Die Schlucht war damit vollkommen verfüllt. Gleiches gilt für den gesamten Talabschnitt zwischen Profil 34 und Profil 40a, der vom Mündungsschwemmkegel des Timi völlig zugedeckt war. Flußab von Profil 40a bietet der Schluchtgrundriß erneut ein sehr unregelmäßiges Bild. Es handelt sich um eine von kräftiger Erosion und Wandabtragung geprägte junge Schluchtstrecke, die den jüngeren Talbasalt zerschneidet. Das in seiner Breite stark wechselnde Flußbett wird häufig von Blockhalden, die von frischen Wandabbrüchen herrühren, versperrt (Profil 41) — ein Hinweis auf die Intensität der Wandabtragung und damit die rasche Verbreiterung der Schlucht (vgl. hierzu Abschnitt 3.1.2). Wenig oberhalb der Oase Yebbi Bou tritt im Flußbett erneut das Grundwasser zutage und die Schlucht führt

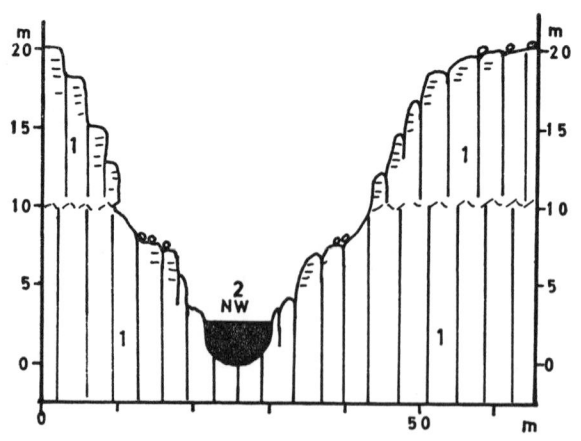

Profil 36 (1210 m): 1. jüngerer Talbasalt (SN4); 2. schilfbestandene Guelta.

---

[27] ROGNON (1961) beschreibt das gleiche Phänomen aus dem Hoggargebirge.

auf etwa 1 km Länge wieder Wasser. Die Oasensiedlung selbst liegt, wie im Falle von Yebbi Bou, hochwassergeschützt auf der unteren Terrasse (Abb. 6). Am Ausgang der Oase ist das folgende Profil, P r o f i l 4 4 a, aufgenommen. Das Profil der in den jüngeren Talbasalt eingeschnittenen jungen Schlucht zeigt einen idealen kastenförmigen Querschnitt mit senkrechten Wänden und fast ebener Sohle. Das erhöhte Hauptniveau der Sohle stellt die untere Terrasse dar.

Die wenig südlich von Yebbi Zouma im Bereich des Unterlaufs eines linken Yebbigué-Nebenflusses entwickelte Schwemmebene besitzt eine große Ähnlichkeit mit der ausgedehnten Schotterschwemmebene südlich von Yebbi Bou, obwohl sie mit nur 2,5 km Länge und 0,5 km Breite eine wesentlich geringere Ausdehnung besitzt. Auf der gesamten Länge weist sie ein gleichsinniges Gefälle von im oberen Teil 1,5 % (P r o f i l 4 2), im unteren 0,5 % (P r o f i l 4 3) auf. Am

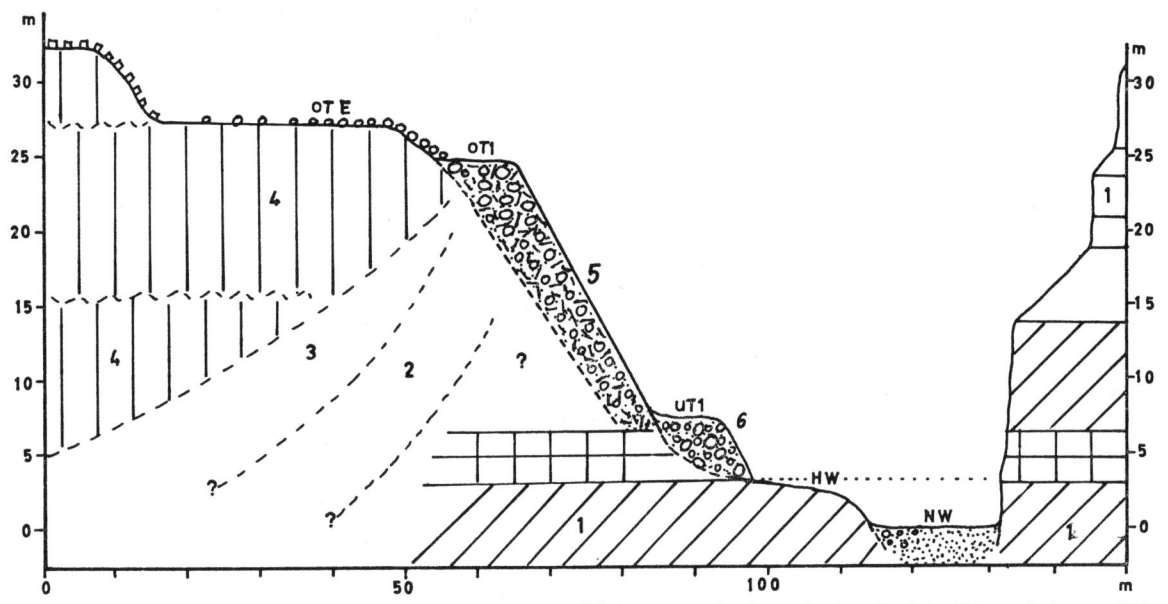

Profil 40 a (1200 m): 1. SN1-Basalte und SCI-Tuffe; 2. gelbliche, zu Sandstein verfestigte fluviale Akkumulation; 3. Frittungs- und roter Boden-Horizont; 4. jüngerer Talbasalt (SN4); 5. Schotterakkumulation der oberen Terrasse; 6. Schotterakkumulation der unteren Terrasse.

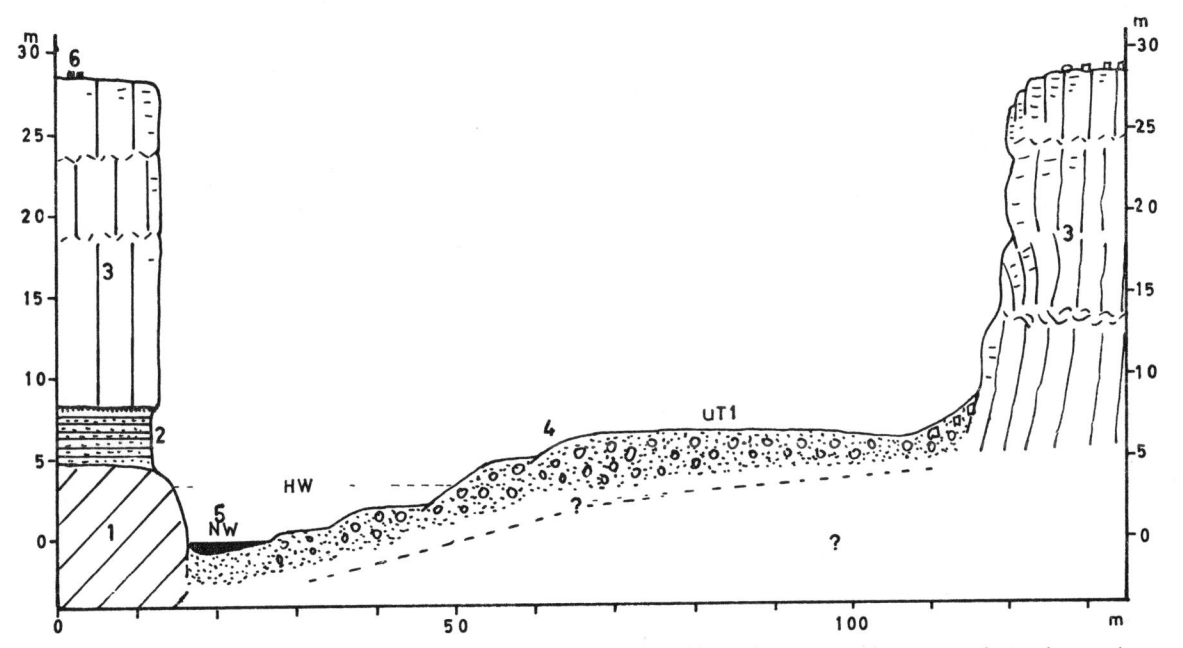

Profil 44 a (1170 m): 1. SCI-Tuffbreccie; 2. feingebankte fluviale Akkumulation (umgelagerter Boden), oben rotbraun, nach unten hellgrau (siehe Kap. 2.1.2); 3. jüngerer Talbasalt (SN4); 4. Sand-Kies-Schotterakkumulation der unteren Terrasse und des Hochwasserbettes; 5. versandetes, wasserführendes Niedrigwasserbett mit dichter Schilfvegetation; 6. Autopiste.

unteren Ende verengt sich die Ebene trichterförmig zu einem 5 bis 6 m tief in den jüngeren Talbasalt eingeschnittenen Gerinne, das bereits nach 100 m über eine 20 m hohe Stufe auf das Niveau der Yebbigué-Schlucht abbricht.

Die Terrassenstratigraphie gleicht, abgesehen von lokalen Besonderheiten, vollkommen derjenigen auf der Schotterschwemmebene von Yebbi Bou: über einer ältesten rotbraunen Akkumulation liegt diskordant eine mächtige, ausgedehnte Akkumulation der oberen und in diese eingeschachtelt eine relativ geringmächtige Akkumulation der unteren Terrasse von viel geringerer Ausdehnung. Gegenüber der Ebene von Yebbi Bou ergeben sich folgende Abweichungen: die rotbraune Akkumulation enthält kaum Schotter, sondern ist überwiegend sandig und stellt vermutlich einen in-situ-Boden dar. Bei der oberen Terrasse ist die Feinmaterialakkumulation des Mittelteils seekreideartig und wesentlich mächtiger entwickelt. Die den Abschluß sowie die Basis bildende Grobmaterialakkumulation tritt in ihrer Bedeutung zurück. Völlige Übereinstimmung besteht dagegen bei den Sedimenten der unteren Terrasse — unverfestigte, graubraune Sande, Kiese und Schotter.

Der bei allen Terrassen erkennbare Hauptunterschied gegenüber der Schotterschwemmebene von Yebbi Bou besteht im wesentlichen in einem stärkeren Überwiegen der feineren Kornfraktionen, was aber leicht mit den feinkörnig verwitternden Gesteinen des Einzugsgebietes erklärt werden kann. Es überwiegen Rhyolithe, Tuffe und Tuffbreccien der Serie SCI, während Basalt kaum vertreten ist. Die Terrassen besitzen, wie das rezente Flußbett, ein gleichsinniges Gefälle. Ihre Mächtigkeiten nehmen bis zur Verengung am unteren Ende der Schwemmebene kontinuierlich ab. Dort, am Beginn der 5 bis 6 m tief in den Basalt geschnitten Rinne, geht die seekreideähnliche Feinmaterialakkumulation des Mittelteils der oberen Terrasse in eine Kalktuffakkumulation über, deren Reste sich an mehreren Stellen in der Rinne sowie an dem 20 m hohen Gefällsbruch zur Yebbigué-Schlucht finden. Ihr Auftreten an diesen Stellen beweist, daß die Rinne sowie der hohe Gefällsbruch un-

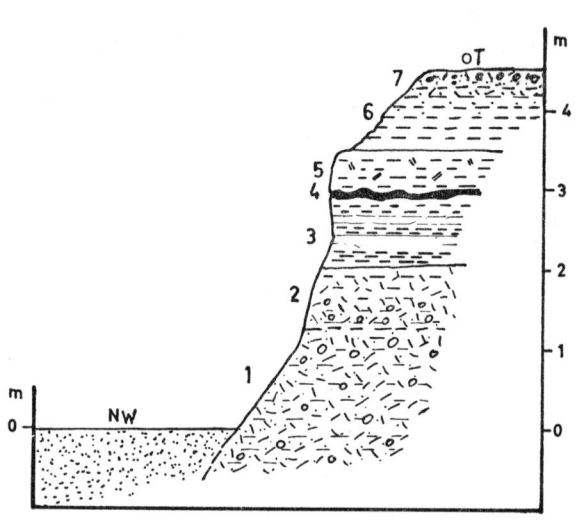

Profil 43 (1210 m): 1. schluffreiche Schutt-Schotterakkumulation; 2. Übergangshorizont; 3. überwiegend Bimsstaubschichten; 4. schwarzes Torfband; 5. äußerlich verkrusteter bodenartiger Horizont; 6. feingebankte Schluffhorizonte, nach oben Zunahme des Feinschuttanteils; 7. schuttreiche Schluffakkumulation als Abschluß, enthält nur wenige gut gerundete Schotter.

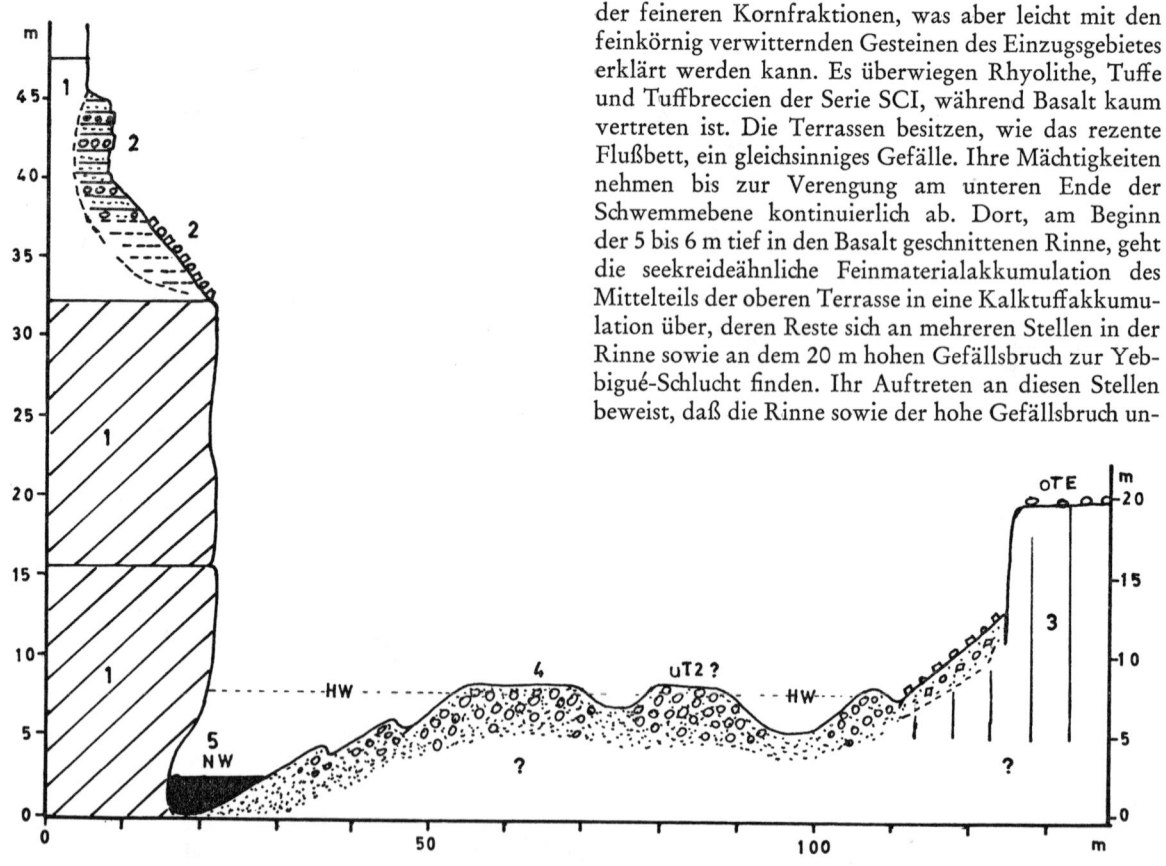

Profil 46 (1140 m): 1. SCI-Tuffe; 2. angelagerte ältere, nicht näher untersuchte fluviale Akkumulation; 3. jüngerer Talbasalt (SN4); 4. Sand-Kies-Schotterakkumulation des rezenten Flußbettes; 5. tief ausgekolkte Niedrigwasserrinne am Prallhang mit Guelta.

gefähr in ihrer heutigen Form schon vor Ablagerung der oberen Terrasse bestanden haben müssen. Eine Bildung der überwiegend seekreideähnlichen oberen Terrasse auf der Ebene infolge Aufstaus durch den jüngeren Talbasaltstrom und damit der Bildung eines „Stausees", wie dies KAISER (1972) postuliert, kann daher nicht in Frage kommen.

Das folgende Profil zeigt den Aufbau der oberen Terrasse (P r o f i l 4 3, Abb. 18).

Unterhalb von Yebbi Zouma bleibt das Yebbigué-Tal breit kastenförmig und verläuft unter Mäanderbildung meist an der Grenze des jüngeren zum älteren Talbasaltstrom. Das Flußbett weist dabei häufig einen „schiefen" Querschnitt auf. Die rezente Talbodenakkumulation in Form von Kies-Schotterbänken ist nur geringmächtig. Terrassenreste treten nur in undeutlichen Spuren und dann stets an Gleithängen auf. Ein Bild dieser Situation vermittelt Abb. 7, die etwa in Höhe von Profil 45 aufgenommen wurde. Wenige km flußab von Profil 45 ändert sich der ruhige Lauf des Yebbigué zusehends. Unter allmählicher Gefällsversteilung des Bettes beginnt das in der Grenzzone zwischen dem alten SCI-Talhang und dem jüngeren Talbasalt eingeschnittene Tal heftig zu mäandrieren, wodurch die hohen SCI-Hänge an den Biegungen, ähnlich den Schluchtabschnitten oberhalb von Yebbi Zouma, zu extremen Prallhängen umgeformt worden sind. Die erste dieser Biegungen wird im folgenden Profil, P r o f i l 4 6, dargestellt.

Charakteristisch ist die extreme Asymmetrie des Flußbettes, die sich darin ausdrückt, daß das Niedrigwasserbett als schmale, stark übertiefte Rinne unmittelbar am Prallhang verläuft und diesen noch etwa 3 m horizontal unterschneidet. Weiterhin charakteristisch ist das kräftige Querrelief des Flußbettes, wobei zwischen Hochwasserbett und der Niedrigwasserrinne eine Sprunghöhe von über 7 m gemessen wurde. Schotterbänke auf der Oberfläche des jüngeren Talbasaltes der rechten Talseite gehören zur oberen Terrasse, während eine fluviale Akkumulation in 35 bis 45 m Höhe über der senkrechten Wand der linken Talseite den Rest einer älteren, nicht näher zu bestimmenden Terrasse darstellt.

Etwa 2 km flußab wurde das folgende Profil, P r o f i l 4 7, aufgenommen.

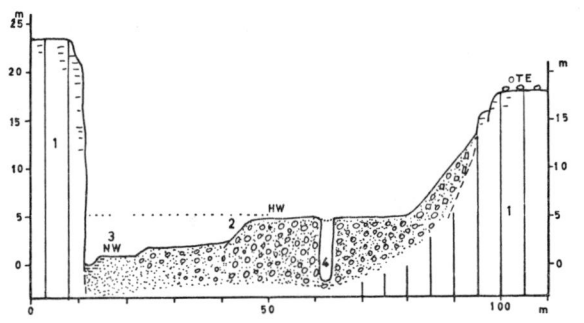

Profil 47 (1130 m): 1. jüngerer Talbasalt (SN4); 2. Grobschotterakkumulation; 3. Sand-Tonakkumulation des Niedrigwasserbettes; 4. 6 m tiefer, halbverfallener Brunnenschacht.

Die Bedeutung des Profils liegt darin, daß ein im Hochwasserbett vorhandener, 6 m tiefer Brunnenschacht Aufschluß über die Mächtigkeit der Talbodenakkumulation gibt. Sie beträgt an dieser Stelle mindestens 6 m und reicht damit noch 2 m tiefer als das rezente Niedrigwasserbett.

Wenig flußab von Profil 47 folgt der enge Mäander von Kiléhégé (P r o f i l 4 8), dessen Prallhang mit weit über 100 m Höhe den in Profil 46 dargestellten Prallhang an Höhe und Schroffheit noch weit übertrifft. Die Heftigkeit der Seitenerosion ist vielleicht am besten an der Breite der Ausraumzone zwischen dem Talbasaltrand auf der Gleitseite und dem Fuß des Prallhanges zu ermessen. Sie beträgt fast 1 km. Auf der Gleitseite bildet die mehr als 15 m hohe, gut erhaltene Schotterakkumulation der oberen Terrasse einen 500 m langen Sporn, der sich flußab in die erosiv erniedrigte untere Terrasse fortsetzt. Unterhalb von Kiléhégé verbreitert sich die Yebbigué-Schlucht zusehends, während jedoch gleichzeitig das Niedrigwasserbett als relativ tiefe Rinne eingeschnitten bleibt und somit eine hohe Fließgeschwindigkeit, verbunden mit rezenter Tiefenerosion erwarten läßt. Wenig oberhalb des Zusammenflusses mit dem Iski/Djiloa ergibt sich folgendes Profil (P r o f i l 4 9).

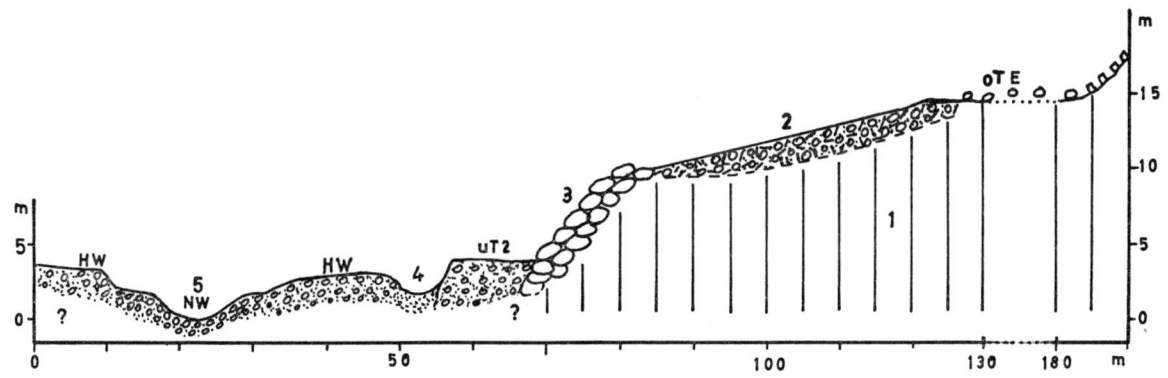

Profil 49 (1110 m): 1. jüngerer Talbasalt (SN4); 2. schluffreiche Schutt-Schotterakkumulation der oberen Terrasse; 3. ausgewitterte Basaltblöcke; 4. versandete Hochwasserrinne; 5. Niedrigwasserbett, ausgekleidet mit dachziegelartig gelagerten Feinschottern.

Das rinnenförmige Niedrigwasserbett, dessen Gefälle 1 % beträgt, ist mit flachen, dachziegelartig gelagerten Schottern von 10 bis 15 cm Durchmesser ausgekleidet. Die am Rande des Hochwasserbettes in dichter Reihe stehenden Tamarisken, sonst überall buschförmig, besitzen hier Stamm und Krone, wobei die dicken Stämme 2 m hoch sein können. Diese seltsame Wuchsform spricht für eine junge Tieferlegung des Flußbettes und zusammen mit der Form des Niedrigwasserbettes für kräftige rezente Erosion in diesem Abschnitt. Die geringmächtige Akkumulation der oberen Terrasse auf dem flachen Basaltgleithang besteht aus faust- bis kopfgroßen, schlecht gerundeten Schottern, viel Feinschutt und sehr viel Feinmaterial und hebt sich damit scharf von den Akkumulationen der unteren Terrasse sowie dem Hochwasserbett ab, die überwiegend aus gut gerundeten Schottern bestehen.

Am Zusammenfluß mit dem Iski/Djiloa ändert sich der Flußbettcharakter der Yebbigué-Schlucht infolge eines deutlichen Gefällsknicks schlagartig. Das Flußbett wird breit und ausdruckslos und dabei gleichzeitig tief verschottert. Der Fluß nimmt dadurch den Charakter eines Tieflandsflusses an. Der Grund für diesen plötzlichen Formenwandel liegt im großen Geröllreichtum des Iski und Djiloa, die beide auf kurzem Wege aus der schuttreichen Hochregion kommen, so beispielsweise der Djiloa aus dem nur 25 km entfernten, über 2500 m hohen Tarso Toon. Die Unterläufe dieser beiden Flüsse besitzen daher ebenfalls breite, tief verschotterte Flußbetten und ausgedehnte fossile Terrassenfluren, so daß der Yebbigué unterhalb des Zusammenflusses eher als Fortsetzung des Iski/Djiloa denn der Yebbigué-Schlucht erscheint. Die Terrassenstratigraphie am Zusammenfluß von Iski und Djiloa ist in folgendem Profil, P r o f i l   5 0, dargestellt.

Das folgende, etwa 1 km unterhalb des Zusammenflusses mit dem Yebbigué aufgenommene Profil, P r o f i l   5 1, der rechten Talseite zeigt eine seekreideähnliche, mächtige Akkumulation, die sich in geschützter Lage im Lee eines Tuff-Felsens erhalten konnte. Die Akkumulation gleicht der flußauf aus dem Yebbigué-Tal beschriebenen Feinmaterialakkumulation der oberen Terrasse.

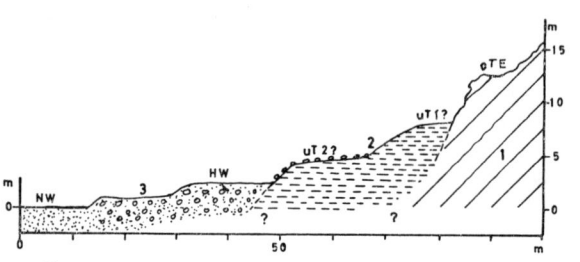

Profil 51 (1100 m): 1. Tuffhärtling der Serie SCk; 2. Feinmaterialakkumulation der oberen Terrasse; 3. Sand-Kies-Schotterakkumulation des rezenten Bettes.

Wenig flußab, im Mittellauf eines kleinen linksseitigen Nebenflusses, tritt die Feinmaterialakkumulation erneut auf, dieses Mal jedoch gut geschichtet und stark verkrustet. Ihr Aufbau — Grobmaterialakkumulation an der Basis, darüber schluffige, zahlreiche eingebackene Schilfreste enthaltende Schichten — gleicht im Prinzip dem Aufbau der oberen Terrasse auf den Schwemmebenen von Yebbi Zouma und Yebbi Bou. Beachtung verdient die Tatsache, daß die Akkumulation in nur 1100 m Höhe entstehen konnte (Profil 53).

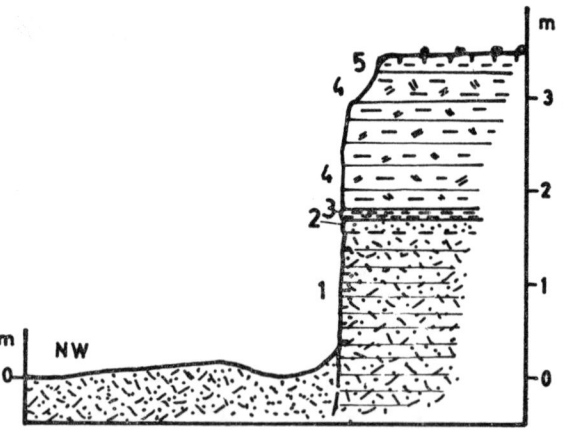

Profil 53 (1120 m): 1. schluffreiche, kalktuffartig verbackene Feinschuttakkumulation; 2. Übergangshorizont; 3. Bimsstaubhorizont; 4. kalkreiche, bodenartige Horizonte; 5. abschließender, stark verkrusteter Horizont, an der Oberfläche Trockenrißpolygone.

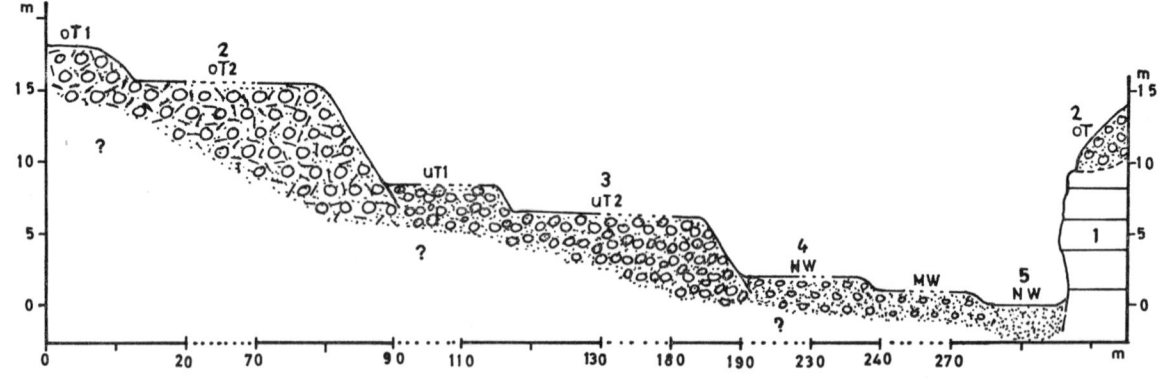

Profil 50 (1110 m): 1. Ignimbritserie von Kiléhégé (SCk); 2. Schotterakkumulation der oberen Terrasse; 3. Kies-Schotterakkumulation der unteren Terrasse; 4. Kies-Schotterakkumulation des Hochwasserbettes; 5. Sand-Tonakkumulation des Niedrigwasserbettes.

Der zwischen Profil 51 und P r o f i l 5 4 gelegene, durch ständige Verbreiterung des Flußbettes gekennzeichnete Abschnitt des Yebbigué-Tales weist folgende Eigenschaften auf: das fast schwemmfächerartig breite Flußbett wird von einer lebhaft mäandrierenden Niedrigwasserrinne sowie von mehreren Hochwasserrinnen 0,5 bis 1 m tief zerschnitten. An den Rändern solcher Rinnen stehen Tamariskenbüsche in dichter Reihe. Im Gegensatz zu den baumartigen Formen in der Yebbigué-Schlucht in Höhe von Profil 49 sind sie hier niedrig buschförmig entwickelt. Gleiches gilt für die zahlreichen Akazien des Hochwasserbettes, die nicht ihre charakteristische Hochstämmigkeit, sondern niedrigen, gedrungenen Wuchs zeigen. Dabei fällt auf, daß es gerade die älteren Bäume sind, die meist bis zur Krone in Talbodensedimenten stecken, während die jungen Bäume noch relativ hochstämmig erscheinen. Dieses Phänomen kann nur mit kräftiger rezenter Akkumulation in diesem Flußabschnitt erklärt werden. Einen weiteren Beweis für diese Annahme liefern die sehr breiten Flußbetten der Nebenflüsse sowie einige rezent noch in voller Breite überformte kleine Schwemmfächer, die beide auf einen kräftigen Aufstau durch den Yebbigué hindeuten. Besonders die noch intakten Schwemmfächer stehen in völligem Gegensatz zu den sonst überall im Arbeitsgebiet gegenwärtig in kräftiger Zerschneidung begriffenen Schwemmfächern (BUSCHE, 1972, 1973). Überall an den Rändern des Flußbettes findet sich in zusammenhängenden Resten die obere Terrasse, deren schotterbedeckte Hänge flußabwärts in zunehmendem Maße von einem dünnen, blaugrauen Schleier äolisch transportierten Sandes überzogen sind. Dies läßt auf erhebliche Windwirkung auf dem breiten Talboden schließen. Die Mächtigkeit der Terrassenakkumulation kann nur geschätzt werden, da sie überall unmittelbar an das rezente Flußbett grenzt. Vermutlich reicht sie erheblich tiefer. Ebenso ungewiß ist die Mächtigkeit der Talbodenakkumulation, die gegenüber Profil 47, wo sie mindestens 6 m beträgt, mit Sicherheit erheblich zugenommen hat und mehr als 10 m betragen dürfte.

Die Bedeutung des folgenden und letzten Profils, P r o f i l 5 4, das eine isoliert stehende Basaltkuppe anschneidet, liegt vor allem im Vorhandensein eines höheren Niveaus in fast 30 m Höhe, das infolge der Bedeckung mit gut gerundeten, halbmetergroßen Basaltschottern als älteres Terrassenniveau anzusprechen ist.

Mehrere dieser Basaltschotter weisen auf ihren Flachseiten zahlreiche Rindergravuren auf, die teilweise abgeschliffen erscheinen und daher möglicherweise einem nachträglichen fluvialen Transport unterworfen waren.

3.2.4.1 Zusammenfassung und Deutung

1. Zwischen Yebbi Bou und dem Zusammenfluß mit dem Iski/Djiloa besitzt der Yebbigué bei einer Entfernung von 30 km und einem Höhenunterschied von 250 m ein mittleres Gefälle von etwas über 0,8 %. In Höhe des Zusammenflusses mit dem Iski/Djiloa verringert sich das Gefälle schlagartig auf etwa 0,4 % — ein Wert, der bis in Höhe von Profil 54 ungefähr konstant bleibt. Die Basaltschlucht, die teilweise im älteren, teilweise im jüngeren Talbasalt ausgebildet ist, besitzt eine typische Kastentalform mit meist senkrechten Wänden und relativ breitem, ebenem Boden. Der Talabschnitt unterhalb des Zusammenflusses mit dem Iski/Djiloa dagegen besitzt Sohlentalcharakter.

2. Im gesamten Talbereich können die untere und vor allem die obere Terrasse durchgehend verfolgt werden. Eine noch ältere, rotbraun verwitterte Terrasse findet sich in einem Rest auf der Schwemmebene von Yebbi Zouma. Die untere Terrasse erreicht Sprunghöhen zwischen 5 und 8 m und besteht, wie im Schluchtabschnitt oberhalb von Yebbi Bou, aus einer unverfestigten, nahezu unverwitterten Kies-Schotterakkumulation, die nirgends eine größere Mächtigkeit aufweist. Die obere Terrasse dagegen erreicht Sprunghöhen zwischen 15 und 20 m, im Extremfall, wie etwa unterhalb der Einmündung des Timi in den Yebbigué, sogar über 25 m. Die Mächtigkeit ihrer Akkumulation beträgt in der Regel mehr als 10 m; unterhalb der Einmündung des Iski/Djiloa entspricht die Mächtigkeit der gesamten Sprunghöhe der Terrasse, d. h. sie beträgt mindestens 15 m.

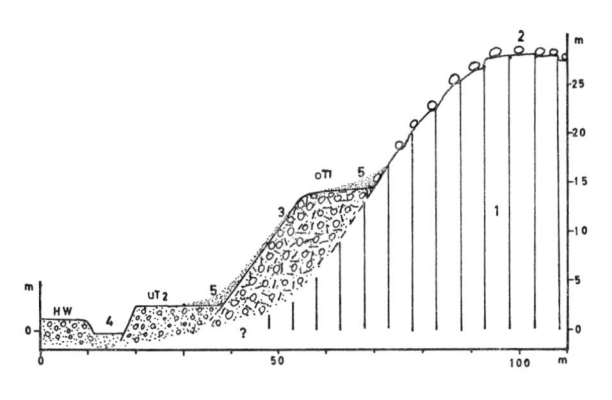

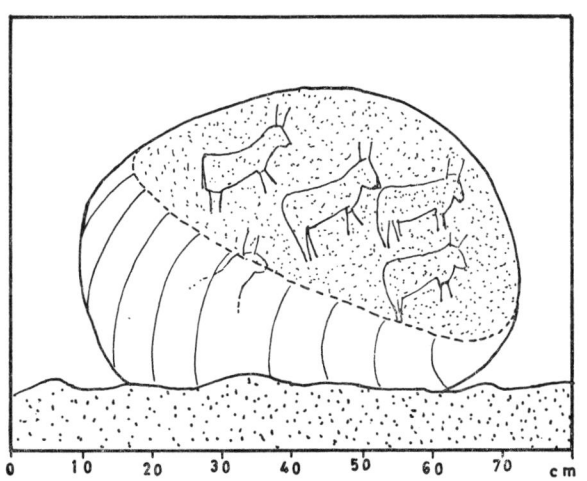

Profil 54 (1080 m): 1 alter SN1-Basalt; 2. älteres Schotterniveau, Schotter mit Rindergravuren (siehe Detailskizze); 3. schluffreiche Schotterakkumulation der oberen Terrasse; 4. Hochwasserrinne; 5. angewehter feiner, blaugrauer Sand.

Rein äußerlich besitzt die obere Terrasse im gesamten Talbereich unterhalb von Yebbi Bou stets den Charakter einer Schotterterrasse. Bei der Untersuchung zeigte es sich jedoch, daß die Terrasse einen hohen Anteil ungerundeter Bestandteile sowie sehr viel Feinmaterial enthält. Von Ausnahmen abgesehen bilden daher Schotter in dichter Lage nur die äußere Hülle des Terrassenkörpers, die nach Art des Wüstenpflasters[28] durch selektive Anreicherung der Grobbestandteile entstand. Die typische Feinmaterialfazies der oberen Terrasse ist in Form seekreideähnlicher Sedimente besonders ausgedehnt im Mündungsbereich des Timi entwickelt. Hier finden sich auch an die Schluchtwand angebackene Kalktuffreste von genau der gleichen Art wie in der Schlucht bei Yebbi Bou. Ein tiefstes Vorkommen der Feinmaterialfazies der oberen Terrasse findet sich in Form stark verkrusteter, gutgeschichteter Sedimente noch in 1100 m Höhe an einem kleinen Gerinne.

3. Für die Yebbigué-Schlucht bedeutet die Akkumulation der oberen Terrasse eine starke Verschüttung, deren Höhe in mehreren Schluchtabschnitten bis zur Taloberkante reichte und somit bewirkte, daß die Schlucht als Form nicht mehr vorhanden war. Die Schlucht, wie sie vor der Verschüttung bestanden hatte, glich im wesentlichen der heutigen in der Form und meist auch in der Tiefe, worauf der häufig bis in die Nähe des rezenten Talbodens reichende Akkumulationskörper hinweist. Dies gilt auch im wesentlichen für die Schluchtabschnitte im jüngeren Talbasalt, etwa in Höhe der Einmündung des Timi, obwohl dort noch eine deutliche, nachträgliche Tieferlegung des Talbodens festzustellen ist. Diese beträgt beispielsweise in Höhe von Profil 40 a nahezu 7 m. Auch die Bildung der Schlucht im jüngeren Talbasalt muß daher im wesentlichen vor der Verschüttung durch die obere Terrasse erfolgt sein. Da andererseits aber die für die Oberfläche des älteren Talbasalts charakteristische intensive Rotbraunverwitterung auf dem jüngeren Talbasalt fehlt, muß die Schlucht zwischen dieser ausgeprägten Bodenbildungsphase und der Verschüttung durch die obere Terrasse entstanden sein.

4. Angesichts des geringen Alters der mächtigen Verschüttung von weniger als 10 000 Jahren (vgl. 14-C-Datum 8180 J. b. p.) und der Tatsache, daß sie bis heute wieder weitgehend ausgeräumt worden ist, ja der Talboden sogar noch tiefergelegt wurde, läßt sich auf eine hohe Intensität der Tiefenerosion in der gesamten Schluchtstrecke schließen. Hinweise auf eine gegenwärtig noch sehr kräftige Tiefenerosion sind das häufig sehr unregelmäßige Querrelief des Flußbettes mit tief eingeschnittener Niedrigwasserrinne und starker Unterscheidung sowie Auskolkung an Prallhängen und die meist nur geringe Mächtigkeit der Talbodenakkumulation. Schluchtstrecken, in denen sie in etwas größerer Mächtigkeit auftritt, stellen Durchtransport-, nicht jedoch Akkumulationsstrecken dar.

---

[28] Vgl. ausführliche Diskussion zum Wüstenpflasterproblem bei BUSCHE (1973).

5. Eine grundlegende Änderung des Flußbettcharakters beginnt sich in Höhe von Kiléhégé abzuzeichnen (1120 m). Das Flußbett wird zunehmend breiter und enthält eine Talbodenakkumulation von in Profil 47 mindestens 6 m Mächtigkeit. Geradezu eine sprunghafte Verbreiterung erfolgt jedoch unterhalb der Einmündung von Iski/Djiloa, wo der Yebbigué den Charakter eines Tieflandsflusses annimmt. In diesem Abschnitt beträgt die Mächtigkeit der Talbodenakkumulation vermutlich weit mehr als 10 m. Es herrscht im Gegensatz zu der gesamten Schluchtstrecke des Yebbigué in diesem Abschnitt gegenwärtig eine ausgeprägte Tendenz zur Akkumulation, wie aus den aufgestauten Nebenflüssen und noch intakten kleinen Schwemmfächern sowie vor allem aus den einsedimentierten Akazien zu ersehen ist.

6. Spuren von Windwirkung im Flußbett konnten bis in eine Höhe von 1300 m (Profil 31) beobachtet werden. Es handelt sich dabei um dünenartige Anhäufungen kleiner Feinsand- und Staubmengen auf dem Hochwasserbett sowie von Sandschleiern auf Terrassenhängen. Für die Entstehung solcher äolischen Ablagerungen, die durch Auswehungen aus dem Flußbett entstanden sind, spielen in erster Linie günstige orographische Verhältnisse eine Rolle. Eine Höhenstufung der äolischen Formungsintensität tritt dagegen infolge der geringen Höhendistanz der untersuchten äolischen Vorkommen von nur 200 m stark zurück. Hinweise auf Schliffwirkung des Windes, etwa in Form von Windkantern im Flußbett oder von polierten Flächen der Schluchthänge konnten nirgends gefunden werden.

3.2.5 Ergebnisse

3.2.5.1 Zusammenfassende Deutung der jungen Flußterrassen (Aufbau, Vorkommen, Bildungsbedingungen, Vergleich)

Im Einzugsgebiet des oberen Yebbigué treten drei deutlich zu unterscheidende junge Flußterrassen auf:

1. eine nur in wenigen, unzusammenhängenden Resten erhaltene, intensiv rotbraun verwitterte, nicht näher bezeichnete Schotterterrasse;

2. eine zusammenhängende, mächtige, schwach graubraun verwitterte „obere" Terrasse, die einen mehrgliedrigen Aufbau besitzt;

3. eine ebenfalls zusammenhängende, jedoch geringmächtige und fast unverwitterte „untere" Terrasse, die als einfach aufgebaute Schotterterrasse ausgebildet ist.

Zu 1: Die rotbraun verwitterte Terrasse tritt nur im Bereich der älteren Talbasaltschlucht des Yebbigué, so etwa bei Yebbi Bou auf; im Bereich der jüngeren Talbasaltschlucht, etwa oberhalb und unterhalb von Yebbi Zouma, fehlt sie dagegen völlig. Die Terrasse muß daher älter sein als die junge Talbasaltschlucht des Yebbigué. Ihre Bildung erfolgte demnach in der Zeit zwischen der Entstehung der älteren und der jüngeren Yebbigué-Schlucht. Zwei Akkumulationsreste der Terrasse finden sich auf der unteren Schotterschwemmebene südlich von Yebbi Bou (Profil 12) sowie im Oberlauf der anschließenden Basaltschlucht (Profil 21). Hier erreicht die Terrasse eine Sprunghöhe von fast 20 m. Die weiteren Vorkommen auf schluchtrandnahen Teilen der Talbasaltoberfläche bei Yebbi Bou stellen infolge der nur geringmächtigen Schotterauflage Erosionsniveaus dar. Ihre Sprunghöhe zum rezenten Flußbett beträgt 20 bis 25 m. In Anbetracht dieser großen Sprunghöhe wird die Terrasse, in Anlehnung an BÖTTCHER (1969) und ERGENZINGER (1969), die eine ähnliche Terrasse aus dem südlich an das Arbeitsgebiet grenzenden Miski-Gebiet beschreiben, „Oberterrasse" genannt (vgl. GRUNERT, 1972).

Ihr Kennzeichen und gleichzeitig auch das Unterscheidungsmerkmal gegenüber den jüngeren Flußterrassen ist die intensiv rotbraun gefärbte, schluffig-tonige Matrix, in die die stark verwitterten, teilweise sogar zerfallenen Basaltschotter eingebettet sind. Die rotbraune, bis fast 2 m tief reichende Färbung der Matrix kann nur in einer ausgeprägten Bodenbildungsphase entstanden sein, die sich nach der Ablagerung der Schotter ereignete. Dies folgt aus dem hohen Verwitterungsgrad und teilweise in-situ-Zerfall der Schotter, beides Befunde, die eindeutig gegen einen gleichzeitigen oder gar erst nach der Bodenbildungsphase erfolgten fluvialen Transport sprechen.

Die rotbraune Terrasse stellt daher ein zweiphasiges Gebilde dar, das als fluviale Schotterterrasse entstand und nachträglich von einer kräftigen Bodenbildung überprägt wurde. Aufgrund der tiefreichenden Verwitterung muß mit einer langen Dauer dieser Bodenbildungsphase gerechnet werden. Färbung (10R 4/6), Struktur und Verwitterungsgrad des Bodens sprechen dafür, daß die Bodenbildung nicht unter einem tropisch, sondern eher mediterran getönten Klima erfolgte. Die gleiche Ansicht vertreten BUSCHE (1973, u. a. aufgrund des Tonmineralgehalts) sowie KAISER (1972).

Ähnlich rotbraun verwitterte Flußterrassenreste beschreiben BÖTTCHER (1969) aus dem Einzugsgebiet des südlich an das Arbeitsgebiet grenzenden Miski-Gebietes („Oberterrasse") und GABRIEL (1970, 1972) aus dem Flußgebiet des Dilennao im West-Tibesti („Obere Oberterrasse"). Auch vergleichbare rotbraun gefärbte Hangschuttreste werden aus dem West-Tibesti (ERGENZINGER, 1972; PACHUR, 1970) sowie aus dem Mouskorbé-Gebiet im Nordost-Tibesti (MESSERLI, 1972) beschrieben. MESSERLI spricht hierbei von „Braunböden" (5 YR 5/4) auf Solifluktionsschutt. Auch aus dem weiteren Umkreis des Tibestigebirges werden ähnlich gefärbte Bodenrelikte beschrieben, so etwa von PACHUR (1972) aus der Serir Tibesti (ebenso ZIEGERT, 1969) und von KALLENBACH (1972) aus dem westlichen Fezzan (Djebel Messak). KALLENBACH konnte den mediterranen Charakter der Bodenrelikte u. a. anhand von Tonmineraluntersuchungen eindeutig nachweisen. Rotbraun gefärbte Bodenrelikte mediterranen Charakters sind auch aus dem Hoggar-Gebirge bekannt (ROGNON, 1967). Nach Angaben ROGNONs stellen außerdem die „Braunlehmrelikte" des Atakor (KUBIENA, 1955; BÜDEL, 1955) keine tropischen, sondern auch mediterrane Bodenrelikte dar.

Zu 2: Die obere Terrasse dagegen besitzt im gesamten Flußgebiet des oberen Yebbigué einen zusammenhängenden Akkumulationskörper und stellt daher die morphologisch weitaus bedeutendste Flußterrasse dar. Sie wird deshalb „Hauptterrasse" genannt (vgl. GRUNERT, 1972). Ihre Sprunghöhe erreicht in der Caldera des Tieroko-Massivs in 2000 m Höhe 30 m, erniedrigt sich bis zum Fuß des Massivs (1640 m) auf 18 m und beträgt am sehr gefällsarmen Nordostende der großen Vorlandschwemmebene (1500 m) nur noch knapp 2 m. In der gesamten anschließenden Talbasaltschlucht des Yebbigué beträgt die Sprunghöhe der Terrasse durchschnittlich 15 bis 17 m. Einen Extremwert erreicht sie an der Einmündung des Timi, wo sie auf kurzer Strecke bis auf 25 m ansteigt.

Die Terrasse besitzt einen typischen dreigliedrigen Aufbau, mit einer schluffreichen Grobmaterialakkumulation an der Basis, einer gut geschichteten Feinmaterialakkumulation im Mittelteil und erneut einer schluffreichen Grobmaterialakkumulation im oberen Teil als Abschluß der Terrasse.

Dieser Aufbau ist in den Schluchten des Tieroko-Massivs sowie auf dessen großer Vorlandschwemmebene und in der anschließenden Talbasaltschlucht bis Yebbi Bou nachzuweisen, wo die Feinmaterialakkumulation des Mittelteils allerdings als Kalktuffakkumulation ausgebildet ist. In der gesamten Schluchtstrecke des Yebbigué unterhalb Yebbi Bou bis in Höhe von Profil 54 am Nordrand des Kartierungsgebietes dagegen ist diese Terrasse zumindest äußerlich als reine Schotterterrasse ausgebildet. Schürfungen am Terrassenhang ließen zwar einen hohen Schluff- und Feinschuttgehalt, jedoch keine deutliche Schichtung erkennen.

Die einfach aufgebaute basale sowie abschließende Grobmaterialakkumulation der Terrasse im Oberlauf des Flusses vom Tarso Tieroko bis Yebbi Bou enthält nur wenige, gut gerundete Basaltschotter, dafür aber einen sehr hohen Anteil an kaum gerundeten Geröllen von 1 bis 10 cm Durchmesser. Alle Grobbestandteile, die an der Oberfläche liegen, besitzen eine millimeterdicke, intensiv dunkelbraun gefärbte Verwitterungsrinde (vgl. HABERLAND, 1970; HAGEDORN, 1971). Die Akkumulation selbst ist graubraun gefärbt und kaum verwittert (vgl. BUSCHE, 1972, 1973).

Im Gegensatz dazu besitzt die Feinmaterialakkumulation des Mittelteils der Terrasse einen komplizierten Aufbau, der auf der Schotterschwemmebene im Vorland des Tarso Tieroko eine Gliederung in Bims, Torf und bodenähnliche, äußerlich meist stark verkrustete Schichten, in der anschließenden Schluchtstrecke bis Yebbi Bou eine Gliederung in eine Kalktuffakkumulation und Seekreideschichten erkennen läßt. Die Verknüpfung der gut geschichteten Feinmaterialakkumulation auf der Schotterschwemmebene mit der Kalktuffakkumulation in der anschließenden Schlucht ist über den Schluchtanfang (1500 m) hinweg einwandfrei möglich.

Solche Kalktuffbildungen der oberen bzw. Hauptterrasse treten lokal noch an einigen Stellen im Yebbigué-Tal auf, so an der Einmündung des Timi (1220 m) sowie des Nebenflusses bei Yebbi Zouma (1180 m) in den Yebbigué und an einem kleinen Gerinne in 1120 m Höhe (Profil 53). Ihr Vorkommen umfaßt damit im Arbeitsgebiet ein Höhenintervall von mindestens 300 m. Ähnliche Kalktuffbildungen in vergleichbarer Höhe sind auch aus dem West-Tibesti, so aus dem Dirennao in 1200 m (GABRIEL, 1970, 1972) und aus dem Bardagué bei Bardai in 1000 m (JÄKEL, 1974) sowie aus dem Hoggar-Gebirge in 1900 bis 2000 m (ROGNON, 1961, 1967) bekannt.

Mit Ausnahme der Bimsschichten zeichnen sich alle Schichten der Feinmaterial- bzw. Kalktuffakkumulation durch einen hohen Gehalt an pflanzlichen und tierischen Fossilien sowie Pollen aus. An pflanzlichen Resten finden sich vor allem Schilfabdrücke; an tierischen Fossilien Schalen von Süßwasser- und Landschnecken sowie von Ostrakoden, und an Pollen solche von mitteleuropäischen und mediterran-montanen Baumarten, die heute infolge zu großer Trockenheit an keiner Stelle im Gebirge mehr vorkommen (SCHULZ, 1970, 1973). Schilf in größeren Beständen sowie Schnecken [29] kommen dagegen heute noch im Gebirge vor. Besonders groß ist der Gehalt an Schneckenschalen in den mit der Kalktuffakkumulation der Schlucht bei Yebbi Bou vergesellschafteten Seekreiden. Eine 14-C-Datierung dieser Schnecken (Profil 20) ergab ein Alter von 8180 ± 70 J. b. p.

Der mächtige Terrassenkörper, aus dessen oberem Mittelteil die 14-C-Datierung stammt, ist daher sehr jung. Vermutlich setzte die Schüttung des Terrassenkörpers nicht vor 15 000 Jahren b. p., vielleicht sogar erst um 10 000 J. b. p. ein. Einen Anhaltspunkt hierfür gibt eine 14-C-Datierung von der Basis eines ähnlichen Terrassenkörpers im westlich an das Arbeitsgebiet grenzenden Zoumri-Gebiet mit einem Alter von 14 055 ± 135 J. b. p. (MOLLE, 1971). Andererseits ist dort um 7000 J. b. p. bereits wieder mit einem Ende der Akkumulation zu rechnen, wie aus der 14-C-Datierung einer Kalkkruste mit 7380 ± 110 J. b. p. im obersten Bereich des Terrassenkörpers hervorgeht (MOLLE, 1971).

Fossilien- und Pollengehalt der Akkumulation sowie die Tatsache, daß es zur Kalktuffbildung in größerem Umfang kam, lassen Klimabedingungen erwarten, die sich von den heutigen durch mehrfach höhere Jahresniederschläge, eine andere Niederschlagsverteilung und einen anderen Niederschlagscharakter sowie wesentlich tiefere Jahresmitteltemperaturen un-

terscheiden (Nordpluvial). Die Jahresniederschläge dürften bei einer vermutlich gleichmäßigen Verteilung über das ganze Jahr (WINIGER, 1972) wenigstens 200 mm betragen haben. Heute betragen sie bei allerdings extremen jährlichen Schwankungen in 1500 m Höhe im Arbeitsgebiet 40 bis 60 mm. Bei einer solchen Niederschlagsverteilung wäre gleichzeitig eine stärkere Bewölkung, eine spürbare Temperaturerniedrigung und damit eine vermutlich starke Abnahme der Verdunstung während des ganzen Jahres zu erwarten — ein Zusammenhang, der von vielen Autoren (ERGENZINGER, 1968; HAGEDORN, 1971; HÖVERMANN, 1954, 1972; KAISER, 1972; MESSERLI, 1972; u. a.) hervorgehoben wird. Was den Niederschlagscharakter betrifft, so ist im Vergleich zu heutigen Verhältnissen mit einer Abnahme der Starkregenfälle und einer gleichzeitigen erheblichen Zunahme der wenig ergiebigen Landregen zu rechnen.

Weiterhin ist damit zu rechnen, daß die Winterniederschläge überwiegend als Schnee fielen und sich somit eine vermutlich mehrere Wochen überdauernde Schneedecke bildete. Als Beweis für diese Annahme können die in der Hochregion des Tibestigebirges nachgewiesenen vorzeitlichen Nivationsformen (HÖVERMANN, 1972; MESSERLI, 1972) gelten. Ähnliche vorzeitliche Nivationsformen beschreibt ROGNON (1967) aus der Hochregion des Hoggar-Gebirges. Für die fluviale Formung bedeutete dies eine vermutlich kräftige Intensivierung zur Zeit der Schneeschmelze im Frühjahr.

Rezente Klima- und Formungsbedingungen, die diesem Vorzeitklima und den daraus resultierenden vorzeitlichen Formungsbedingungen im Tibestigebirge in etwa entsprechen, finden sich nach QUEZEL (1965) im Atlasgebirge. Gleiches gilt nach QUEZEL und ROGNON (1966) für das Vorzeitklima des Hoggar-Gebirges. Angesichts der ausgesprochen kontinentalen Lage des Tibestigebirges erscheint es jedoch fraglich, ob dessen Vorzeitklima dem ozeanisch geprägten Jetztzeitklima des Atlasgebirges überhaupt entsprechen kann. Wahrscheinlicher ist eine Ähnlichkeit dieses Vorzeitklimas mit dem kontinental getönten Jetztzeitklima der osttürkischen und westpersischen Gebirge (SCHARLAU, 1958) sowie teilweise zumindest mit den Gebirgen Mittelasiens.

Eine mit der oberen bzw. Hauptterrasse des Yebbigué in Sprunghöhe, Aufbau und Alter (14-C-Datierungen) **vergleichbare Flußterrasse** findet sich auch in anderen Bereichen des Tibestigebirges. So beschreiben BÖTTCHER (1969) und ERGENZINGER (1969) eine entsprechende „Hauptterrasse" aus dem südlich an das Arbeitsgebiet grenzenden Flußgebiet des Miski und JANNSEN (1970) eine ganz ähnliche Terrasse („Hauptterrasse") aus dem westlich des Arbeitsgebiets gelegenen Tarso Voon in 2000 bis 2500 m Höhe. MESSERLI (1972) erwähnt aus dem nordöstlich an das Arbeitsgebiet grenzenden Mouskorbé-Gebiet Ablagerungen einer Seephase in 2600 m Höhe, die mit 8530 ± 100 J. b. p. datiert sind und mit der verkrusteten Feinmaterialakkumulation auf der Schotterschwemmebene im östlichen Tieroko-Vorland bzw. der Kalktuffakku-

---

[29] Es handelt sich um zwei Arten, die bisher lebend im Tibestigebirge gefunden wurden, so um *Bulinus truncatus* in einer Guelta bei Zouar und um *Melanoides tuberculata* in einer Therme bei Aozou (BÖTTCHER et al., 1972, S. 211).

mulation in der Schlucht oberhalb Yebbi Bou übereinstimmen. Diese Feinmaterialakkumulation und damit die obere bzw. Hauptterrasse des Yebbigué stimmt weiterhin mit der aufgrund von 14-C-Daten gleichalten „Mittelterrasse" des Zoumri (MOLLE, 1971, 1969), Bardagué (JÄKEL, 1967, 1971, 1972) und Toudoufou/Fochi (OBENAUF, 1967, 1971) im West-Tibesti überein. Zugleich besteht jedoch auch eine fazielle Ähnlichkeit der oberen bzw. Hauptterrasse der Yebbigué-Schlucht unterhalb von Yebbi Bou mit der von MOLLE, JÄKEL und OBENAUF beschriebenen „Oberterrasse" im West-Tibesti, die als Sand-Kies-Schotter-Terrasse ausgebildet ist.

Weiterhin entsprechen der Terrasse zumindest teilweise die „Untere Oberterrasse" und die „Obere Mittelterrasse" des Dirennao (GABRIEL, 1970, 1972) sowie die „obere Terrasse" im Gebiet des Puits Tirenno (HÖVERMANN, 1972), beides Lokalitäten im Nordwest-Tibesti (Tarso Ourari). Auf der Südwestabdachung des Gebirges findet sich die vermutlich gleiche Terrasse als „Oberterrasse" (HAGEDORN, 1971, S. 79) sowie „braunes Sediment" (BRIEM, 1970) im Enneri Wouri. Im südlichen Vorland des Tibestigebirges konnte ERGENZINGER (1969) eine Verzahnung der „Hauptterrasse" des Miski mit den mächtigen Sedimenten des Paläo-Tchadsees, deren Alter etwa zwischen 12 000 und 7000 J. b. p. liegt, nachweisen. Eine Verzahnung der Hauptterrasse des Yebbigué mit den altersmäßig vergleichbaren Seesedimenten des nördlichen Tibesti-Vorlandes (PACHUR, 1972) liegt vermutlich ebenfalls vor.

Außerhalb des Tibestigebirges wird eine der oberen bzw. Hauptterrasse des Yebbigué vergleichbare Flußterrasse aus dem Hoggar-Gebirge als „terrasse graveleuse" bzw. „terrasse moyenne" (ROGNON, 1967) beschrieben. MENSCHING (1970, S. 120) bezeichnet die vermutlich gleiche Terrasse als „Hauptterrasse", BÜDEL (1955) als „Mergelsandterrasse". Eine im Air-Gebirge vorkommende vergleichbare „Schutt- und Schotterterrasse" wird von GIESNER (1970) und MENSCHING (1970) gleichfalls als „Hauptterrasse" bezeichnet. Weiterhin kann als eine der Beschreibung nach vergleichbare Terrasse die „Mergelsandterrasse" im Sinai-Gebirge (BÜDEL, 1954) sowie die „Oberterrasse" im Anti-Libanon (ABDUL-SALAM, 1966) angesehen werden. Ferner ist es wahrscheinlich, daß die „große Talverschüttung" im Danakil-Gebiet Äthiopiens (SEMMEL, 1971) ebenfalls der oberen bzw. Hauptterrasse des Yebbigué im Tibestigebirge entspricht.

Zu 3: Ähnlich wie die obere bzw. Hauptterrasse ist auch die untere Terrasse im gesamten Flußgebiet des oberen Yebbigué zusammenhängend vorhanden. Sie stellt die jüngste, morphologisch gut unterscheidbare Terrasse dar und wird daher als Niederterrasse bezeichnet (vgl. GRUNERT, 1972). Ihre Sprunghöhe erreicht in der Caldera des Tieroko-Massivs in 2000 m Höhe den Maximalbetrag von 10 m, erniedrigt sich bis zum Fuß des Massivs in 1640 m auf 6 m und beträgt am sehr gefällsarmen Nordostende der großen Vorlandschwemmebene in 1500 m nur noch 60 bis 70 cm. In der gesamten anschließenden Talbasaltschlucht des Yebbigué beträgt die Sprunghöhe der Terrasse 6 bis 7 m. Die Terrasse weist damit überall eine Sprunghöhe von etwa einem Drittel der Sprunghöhe der oberen bzw. Hauptterrasse auf.

Ihr Terrassenkörper ist im Gegensatz zu dem der oberen bzw. Hauptterrasse sehr einfach aufgebaut. Er besteht nur aus einer unverfestigten, nahezu unverwitterten Schotterakkumulation. Die Schotter weisen eine chaotische Lagerung auf und sind sehr gut zugerundet. Die Mächtigkeit des Terrassenkörpers beträgt im Tieroko-Massiv sowie auf dessen östlicher Vorlandschwemmebene im Durchschnitt nur etwa 2 m. Der Terrassenkörper liegt hier überall diskordant einem Sockel der stark erniedrigten oberen bzw. Hauptterrasse auf. Diese Lagerung gilt auch für die anschließende Talbasaltschlucht bis Yebbi Bou, wo der meist geringmächtige Schotterkörper diskordant der Kalktuffakkumulation aufliegt. In der gesamten Talbasaltschlucht des Yebbigué unterhalb Yebbi Bou entspricht die Mächtigkeit des Terrassenkörpers jedoch ungefähr der Sprunghöhe der Terrasse, d. h. seine Basis reicht fast bis zum rezenten Flußbett.

Die Akkumulation besitzt ein sehr geringes Alter, wie aus ihrer Lagerung auf dem stark erniedrigten Sockel der oberen bzw. Hauptterrasse hervorgeht. Unter der Annahme einer Beendigung des Aufbaus des Hauptterrassenkörpers etwa um 7000 J. b. p. (14-C-Datierung aus dem oberen Mittelteil mit 8180 ± 70 J. b. p.) und einer Zeitdauer für dessen Zerschneidung bis auf ein Drittel oder Viertel seiner ursprünglichen Mächtigkeit von mindestens 2000 Jahren kann frühestens um 5000 J. b. p. der Aufbau des Schotterkörpers der unteren bzw. Niederterrasse eingesetzt haben.

Die Klima - und damit Formungsbedingungen zur Zeit dieser Terrassenaufschüttung können sich nicht wesentlich von den heutigen unterschieden haben. Dies geht aus einem Vergleich der Terrassensedimente mit den Sedimenten des rezenten Flußbettes hervor. Der Unterschied besteht lediglich darin, daß die Terrassenschotter im Durchschnitt erheblich größer und besser zugerundet sind als die des rezenten Flußbettes — ein Befund, der auf ein niederterrassenzeitlich stärkeres Abkommen der Flüsse und damit auf stärkere Regenfälle hindeutet.

Es ist naheliegend, diese stärkeren Regenfälle im Tibestigebirge durch ein im Vergleich zur Gegenwart weiteres Vordringen der tropischen sommerlichen Monsunfront nach Norden zu erklären (Südpluvial). Dies war in einer von zahlreichen Autoren (CONRAD, 1963; FAURE, 1966; MALEY, 1973; MAUNY, 1956; u. a.) nachgewiesenen, etwa zwischen 5000 und 3000 J. b. p. gelegenen „neolithischen Feuchtphase" vermutlich auch der Fall. In dieser Feuchtphase war die Südgrenze der Sahara um mehrere hundert Kilometer nach Norden verschoben. Zugleich erfolgte auch ein Wiederanstieg des weitgehend ausgetrockneten Paläo-Tchadsees während des sogenannten Bahr-el-Gazal-Stadiums (ERGENZINGER, 1969). Andererseits besteht auch die Möglichkeit, die stärkeren niederterrassenzeitlichen Regenfälle durch das Zusammentreffen kühler ektropischer Luftmassen mit der warmen Tropikluft im Verlauf stärkerer frühsommerlicher bzw. frühherbstlicher Kaltluftvorstöße von Norden her zu erklären. Gegenwärtig sind es solche Kaltluftvorstöße, die beim Aufprall auf die warme Tropikluft zu den ergiebigsten Niederschlägen, zumindest auf der Nordseite des Tibestigebirges führen (HECKENDORFF, 1972; JANNSEN, 1969; MESSERLI, 1972; WINIGER, 1972; u. a.). Die gleichen Wetterlagen führen insbesondere am Nordsaum der Sahara oft zu katastrophalen Niederschlägen, wie beispielsweise aus den Berichten von KLITZSCH (1966) aus dem nördlichen Libyen und von GIESSNER (1970) aus Südtunesien hervorgeht.

Die untere bzw. Niederterrasse des Yebbigué läßt sich ohne Schwierigkeiten mit der „Niederterrasse" (BÖTTCHER, 1969; ERGENZINGER, 1969; HAGEDORN, 1966, 1971; JANNSEN, 1970; JÄKEL, 1967, 1971; HÖVERMANN, 1967; MOLLE, 1969, 1971; OBENAUF, 1967, 1971) in den anderen Teilen des Gebirges vergleichen. In einer neuen Arbeit spricht HÖVERMANN (1972) von der Niederterrasse rein beschreibend als „unterer Terrasse". Lediglich die „Niederterrasse" des Dirennao in West-Tibesti (GABRIEL, 1970, 1972) ist aufgrund ihrer stratigraphischen Lage nicht ohne weiteres vergleichbar. Die Datierung eines Elefantenknochens aus der Akkumulation ergab ein Alter von 2690 ± 435 J. b. p. (GABRIEL, 1972).

Zusammenfassend ergibt sich folgende Genese der jüngeren Flußterrassen des oberen Yebbigué:

1. Akkumulation der rotbraun verwitterten bzw. Oberterrasse, deren ursprüngliche Mächtigkeit ungewiß ist, vor mehr als 10 000 Jahren.
2. Bildung des tiefgründigen rotbraunen Bodens (vermutlich Mediterranboden) vor mehr als 10 000 Jahren. Angesichts der Mächtigkeit des Bodens von bis zu 2 m muß auf eine längere Entwicklungsdauer von wahrscheinlich mehreren tausend Jahren geschlossen werden.
3. Zerschneidung der nun rotbraun verwitterten Oberterrasse etwa bis auf die Höhe des heutigen Talbodens vor mehr als 10 000 Jahren.
4. Akkumulation der mächtigen oberen bzw. Hauptterrasse von vermutlich 10 000 Jahren, vielleicht sogar schon von 15 000 Jahren bis etwa 7000 Jahre vor heute (14-C-Datierung aus dem oberen Mittelteil des Terrassenkörpers mit 8180 ± 70 J. b. p.).
5. Zerschneidung des Terrassenkörpers bis auf etwa ein Drittel oder Viertel seiner ursprünglichen Mächtigkeit im Tieroko-Massiv und auf dessen östlich vorgelagerter Schotterschwemmebene; in der Yebbigué-Schlucht dagegen Zerschneidung bis zur Basis des Terrassenkörpers. Die Zerschneidung erfolgte ungefähr zwischen 7000 und 5000 J. b. p.

6. Akkumulation der meist geringmächtigen unteren bzw. Niederterrasse von vermutlich 5000 bis etwa 3000 oder 2000 J. b. p.
7. Zerschneidung bis zum heutigen Flußbettniveau.

3.2.5.2 Folgerungen für die Schluchtentwicklung

Die Talbasaltschlucht des oberen Yebbigué besteht, wie früher bereits erwähnt, aus zwei verschieden alten Abschnitten, der Schluchtstrecke im älteren und der im jüngeren Talbasalt. Eine Trennung der beiden verschieden alten Basaltschluchtgenerationen ist durch die rotbraun verwitterte Oberterrasse möglich, die in der älteren Talbasaltschlucht vorhanden ist, in der jüngeren dagegen fehlt. Die jüngere Schlucht ist daher jünger als die rotbraune Terrasse und konnte daher nur in der auf diese Terrasse folgenden Erosionsphase entstehen. Wie ausgeprägt diese Erosionsphase war, ergibt sich aus der Feststellung, daß die rotbraune Oberterrasse in der älteren Talbasaltschlucht, wo sie vermutlich durchgehend vorhanden war, bis weit unter ihre Basis zerschnitten wurde. Am Ende der Erosionsphase besaß die ältere Talbasaltschlucht bei Yebbi Bou etwa die heutige Tiefe, während die jüngere Schlucht im Raum Yebbi Zouma immerhin schon zu etwa Dreiviertel ihrer jetzigen Tiefe ausgeschürft war.

Die Schluchteintiefung wurde zwischen 15 000 und 10 000 Jahren b. p. von einer Akkumulationsphase größten Ausmaßes (Hauptterrassenakkumulation) unterbrochen, in deren Verlauf sowohl die ältere als auch die jüngere Talbasaltschlucht auf ihrer ganzen Länge verfüllt und streckenweise sogar völlig zugeschüttet wurde. In der anschließenden Zerschneidungsphase erfolgte eine Ausräumung dieser Lockersedimente, eine erneute geringfügige Akkumulation zur Niederterrassenzeit und schließlich die Zerschneidung bis zum heutigen Schluchtboden. Dieser stellt im Bereich der älteren Basaltschlucht praktisch nichts weiter als den wiederaufgedeckten älteren Talboden dar, wie er vor der Verschüttung existierte. Gleiches gilt auch für die Hänge der Schlucht, wie aus dem Kalktuffrest unterhalb der anerodierten Steinringe in Profil 18 a hervorgeht. Die heutige Schlucht im älteren Talbasalt gleicht der Schlucht vor der Verschüttung somit weitgehend in Tiefe und Breite und damit auch in der Gesamtform. In der kontinuierlichen Schluchtentwicklung, d. h. der Eintiefung in das feste Anstehende, trat demnach ein Stillstand von mindestens 10 000 Jahren auf.

Etwas abweichend davon war die Entwicklung der Schlucht im jüngeren Talbasalt. Hier erfolgte während und nach der Ausräumung der Verschüttungsmassen der Hauptterrasse noch eine zusätzliche Tieferlegung sowie Ausweitung (Wandabbrüche) im Anstehenden, wodurch sich die heutige Schlucht in Tiefe und Breite und damit in der Form wesentlich von der Schlucht vor der Verschüttung unterscheiden dürfte.

In der zwischen 1100 und 1500 m hoch gelegenen Basaltschlucht des Yebbigué ereignete sich demnach in dem sehr kurzen Zeitraum von etwa 15 000 Jahren bis heute ein mehrmaliger einschneidender Wechsel der Formungsbedingungen. Es erfolgte sowohl intensive Akkumulation, wie etwa zur Hauptterrassenzeit, als auch intensive Erosion, wie in der Gegenwart. Eine kontinuierliche Schluchtentwicklung im Sinne permanenter Tiefenerosion gab es demnach nicht. Diese Feststellung gilt mit einiger Wahrscheinlichkeit auch für die Täler in der gleichen Höhenzone der übrigen Gebirgsbereiche.

Diese Höhenzone, die nach HÖVERMANN (1963, 1967) ein eigenes, etwa zwischen 1000 und 2000 m Höhe gelegenes Formungsstockwerk, die sogenannte „Schluchtregion" des Gebirges darstellt, sollte dadurch gekennzeichnet sein, daß Tiefenerosion über lange Zeiträume hinweg die beherrschende Formungstendenz war, die von Klimaschwankungen nicht wesentlich beeinflußt wurde. Diese Beeinflussung sollte während der Akkumulationsphasen in der Weise erfolgen, daß die Erosionsstrecke durch die „vorschüttende" Akkumulation von oben her und die gleichzeitige „rückschreitende" Akkumulation von unten her zwar eingeengt, nicht aber, etwa im Sinne einer durchgehenden Verschüttung aufgehoben wurde. Genau dies ist aber nach den vorliegenden Untersuchungen im Yebbigué-Gebiet der Fall, wo nachgewiesen werden kann, daß die Formungsprozesse in der Basaltschlucht auf Klimaschwankungen sehr empfindlich reagierten. Im Extremfall, wie etwa während der Hauptterrassenverschüttung, war eine Schluchtregion mit der Tiefenerosion als beherrschender Formungstendenz im Bereich des oberen Yebbigué nicht mehr vorhanden.

Der Einwand, daß es sich bei der Hauptterrasse ausschließlich um eine Fremdlingsaufschüttung handele, die nicht durch die im mittleren Gebirgsstock herrschenden klimatischen Verhältnisse, sondern durch verstärkten Schutt-Transport aus der Hochregion verursacht wurde, kann mit dem Aufbau des Terrassenkörpers widerlegt werden: Zwar stehen die basale wie abschließende Grobmaterialakkumulation der Terrasse zweifellos in Zusammenhang mit verstärkter Schuttzufuhr aus der Hochregion und können damit als Fremdlingsaufschüttung aufgefaßt werden; der ziemlich mächtige Mittelteil der Terrasse in Form der Kalktuffakkumulation ist jedoch mit Sicherheit eine autochthone Bildung, mit der sich ein extremer Umschlag der klimatischen Bedingungen in eben dieser Höhenstufe belegen läßt.

Die Klimabedingungen, unter denen die Schluchtentwicklung ablief, lassen sich sehr gut anhand der Zusammensetzung des Terrassenmaterials bestimmen. Unter feuchten, pluvialzeitlichen Klimabedingungen, wie sie nachweislich zur Hauptterrassenzeit bestanden, erfolgte eine durch hohen Schuttanfall in der Hochregion bedingte Akkumulation und damit Verschüttung der Schlucht. Die Akkumulation der Niederterrasse zeigt bereits wesentlich trockenere Klimabedingungen an, die aber immer noch erheblich feuchter waren als die heutigen. Von der Hauptterrassen- über die Niederterrassen- bis zur heutigen Zeit ist demnach eine ständige Abnahme der Feuchtigkeit zu verzeichnen. Angesichts der Tatsache, daß heute unter ariden Bedingungen in der gesamten Yebbigué-Schlucht intensive Tiefenerosion oder zumindest Durchtransport herrschen, ist anzunehmen, daß auch in den Erosionsphasen der Terrassen aride Klimabedingungen herrschten. Demnach müssen es solche Klimabedingungen sein, unter denen extrem wenig Schutt von den Hängen in die Flüsse gelangt, in denen die Schluchtbildung optimal abläuft. Auf eine einfache Formel gebracht heißt dies: je trockener das Klima, desto stärker die Tiefenerosion und damit umso intensiver die Schluchtbildung.

3.2.5.3 Zum Mechanismus von Erosion und Akkumulation

Was die Terrassenentwicklung im Bereich des oberen Yebbigué betrifft, so konnte eindeutig nachgewiesen werden, daß Akkumulation in Feuchtphasen und Erosion in Trockenphasen erfolgte, wobei die Begriffe „trocken" und „feucht" nicht absolut, sondern lediglich relativ gebraucht werden. Klarer ausgedrückt müßte es daher heißen: beim Feuchterwerden des Klimas erfolgt Akkumulation, beim Trockenerwerden dagegen Erosion. Diese Feststellung steht im Widerspruch zu dem Zyklenschema von CHAVAILLON (1964), nach dem Erosion beim Feuchterwerden, Akkumulation dagegen beim Trockenerwerden des Klimas erfolgen soll. Im Höhepunkt einer Feuchtzeit herrscht demnach folgerichtig ein Maximum der Erosion, im Höhepunkt einer Trockenzeit dagegen ein Maximum der Akkumulation. Dieses Schema wurde in etwas abgewandelter Form insbesondere von JÄKEL (1967, 1971) und OBENAUF (1967, 1971) auf den Formungsrhythmus im Tibestigebirge übertragen.

Der Widerspruch zu den eigenen Untersuchungen am oberen Yebbigué läßt sich wie folgt erklären: Sowohl CHAVAILLON als auch JÄKEL und OBENAUF haben ihre Terrassenstratigraphie und damit ihre Modellvorstellungen über den Mechanismus von Erosion und Akkumulation an Unterläufen von Flüssen entwickelt, so CHAVAILLON am Wadi Saoura am Südfuß des Atlas-Gebirges, JÄKEL und OBENAUF am Bardagué bzw. Toudoufou und Fochi im West-Tibesti. In diesen Unterlaufbereichen unterhalb einer ungefähren Höhengrenze von 1000 m wird unter den heutigen ariden Klimabedingungen in der Tat recht kräftig akkumuliert, wie Ankerkettenmessungen bei Bardai in 1000 m ergaben (JANNSEN, 1969; GAVRILOVIC, 1970). Gleichlautende Beobachtungen liegen aus dem Unterlauf des Wouri (800 m) auf der Südwestabdachung (BRIEM, 1971; HAGEDORN, 1971) und aus dem Mittellauf des Miski/Wouri (ca. 1000 m) auf der Südabdachung des Tibestigebirges vor (BÖTTCHER, 1969). Nach eigenen Untersuchungen wird im Yebbigué-Tal bereits in einer Höhe von etwa 1100 m am Ende der Schluchtstrecke kräftig akkumuliert.

Oberhalb von etwa 1000 m, im Yebbigué-Gebiet von 1100 m, herrscht dagegen Erosion vor. Die Erosionsstrecke reicht im Gebiet des oberen Yebbigué bis mindestens 1900 m Höhe, bis zum Boden der erwähnten Nebencaldera des Tieroko-Massivs. Die geringfügige Akkumulation im ausgedehnten Fußflächenbereich des Massivs stellt einen orographisch bedingten Lokaleffekt dar. Erst oberhalb 1900 m wird die vorherrschende Erosion zunehmend von flächenhaften Prozessen überlagert. Nach HÖVERMANN (1967) und HAGEDORN (1971) liegt dieser Übergang im West-Tibesti bei etwa 2000 m, nach HÖVERMANN (1972) im Nordwest-Tibesti (Tarso Ourari) sogar schon bei 1700 m und nach MESSERLI (1972, S. 61) im Ost-Tibesti erst bei 2800 m. Es besteht daher gegenwärtig im Bereich des oberen Yebbigué sowie, trotz der unterschiedlichen Angaben, im Gebirge allgemein eine Höhenstufe ungefähr zwischen 1000 und 2000 m, die durch eine absolute Vorherrschaft der Tiefenerosion in den meist schluchtartigen Tälern gekennzeichnet ist und daher von HÖVERMANN (1963), wie erwähnt, „Schluchtregion" genannt wurde.

Die relativ starke Hangabtragung in der Hochregion oberhalb von etwa 2000 m führt dazu, daß auch heute noch viel Schutt in die Oberläufe der Flüsse, im speziellen Fall in den Oberlauf der Tieroko-Schlucht gelangt und als mehrere km lange Schotterzunge in die Täler hinunterreicht. Dieses Phänomen bezeichnet HÖVERMANN (1967, 1972) als „vorschüttende Akkumulation". Der gleiche Vorgang, nur eben wesentlich stärker, führte auch zur Entstehung der Terrassenakkumulationen, wie die Terrassenuntersuchungen am oberen Yebbigué zeigten. Demnach entstanden die Haupt- und die Niederterrasse durch den Prozeß der „vorschüttenden Akkumulation" von der Hochregion her, der, wie im Falle der Hauptterrasse, ein extremes Ausmaß hatte. So wurde die gesamte Yebbigué-Schlucht verschüttet und es ist zu vermuten, daß die Akkumulation auch das gesamte übrige Yebbigué-Tal bis zum Vorland verschüttet hat (PACHUR, 1972). Von der Südabdachung des Gebirges (Miski) beschreiben BÖTTCHER (1969) und ERGENZINGER (1969) ebenfalls eine vom Tieroko-Massiv bis zum Gebirgsvorland reichende „Hauptterrassenverschüttung".

Der Ablauf dieser Verschüttungen ist so zu denken, daß bei einem Feuchterwerden des Klimas die „vorschüttende Akkumulation" zur vorrückenden wurde. Gegenwärtig jedoch ist zumindest in der Schlucht des Tieroko-Massivs in 1900 m Höhe das Gegenteil festzustellen, nämlich ein Zurückziehen der Schotterzunge, wie aus der Hochstämmigkeit der Akazien und Tamarisken am Flußbettrand hervorgeht. Das heutige Klima müßte daher eine Tendenz zum Trockenerwerden besitzen. Auf eine erhebliche Zunahme der Trockenheit innerhalb der letzten hundert Jahre weisen die Schilderungen NACHTIGALs (1879) hin, der das Tibestigebirge im letzten Jahrhundert bereiste. Die gegenwärtige „vorschüttende" Akkumulation in der Hochregion des Tieroko-Massivs rückt also nicht vor, sondern zieht sich zurück. Nicht der Beginn einer Akkumulationsphase, sondern eine gegen die Hochregion weiter zurückschreitende Erosion zeichnet sich ab. Die Obergrenze der Schluchtregion verschiebt sich daher gegenwärtig noch weiter nach oben.

An der Untergrenze der Schluchtregion in etwa 1000 m Höhe erfolgt bei Beginn einer von der Hochregion ausgehenden Akkumulationsphase anfangs vermutlich Erosion, dann aber ebenfalls Akkumulation. Im Falle des Yebbigué würde dies bedeuten, daß die lange Schluchtstrecke infolge der von oben her vorrückenden Akkumulation von einer reinen Erosionsstrecke allmählich in eine Durchtransport- und schließlich in eine Akkumulationsstrecke überginge. Die Erosion an der Untergrenze der Schluchtregion sowie möglicherweise auch im Mittel- und Unterlauf der Flüsse, hier im speziellen Fall des Yebbigué, hält vermutlich so lange an, bis die Schluchtstrecke das Akkumulationsstadium erreicht hat. Es kann sich daher nur um eine relativ kurzdauernde Erosionsphase handeln, die sich durch ein stärker werdendes Abkommen bei gleichzeitiger relativer Abnahme der Schotterfracht erklären läßt.

Sobald die Schluchtstrecke jedoch das Akkumulationsstadium erreicht hat, beginnt auch an ihrer Untergrenze die Akkumulation, die dann rasch flußab gegen den Mittel-und Unterlauf vorrückt. Gleichzeitig dürfte sich die Akkumulation von der Untergrenze der Schluchtstrecke auch ein wenig schluchtaufwärts als sogenannte „rückschreitende Akkumulation" (HÖVERMANN, 1967) bemerkbar machen. Diese bleibt aber gering gegenüber der vorrückenden Akkumulation von oben her, weshalb eine gleichmäßige Einengung der Schluchtstrecke von oben und unten her nicht erfolgen kann. Die Schluchtstrecke wird vielmehr ganz überwiegend von oben her verschüttet, wobei sich von Anfang an ein gestrecktes Längsprofil herausbildet. Ein solches Längsprofil ist typisch für die Nieder-, insbesondere aber für die Hauptterrasse.

Die gegenwärtige starke Akkumulation an der Untergrenze der Schluchtstrecke des Yebbigué in 1100 m Höhe sowie in 1000 m Höhe im Bardagué und in anderen großen Flüssen hat andere Ursachen. Sie kann zumindest im Yebbigué nicht als beginnende Verschüttung von oben her, d. h. als beginnende Terrassenakkumulation verstanden werden, da die viele Kilometer lange reine Erosionsstrecke der Yebbigué-Schlucht dazwischenliegt und folglich keinerlei Kontakt mit den Schotterzungen der Hochregion besteht. Da sich diese, zumindest in der Hochregion des Tieroko-Massivs außerdem auf dem Rückzug befinden, ist eine Deutung der kräftigen Akkumulation in 1100 m Höhe als beginnende Terrassenakkumulation ausgeschlossen.

Die Akkumulationstendenz in 1000 bzw. 1100 m Höhe läßt sich aber als Folge einer schon in dieser Höhe wieder abnehmenden Wasserführung der Flüsse (Materialüberlastung) und damit letztlich als Folge des sehr trockenen Klimas erklären. So sind beispielsweise für die rasche Abnahme der abkommenden Wassermenge des Yebbigué in 1100 m Höhe folgende Faktoren verantwortlich:

1. Eine starke Abnahme der Niederschläge von der Hochregion bis in mittlere Gebirgslagen. Die Regenmenge beträgt am Trou au Natron (2300 m) ca. 100 mm, in Bardai (1000 m) auf der Nordseite des Gebirges dagegen nur noch wenig mehr als 10 mm.

2. Eine von oben nach unten gleichzeitige Zunahme der Verdunstung infolge stärkerer Insolation und erhöhter Temperaturen. Im speziellen Fall ergibt sich zusätzlich eine sprunghafte Zunahme der Verdunstung beim Austritt des Yebbigué aus der engen Talbasaltschlucht.

3. Die mindestens 10 m mächtige Sand-Kies-Schotterakkumulation des breiten Talbodens unterhalb des Schluchtaustritts, in der Grundwasser erst in mehreren Metern Tiefe ansteht und die folglich das abkommende Wasser wie ein Schwamm aufsaugen kann [30]. Die abkommende Flut wird in diesem Flußabschnitt gewissermaßen zu einer „Vollbremsung" veranlaßt. In der Yebbigué-Schlucht dagegen ist der Wasserverlust durch Verdunstung und Versickerung infolge der Talenge und der Sedimentarmut des Talbodens extrem gering und wird überdies durch ständige Zuflüsse von den Seiten her erneuert, ja sogar überkompensiert. Die Wassermenge in der Schlucht nimmt daher, wie bei Flüssen der humiden Breiten, normal von oben nach unten zu.

Die gegenwärtige Akkumulation in 1100 m Höhe dehnt sich in der Tat nach oben hin, d. h. gegen die Yebbigué-Schlucht im Sinne einer „rückschreitenden Akkumulation" aus. Die Schluchten des Yebbigué sowie der übrigen großen Täler des Gebirges und damit die Schluchtregion insgesamt werden gegenwärtig in einem Höhenbereich von etwa 1000 m, d. h. an ihrem unteren Ende, verschüttet. Diese Verschüttung ist aber sehr gering, verglichen mit den zungenförmig von der Hochregion ausgehenden Terrassenverschüttungen. Ein wesentlicher Unterschied gegenüber diesen besteht, wie erwähnt, vor allem im L ä n g s p r o f i l. Das heutige Längsprofil des Yebbigué von der Hochregion des Tieroko bis zum unteren Ende der Schluchtregion in 1100 m Höhe ist gegenüber dem der Terrassenakkumulationen stark durchhängend — eine Folge der geringen Materialbelastung des Flusses. Bei weiterer Zunahme der Trockenheit und damit geringer werdendem Abkommen müßte zwar die Akkumulation in 1100 m Höhe immer weiter gegen den Schluchtunterlauf zurückschreiten, gleichzeitig würde sich aber das zumindest potentielle Durchhängen des Längsprofils noch verstärken [31].

Eine durchgehende Verschüttung der gesamten Schluchtstrecke von annähernd gleichbleibender Mächtigkeit, wie sie zur Haupt- und Niederterrassenzeit vorhanden war, könnte daher auf diese Weise von vornherein nicht entstehen.

Die Akkumulationsbereiche in 1100 m bzw. allgemein im Gebirge um 1000 m Höhe stellen die infolge sehr großer Trockenheit weit in den Gebirgskörper zurückgewanderten Akkumulationsstrecken der großen Flüsse dar und besitzen daher in gewissem Sinne bereits Endpfannencharakter (vgl. HAGEDORN, 1971, S. 80). Die heutige Akkumulation in diesem Höhenbereich, die überall im Gebirge nachzuweisen ist, kann also nicht als Beginn einer allgemeinen Akkumulationsphase im gesamten Gebirge von der Art der Haupt- und Niederterrassenaufschüttung aufgefaßt werden; sie ist vielmehr ein Beweis für eine gegenwärtig bestehende Erosionsphase, die, wie Beobachtungen an einsedimentierten Akazien in 1100 m Höhe zeigen, schon seit mehreren Jahrzehnten andauern muß.

Auf diese Weise klärt sich auch der eingangs erwähnte Widerspruch der verschiedenen Auffassungen zum Mechanismus von Erosion und Akkumulation als nur scheinbarer Widerspruch auf. In tieferen Gebirgslagen unterhalb etwa 1000 m Höhe wird gegenwärtig, wie die Beobachtungen zeigen, in allen größeren Flüssen akkumuliert, oberhalb davon jedoch erodiert, wobei die Erosion ständig weiter gegen die von mehr flächenhaft wirksamen Prozessen geprägte Hochregion zurückschreitet. Es herrscht also gegenwärtig im Gebirge, sofern man es als Ganzes betrachtet, sowohl Erosion als auch Akkumulation, wobei Erosion jedoch die übergeordnete und daher dominante, Akkumulation dagegen die untergeordnete Formungstendenz darstellt. Beide Formungstendenzen sind an die heutigen Klimabedingungen angepaßt, nur eben an verschiedene Höhenstockwerke gebunden. Zu dem gleichen Ergebnis kam unabhängig von dieser Überlegung GAVRILOVIC (1972) auf experimentelle Weise.

---

[30] BREMER (1967) gibt Beispiele für extrem hohe Versickerungswerte in Flußbetten im nordaustralischen Trockengebiet.

[31] Potentiell deshalb, weil das den heutigen Formungsbedingungen in der Schlucht entsprechende Gleichgewichtsprofil zumindest in deren Mittellauf erheblich unter der heutigen Schluchtsohle verlaufen müßte. Es könnte daher auch theoretisches, im Gegensatz zu dem tatsächlichen Längsprofil der Schluchtsohle genannt werden.

4. Zusammenfassung

Der fluviale Formenschatz des zwischen 1000 und über 2000 m hoch gelegenen Untersuchungsgebietes im zentralen Tibestigebirge läßt sich in vier petrographisch verschiedene Bereiche gliedern:

1. den Bereich der Sandsteinmassive und -Hochflächen mit einem unregelmäßigen, streng an das Kluftnetz angepaßten Talnetz,
2. das Gebiet des ausgedehnten SCI-Plateaus mit fein verästelten baumförmigen bzw. dendritischen Talnetzen sowie großen, tief in das Plateau eingesenkten Tälern,
3. die beiden SN2-Vulkanmassive Tarso Tieroko und Tarso Toon mit ihrem charakteristischen, strahlenförmig vom Zentrum ausgehenden Talnetz und
4. den Bereich der jungen Basalthochflächen mit einem unregelmäßigen, in weiten Gebieten erst embryonal entwickelten Gewässernetz.

Ebenso wie nach den unterschiedlichen Grundrissen der Talsysteme lassen sich die Täler auch nach ihren unterschiedlichen Aufrissen in folgende Typen gliedern:

1. die stets steilwandigen, gelegentlich klammartig engen Schluchten der Sandsteingebiete, die sich zum Vorland hin in der Regel trichterartig verbreitern,
2. die breiten, gelegentlich stark ausgeweiteten flachmuldental- bzw. spülmuldenähnlichen Tälchen des SCI-Plateaus sowie die das Plateau zerschneidenden großen, canyonartigen Täler mit charakteristischen treppenförmigen Hangprofilen,
3. die tiefen, gefällsreichen (3 bis 7%) kerbtalförmigen Schluchten der SN2-Vulkanmassive Tarso Tieroko und Tarso Toon mit überwiegend glatten, gestreckten Hängen und
4. die engen, steilwandigen Basaltschluchten sowie die schwach eingetieften Kerbtälchen der jungen Basalthochflächen. Ein weiteres Charakteristikum der Basalthochflächen sind die zahllosen abflußlosen Depressionen in Gebieten, die noch nicht an das durchgehende Gewässernetz angeschlossen sind.

Trotz der petrographisch bedingten, deutlich unterschiedlichen Talformen, lassen sich bei allen tief eingeschnittenen Tälern der verschiedenen Gesteinsbereiche folgende Gemeinsamkeiten erkennen: Die Hangneigungen betragen in der Regel mehr als 40°, häufig sogar mehr als 60°. Die steilen Hänge grenzen stets mit scharfem Knick an das ebene, unterschiedlich breite Flußbett. Dieser scharfe Knick zwischen Talhang und Talboden bzw. Flußbett ist als charakteristisches Merkmal bei allen tiefer eingeschnittenen Tälern des Untersuchungsgebietes zu beobachten. Trotz der petrographisch bedingten Unterschiede ist daher eine übergeordnete Talform vorhanden, die in Anlehnung an PASSARGE (1929) als „Kastental" im weiteren Sinne bzw. als „Sohlenschlucht" im Sinne RICHTHOFENs (1886) bezeichnet werden soll.

Die Gliederung des fluvialen Formenschatzes im Untersuchungsgebiet nach petrographisch unterschiedlichen Bereichen wird von einer deutlichen, klimatisch bedingten Höhenstufung der Formungsintensität überlagert. Diese drückt sich in einer allgemeinen Zunahme der Talbodenbreite, vor allem aber der Ausdehnung rezenter Schwemmfächerbereiche mit der Höhe aus. Die größte Ausdehnung besitzen solche rezenten Schwemmflächen im Osten des Untersuchungsgebietes (Sandstein und Basalt) in 1700 bis 1900 m Höhe, während sie im petrographisch gleichen Gebiet (Sandstein) im Norden des Untersuchungsgebietes in 1100 bis 1300 m Höhe nur gering entwickelt sind.

Die Entwicklung des fluvialen Formenschatzes läßt sich in drei große Abschnitte gliedern:

1. eine älteste Flächenbildungsphase,
2. eine nachfolgende Talbildungsphase, das sog. „grand creusement des vallées" (VINCENT, 1963 u. a.) sowie
3. eine nach der teilweisen Verfüllung dieser Täler durch junge Basaltströme erfolgenden Zerschluchtungsphase, die bis heute andauert.

Zu 1.: Hinweise auf eine wahrscheinlich tropisch wechselfeuchte Flächenbildungsphase finden sich in Form der „Flachmuldentälchen" (LOUIS, 1964) bzw. „Spülmulden" (BÜDEL, 1957) auf der SCI-Hochfläche sowie den Halbkreisbuchten an deren Stufenrand.

Zu 2.: Das „grand creusement des vallées", d. h. die große Talbildungsphase erfolgte, wie detaillierte Untersuchungen an den hohen SCI-Talhängen ergaben, nicht in einem Zuge, sondern in mehreren Phasen. Die Formungs- und damit Klimabedingungen änderten sich mehrmals zwar beträchtlich, blieben aber stets innerhalb eines semiariden bis ariden Rahmens. Die Täler können daher, mit Ausnahme der altangelegten Täler im Sandstein, als Formen der „ariden Morphodynamik" im Sinne MENSCHINGs (1970) aufgefaßt werden.

Die anschließende teilweise Verfüllung durch junge Basaltströme erfolgte in zwei Phasen, wobei für die ältere Phase wahrscheinlich ein mittelpleistozänes, für die jüngere ein jungpleistozänes bis holozänes Alter anzunehmen ist.

Zu 3.: Bei der anschließenden Zerschneidung sowohl der älteren als auch der jüngeren Talbasaltgeneration lösten sich Erosions- und Akkumulationsphasen in regelmäßigem Wechsel ab. Spuren einer ältesten Akkumulationsphase finden sich in Form einer rotbraunen Terrasse (Oberterrasse) in der älteren Talbasaltschlucht. In der jüngeren Talbasaltschlucht fehlt diese Terrasse — ein Hinweis darauf, daß die Schlucht jünger ist als die Rotbraunverwitterung. In der darauffolgenden Erosionsphase wurde die Terrasse in der älteren Talbasaltschlucht bis unter ihre Basis zerschnitten, während gleichzeitig die jüngere Talbasaltschlucht entstand.

Die nächstjüngere, schwach graubraun verwitterte Terrasse ist sowohl in der älteren als auch in der jüngeren Talbasaltschlucht mit einer Sprunghöhe von 15 bis 17 m durchgehend vorhanden und wird daher H a u p t t e r r a s s e genannt. Sie besitzt einen typischen dreigliedrigen Aufbau mit einer Grobmaterialakkumulation an der Basis, einer fossilienreichen, kalkigen Feinmaterialakkumulation im Mittelteil und erneut einer Grobmaterialakkumulation als Abschluß. Auf der Schotterschwemmebene südlich von Yebbi Bou ist die durch Erosion freigelegte Feinmaterialakkumulation oberflächlich stark verkrustet und im Oberlauf der anschließenden Yebbigué-Schlucht als K a l k t u f f - b z w . T r a v e r t i n t e r r a s s e ausgebildet. Hier kommen auch Seekreiden vor. Eine Datierung von Schneckenschalen aus einem Seekreidevorkommen ergab ein A l t e r v o n 8 1 8 0 ± 7 0 J . b . p.

Nach der Hauptterrassenaufschüttung erfolgte eine kräftige Zerschneidung, die erneut von einer allerdings nur geringfügigen Aufschüttung unterbrochen wurde. Es entstand die aus Grobschottern aufgebaute N i e d e r t e r r a s s e, die mit einer Sprunghöhe von 5 bis 7 m sowohl in der jüngeren als auch in der älteren Talbasaltschlucht durchgehend vorkommt.

In der anschließenden, bis heute andauernden Erosionsphase wurde die Schlucht erst wieder bis zu ihrer prähauptterrassenzeitlichen Tiefe ausgeräumt. Die niederterrassenzeitliche, vor allem aber die hauptterrassenzeitliche Akkumulation bedeutete demnach eine V e r s c h ü t t u n g d e r S c h l u c h t, durch die der Prozeß der Tiefenerosion und damit der Schluchtbildung für mindestens 10 000 Jahre unterbrochen war. Diese Feststellung gilt im Untersuchungsgebiet für den gesamten, als „S c h l u c h t r e g i o n" (HÖVERMANN, 1963) bezeichneten Höhenbereich zwischen etwa 1000 m und 2000 m, der demnach nicht durch permanente Tiefenerosion während langer Zeiträume, sondern durch einen einschneidenden Wechsel der Formungsbedingungen im Jungpleistozän und Holozän gekennzeichnet ist.

D i e T e r r a s s e n a u f s c h ü t t u n g erfolgte in Feuchtphasen und, mit Ausnahme der autochthonen Kalktuffakkumulation in der Schlucht, generell nach dem Prinzip der Vorschüttung von der Hochregion aus. Hierbei entwickelten sich g e s t r e c k t e L ä n g s p r o f i l e, die sich grundsätzlich von den d u r c h h ä n g e n d e n L ä n g s p r o f i l e n der Erosionsphasen unterscheiden. Ein solches durchhängendes Längsprofil ist gegenwärtig entwickelt. Die nachweisbare Aufschüttung in 1000 bis 1100 m Höhe kann daher nur als eine dem heutigen hochariden Klima angepaßte geringfügige Unterlaufaufschüttung, nicht aber als Beginn einer durchgehenden Terrassenakkumulation aufgefaßt werden.

Résumé

L e r e l i e f f l u v i a t i l de la région examinée au Tibesti central entre 1000 et plus de 2000 m d'altitude, est divisé en quatre zones d'une pétrographie typique:

1. la zone des massifs et des plateaux de grès avec un réseau hydrographique irrégulier, mais strictement orienté au réseau géométrique des failles;

2. la zone du plateau en série SCI très étendu avec un réseau hydrographique extrêmement ramifié en forme dendritique, et des vallées très grandes, profondément creusées dans le plateau;

3. les deux massifs volcaniques (série SN2) Tarso Tieroko et Tarso Toon avec un réseau hydrographique très caractéristique, rayonnant du sommet;

4. la zone des jeunes plateaux basaltiques avec un réseau hydrographique irrégulier et plus souvent développé embryonalement.

On peut diviser les vallées non seulement d'après les différents p l a n s d e s r é s e a u x h y d r o g r a p h i q u e s, mais aussi d'après les différents p r o f i l s e n t r a v e r s en types suivants:

1. les gorges de la région de grès à versants raides et souvent verticaux, qui s'élargissent vers l'avant-pays en forme d'entonnoir;

2. les vallons souvent très larges, comparables avec des formes de „Flachmuldental" ou de „Spülmulde" en climat tropical semi-humide, et les grandes vallées (canyons) encaissées au plateau, avec des profils de versants en escalier;

3. les gorges profondes des massifs volcaniques (série SN2) du Tarso Tieroko et Tarso Toon en forme de V, avec une chute de 4-7 % et avec des pentes lisses et étendues;

4. les gorges encaissées aux coulées basaltiques et les vallons en forme de V des jeunes plateaux basaltiques; en outre quelques parties de ces plateaux sont caractérisées par de nombreuses dépressions endorhéiques avec des formes irrégulières.

Malgré les formes variables des grandes vallées suivant la pétrographie, elles ont toutes les c a r a c t é r i s t i q u e s c o m m u n e s suivantes:

Les versants sont inclinés à plus de 40° et souvent même plus de 60°. Ils sont limités par un angle bien marqué aux lits des rivières plats et quelquefois très larges. Cet angle est caractéristique pour toutes les vallées bien développées de la région examinée. Malgré les différentes formes des vallées résultant de la pétrographie, il existe donc une forme de vallée supérieure, qui est nommée «Kastental» au sens large, d'après PASSARGE (1929) ou «Sohlenschlucht», d'après RICHTHOFEN (1886).

La division des formes fluviatiles en région examinée en quatre zones d'une pétrographie différente est superposée clairement par une zonation de l'intensité des processus géomorphologiques avec l'altitude (dépendance climatique). Comme résultat d'une augmentation d'altitude elle est marquée par un élargissement général des lits des rivières, et avant tout par l'extension générale des parties actuelles des cônes alluviaux. Ces parties actuelles ont l'extension la plus grande à l'est de la région examinée (grès et basalte) en 1700-1900 m d'altitude. Au contraire elles sont beaucoup plus étroites dans la région de grès à seulement 1100-1300 m d'altitude au nord de la région examinée.

On peut diviser le développement des formes fluviatiles de la région en trois périodes principales:

1. une période des processus d'aplanissements;
2. une période de formation des grandes vallées, nommé «le grand creusement des vallées» (VINCENT, 1963, et al.);
3. une période de formation des gorges encore actuelle, qui eut lieu après le comblement des grandes vallées par des jeunes coulées basaltiques.

ad 1: Des indications sur une phase des processus d'aplanissements probablement tropicale manifestent dans les «Flachmuldentälchen» (LOUIS, 1964) ou les «Spülmulden» (BÜDEL, 1957) sur le plateau en série SCI et dans les cirques (= Halbkreisbuchten) au bord raide du plateau.

ad 2: Les recherches détaillées sur les versants en série SCI des grandes vallées ont montré que «le grand creusement des vallées» ne s'est pas produit en une seule, mais en plusieurs phases. Les conditions morphologiques et aussi climatiques ont changé plusieurs fois considérablement, mais sont toujours restées dans un cadre semiaride-aride. C'est pourquoi on peut considérer les vallées comme formes du «morphodynamisme aride» d'après MENSCHING (1970), à l'exception des vieilles vallées de la zone du grès.

Le comblement partiel par de jeunes coulées basaltiques s'est produit en deux phases: l'une probablement au Pleistocène moyen et l'autre au Pleistocène supérieur ou en Holocène.

ad 3: Le creusement des deux coulées basaltiques d'âge différentes s'est produit en plusieurs phases d'érosion et d'accumulation en changement régulier. Des traces de la phase d'accumulation la plus ancienne se trouvent dans la gorge basaltique ancienne sous la forme d'une terrasse altérée rouge-brune (terrasse haute = Oberterrasse). Au contraire dans la gorge basaltique jeune cette terrasse n'existe pas — un indice pour son âge plus récent. Pendant la phase d'érosion suivante la terrasse haute à été découpée jusqu'à sa base et en même temps la gorge basaltique jeune s'est formée.

La deuxième terrasse grise-brune faiblement altérée a une altitude de 15-17 m et se trouve dans toutes les gorges basaltiques comme terrasse principale (Hauptterrasse). Elle est divisée en trois parties: une série à materiaux grossiers à la base, une autre série à materiaux fins, calcaires et riches en fossiles au milieu et encore une série à materiaux grossiers au sommet. Sur la plaine alluviale à galets au sud de Yebbi Bou, l'accumulation à materiaux fins est exhumée par l'érosion des ruissellements et fortement encroûtée à la surface. Au cours supérieur de la gorge basaltique adjointe elle est développée comme terrasse à travertins. Ici se trouvent aussi des calcaires fins à caractère lacustre (= Seekreiden), dont une datation à C-14 des coquilles d'escargots incrustés a donné un âge de 8180 ± 70 a. b. P.

Après l'accumulation de la terrasse principale il y avait une érosion profonde, interrompue de nouveau d'une accumulation à galets grossiers toutefois mince. Ainsi et par l'érosion suivante se formait la terrasse basse (Niederterrasse) avec une altitude de 5-7 m, qui se trouve dans toutes les gorges basaltiques, comparable à la terrasse principale.

Pendant la phase d'érosion suivante, durant jusqu'à aujourd'hui, la gorge ne fut qu'érodée jusqu'à la base de la terrasse principale ou un peu plus basse. Les accumulations de la terrasse basse et avant tout de la terrasse principale étaient donc des comblements graves avec l'effet d'une stagnation de l'érosion et du creusement des gorges pour au moins 10 000 années. Ce résultat fait loi pour toute la zone d'altitude entre 1000 et 2000 m, qui fut nommée «région des gorges désertiques du Tibesti» (HÖVERMANN, 1963). Cette région n'est donc pas caractérisée par l'érosion permanente pendant une très longue période, mais par un changement grave du régime morphologique pendant le Pleistocène supérieur et l'Holocène.

L'accumulation des terrasses s'est produite en périodes pluviaux et à l'exception des travertins autochthones dans la gorge basaltique de Yebbi Bou, généralement à la manière d'une accumulation avancée de la région de haute montagne. Ainsi se développaient des profils longitudinaux allongés, qui se distinguent en principe des profils longitudinaux fléchissants des périodes d'érosion. Un tel profil fléchissant est développé aujourd'hui. L'accumulation actuelle en 1000 à 1100 m d'altitude est donc considérée seulement comme accumulation mince au cours inférieur des rivières (= enneris), résultant du climat hyperaride actuel, mais non comme le début d'une accumulation continuante de terrasses.

Summary

The fluvial landforms which were studied in parts of the central Tibesti Mts. at an altitude between 1,000 and 2,000m above sealevel, may be divided into four groups dependent on the different lithology of four areas. These are:

1. the area of sandstone mountains and high sandstone plateaus characterized by an irregular drainage pattern closely adapted to the systems of joints;

2. the area of high plateaus of acid volcanic rocks (SCI series according to VINCENT, 1963), showing a densely spaced dendritic pattern of minor valleys on the plateau surfaces and large valleys deeply incised into the volcanic rocks of the plateaus;

3. two volcanic cones (SN2 series of dark basaltic rocks) called Tarso Tieroko and Tarso Toon displaying a radial pattern of incised drainage lines; and finally

4. the area of young basaltic high plateaus with an irregular and in several parts not yet fully developed drainage system.

Different cross-sections of the individual valleys correspond to each of the four drainage patterns:

1. the mostly steep-sided gorges of the sandstone areas which tend to widen towards the foreland;

2. the wide and shallow minor valleys on the SCI-plateaus reminiscent of the valley-like forms found in undissected humid tropical plains as well as the canyon-type valleys with stepped valley sides deeply cut into the plateaus;

3. the deep V-shaped gorges with a steep longitudinal gradient of 4-7 % originating from the Tarso Tieroko and Toon; and

4. the deep and narrow basalt-gorges with their almost vertical walls contrasting with only weakly incised V-shaped valleys found on the top of the youngest basalt surfaces. Another characteristic trait of these young plateaus is the large number of small endorheïc depressions in areas not yet linked to the drainage network.

Despite the differences among the four areas which are due to their different lithology, the deeply incised valleys show certain common traits regardless of the rocks they are cut into: Their valley slopes are steeper than 40°, sometimes even more than 60°. These steep slopes always meet the active floodplain at a sharp angle. This valley-form, which is independent of lithology, was named Sohlenschlucht by RICHTHOFEN (1886) and Kastental by PASSARGE (1929).

The dependence on lithology of the fluvial landforms is modified by a climatically determined altitudinal zonation, which finds its expression in the increasing width of the floodplains and especially of the active parts of alluvial fans with increasing altitude. The active parts of alluvial fans show their largest extent in the eastern part of the region (sandstones and basalts) between 1,700 and 1,900 m altitude, whereas they are only poorly developed in the same sandstone in the northern part of the region, but at a lower altitude of only 1,100-1,300 m above sealevel.

The history of the fluvial landforms can be divided into three periods:

1. an ancient period of erosional surface development;

2. a phase of vigorous valley incision called „grand creusement des vallées" by the French authors; and

3. a subsequent incomplete filling of the valleys by young basalt flows and renewed dissection of these flows which is still in progress.

ad 1: The valley dorms found on the SCI surfaces (Spülmulden or Flachmuldentäler) as well as the semicircular bays which extend into the surrounding escarpments point towards a development of these surfaces by erosional processes under humid tropical conditions.

ad 2: There is evidence from a large number of slopes cut into the SCI series that the so-called „grand creusement des vallées" was not a singular event, but rather that dissection took place during a number of distinctive phases. The climatic conditions and thus the forming mechanisms changed several times during that period, but always kept within the semiarid to arid system. The valleys, except for the very old ones found in the sandstone areas, may thus be regarded as forms of an arid morphodynamic system (Aride Morphodynamik according to MENSCHING, 1970).

The subsequent incomplete filling-up of the valleys by the young basalt flows took place in two phases, the older one probably being middle pleistocene, the younger one middle pleistocene to holocene.

ad 3: The dissection of the young basalts of both ages took place during a period of alterations of erosional and depositional phases. Traces of the oldest phase of deposition are the upper terrace (Oberterrasse) found within the gorge cut into the older valley basalt and characterized by a deeply weathered reddish-brown soil. This terrace is absent in the gorge cut into the younger basalt, indicating that the gorge is younger than the weathering. During the following erosional phase the deposit in the gorge situated in the older basalt was cut to a level below its base, synchronous with the initial development of the gorge cut into the younger basalt.

The next-youngest terrace, which is only slightly weathered to a greyish-brown color, is found in the gorges of both ages. Its top is normally found 15-17 m above the present river bed. Being the most conspicuous of all terraces, it is named principal terrace (Hauptterrasse). It is characterized by a tripartite division of its body, with a coarse basal deposit, a silty calcareous sediment rich in fossils in the middle, and with another coarse gravel deposit on the top. On the wide floodplain south of the oasis of Yebbi Bou the silty deposit has been stripped of its cover and has developed a limestone crust on the new surface. Equivalent to this incrusted silty deposit is a **limestone-travertine terrace** in the adjoining gorge of the upper Yebbigué River. Snali shells taken from a smooth limestone (= Seekreide) deposit found in this terrace gave a **radiocarbon-age of 8180 ± 70 y. b. p.**

The sedimentation of the Hauptterrasse was followed by a major phase of dissection, which was interrupted only once by an unimportant period of deposition. This led to the **lower terrace (Niederterrasse)** found 5-7 m above the present river-bed and mainly consisting of coarse gravel. Similar to the Hauptterrasse the Niederterrasse is found in gorges of both ages.

Only during the final and not yet completed erosional phase the rivers have cut through the older terraces down to the bedrock-level of pre — Hauptterrasse — times. The depositional phases of the lower an especially of the principal terrace are thus to be regarded as phases during which the gorges were in the process of being filled up and during which the process of gorge cutting was interrupted for a period of a least 10,000 years. This is true for all rivers of the **gorge region of the Tibesti Mts. (= Schluchtregion)**, as HÖVERMANN (1963) calls the altitudinal zone between 1,000 and 2,000 m. This zone is therefore not so much characterized by permanent erosion, but rather by the important change of forming conditions during the late Pleistocene and Holocene

The terraces were deposited during the **humid phases** and, — with the exception of the autochthonous travertine deposit — deposition moved downward from the highest parts of the region. This led to **straight longitudinal profiles** of the river beds as reconstructed from the remaining tops of the terraces. These profiles stands in sharp contrast to the **concave upward „sagging" profiles** of the rivers developed during their erosional phases. The longitudinal profiles of the present river beds are of the second type. The present, rather inconspicuous deposition of the rivers observed between 1,100 and 1,200 m above sea-level, may therefore be regarded only as a minor deposition in the lower course of the rivers due to the shortage of water under the present hyper-arid conditions, but not as the beginning of a new depositional phase on the scale of the Nieder- or Hauptterrasse.

Legende

zur Kartierung im ungefähren Maßstab 1 : 25 000
3 Blätter: NF 34 I,25; NF 33 XII,253; NF 33 XII,192

- Älteste Terrassenreste an den Hängen des Yebbigué-Tales
- Oberterrasse (OT), Restschotter in rotbraunem Boden
- Hauptterrasse (HT)
- HT-Erosionsniveau auf Basalt
- Verkrustete Feinmaterial- bzw. Kalktuffakkumulation der HT („Mittel-Terrasse")
- Niederterrasse (NT)
- Rezentes Bett der Enneris mit Niedrigwasser (NW)- und Hochwasser (HW)-Rinnen
- Wasserführende NW-Rinne
- Schwemmfächer-Rinnen
- Steilkante, Steilhang bzw. Wand
- mäßig steiler Hang
- Quelle
- 15 Nummer eines Querprofils (siehe Text)
- 1250 (1250) Meereshöhe, ( ) geschätzt
- Neolithischer Siedlungsrest bzw. Steinplatz
- Rezente Siedlung
- Autopiste

GEOLOGIE

- Dunkle Serie 1 (SN1), Basalte und Tuffe (Trappdecken)
- Helle Serie I (SCI), Rhyolithe, Tuffe, Tuffbreccien
- Dunkle Serie (SN3, SN4), Basalte der „Hänge und Täler", in den Tälern als Talbasalte mit meist ebener Oberfläche
- Jüngste Talbasalte (SN4) mit überwiegend kuppiger Oberfläche

1. NF 34 I, 25

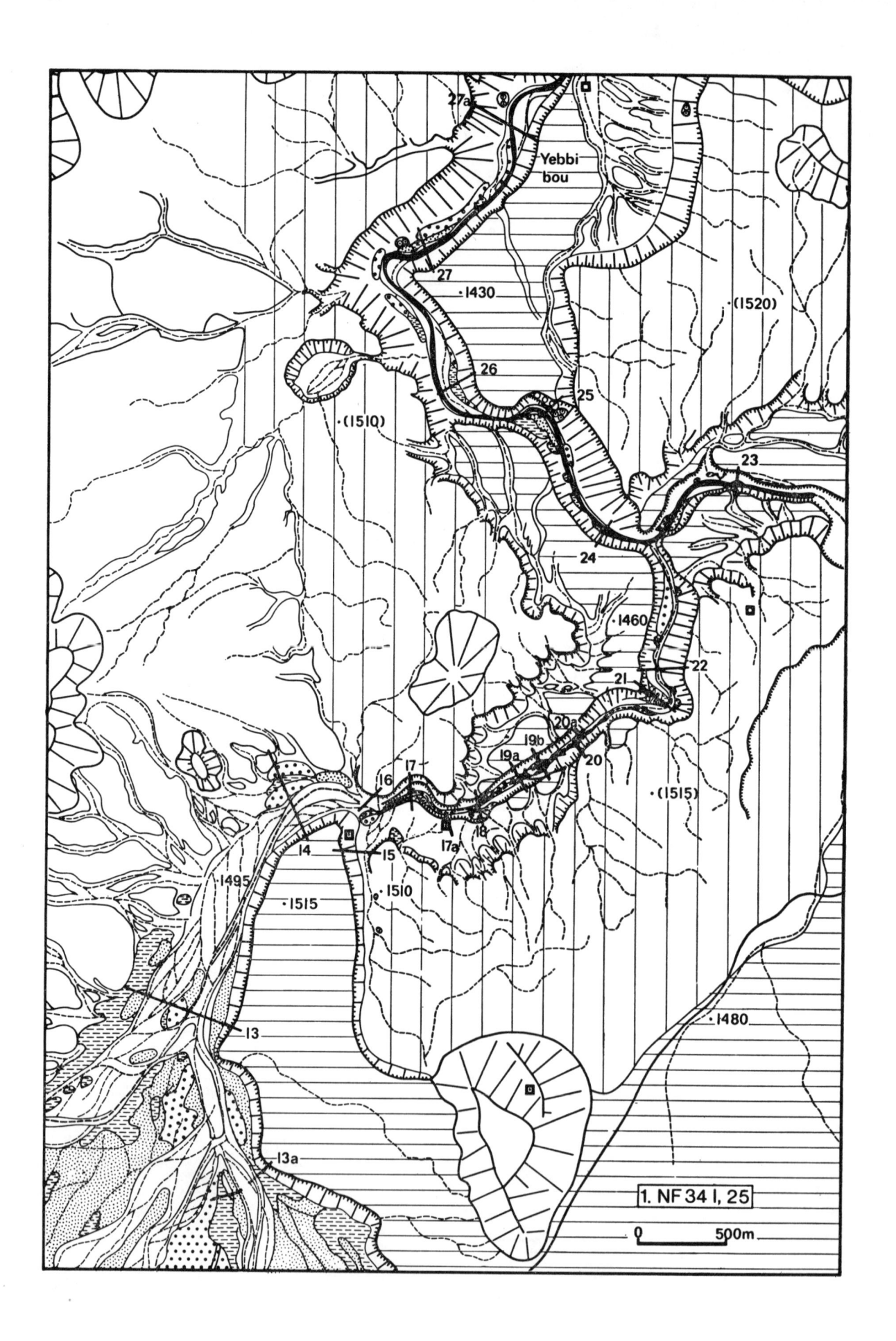

0   500m

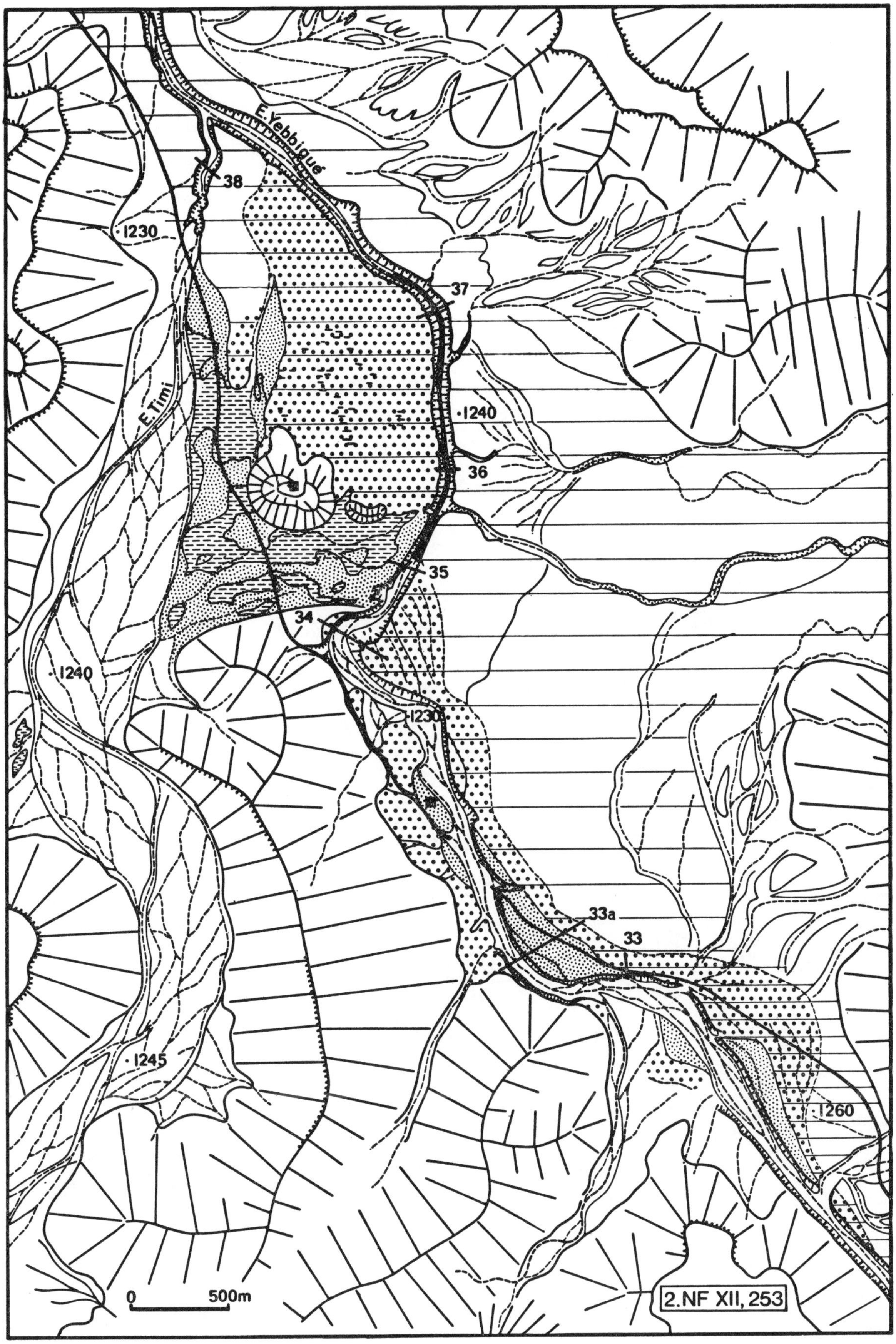

E. Yebbigué
38
1230
37
1240
E. Timi
36
35
34
1240
1230
33a
33
1245
1260
0
500m
2.NF XII, 253

3. NF 33 XII, 192

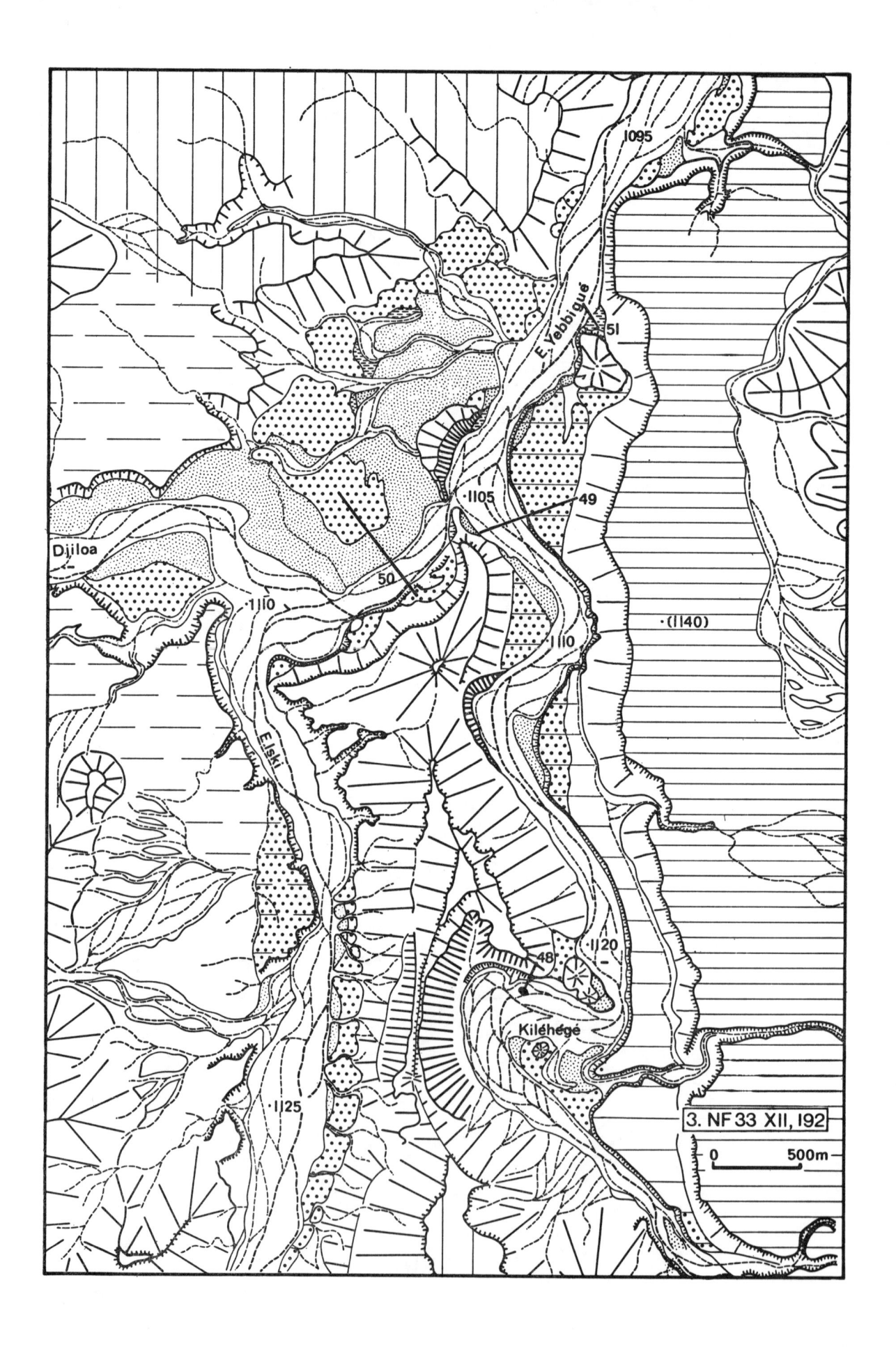

0 — 500m

Literaturverzeichnis

ABDUL-SALAM, A. (1966): Morphologische Studien in der syrischen Wüste und dem Anti-Libanon. — Berliner Geogr. Abh., *3*, 52 S.

BALOUT, L. (1952): Pluviaux, interglaciaires et préhistoire saharienne. — Trav. Inst. Rech. Sahar. Alger., *8*, S. 9 bis 21.

BÖTTCHER, U. (1969): Die Akkumulationsterrassen im Ober- und Mittellauf des Enneri Misky (Süd-Tibesti). — Berliner Geogr. Abh., *8*, S. 7-21.

BÖTTCHER, U.; ERGENZINGER, P. J.; JAECKEL, S.; KAISER, K. (1972): Quartäre Seebildungen und ihre Molluskeninhalte im Tibestigebirge und seinen Rahmenbereichen der zentralen Ostsahara. — Z. f. Geomorph., N. F., *16*, S. 182-234.

BRIEM, E. (1971): Beobachtungen zur Talgenese im westlichen Tibestigebirge. — Dipl.-Arbeit am II. Geogr. Inst. der FU Berlin.

BRINKMANN, R. (1964): Lehrbuch der allgemeinen Geologie, Band 1, Stuttgart.

BÜDEL, J. (1952): Bericht über klimamorphologische und Eiszeitforschung in Niederafrika auf Grund einer Forschungsreise 1950/51. — Erdkunde, *6*, S. 104-132.

BÜDEL, J. (1954): Sinai, die Wüste der Gesetzesbildung. — Abh. Akad. Raumforsch., *28*, Festschr. Hans Mortensen, S. 63-85.

BÜDEL, J. (1955): Reliefgenerationen und plio-pleistozäner Klimawandel im Hoggar-Gebirge (zentrale Sahara). — Erdkunde, *9*, S. 100-115.

BÜDEL, J. (1963): Die pliozänen und quartären Pluvialzeiten der Sahara. — Eiszeitalter und Gegenwart, *14*, S. 161-187.

BÜDEL, J. (1969): Der Eisrindeneffekt als Motor der Tiefenerosion in der exzessiven Talbildungszone. — Würzburger Geogr. Arb., *25*, 41 S.

BÜDEL, J. (1970): Der Begriff: Tal. — Tübinger Geogr. Studien, *34*, Sonderbd. 3, Festschr. H. Wilhelmy, S. 21 bis 34.

BÜDEL, J. (1971): Das natürliche System der Geomorphologie mit kritischen Gängen zum Formenschatz der Tropen. — Würzburger Geogr. Arb., *34*, 152 S.

BÜDEL, J. (1972): Typen der Talbildung in verschiedenen klimamorphologischen Zonen. — Z. f. Geomorph., N.F., Suppl. Bd. *14*, S. 1-20.

BUSCHE, D. (1972 a): Untersuchungen an Schwemmfächern auf der Nordabdachung des Tibestigebirges (République du Tchad). — Berliner Geogr. Abh., *16*, S. 113-123.

BUSCHE, D. (1972 b): Untersuchungen zur Pedimententwicklung im Tibestigebirge (République du Tchad). — Z. f. Geomorph., N. F., Suppl. Bd. *15*, S. 21-38.

BUSCHE, D. (1973): Die Entstehung von Pedimenten und ihre Überformung, untersucht an Beispielen aus dem Tibestigebirge, République du Tchad. — Berliner Geogr. Abh., *17*.

BUTZER, K. W.; HANSEN, C. L. (1968): Desert and River in Nubia. — Geomorphology and Prehistoric Environments of the Aswan Reservoir. Milwaukee and London, 562 S.

CAMPO, M. van; COHEN, J.; GUINET, Ph.; ROGNON, P. (1965): Contribution à l'étude du peuplement végétal quaternaire des montagnes sahariennes. — Pollen et Spores, *VII*, S. 361-371.

CHAVAILLON, J. (1964): Les formations quaternaires du Sahara Nord-Occidental. — C. N. R. S. Sér. 5, Géologie, 393 S.

CONRAD, G. (1963): Synchronisme du dernier pluvial dans le Sahara septentrional et le Sahara méridional. — C. R. Acad. Sc., *252*, 17, S. 2506-2509.

CZAJKA, W. (1972): El Volcan. Ein Bergfußschwemmfächer mit Schlammströmen in einer ariden Tallandschaft NW-Argentiniens. — Gött. Geogr. Abh., *60*, Festschr. H. Poser, S. 125-141.

DALLONI, M. (1934): Mission au Tibesti (1930-31). — Mém. de l'Acad. des Sciences de l'Institut de France, *61* et *62*, Paris, 372 und 458 S.

DAVIS, W. M. (1912): Die erklärende Beschreibung der Landformen. — Leipzig und Berlin.

DUBIEF, J. (1959): Le climat du Sahara, Tôme 1. — Trav. de l'Inst. d. Rech. Sahar. I, Alger, 312 S.

DUBIEF, J. (1963): Le climat du Sahara, Tôme 2. — Trav. de l'Inst. d. Rech. Sahar. II, Alger, 275 S.

ERGENZINGER, P. J. (1968): Beobachtungen im Gebiet des Trou au Natron, Tibestigebirge. — Die Erde, *99*, S. 176-183.

ERGENZINGER, P. J. (1969): Rumpfflächen, Terrassen und Seeablagerungen im Süden des Tibestigebirges. — Tagungsber. und wiss. Abh. Deutscher Geogr. Tag Bad Godesberg 1967, S. 412-427.

ERGENZINGER, P. J. (1971): Das südliche Vorland des Tibesti. Beiträge zur Geomorphologie der südlichen zentralen Sahara. — Habil.-Arb. an der FU Berlin, 173 S.

ERGENZINGER, P. J. (1972): Reliefentwicklung an der Schichtstufe des Massif d'Abo (Nordwesttibesti). — Z. f. Geomorph., N. F., Suppl. Bd. *15*, S. 93-112.

FAIRBRIDGE, R. W. (1965): Eiszeitklima in Nordafrika. — Geol. Rundsch., *54*, S. 399-414.

FAURE, H. (1966): Evolution des grands lacs sahariens à l'Holocène. — Quaternaria, *VIII*, INQUA, Denver, *15*, S. 167-175.

FLOHN, H. (1966): Warum ist die Sahara trocken? — Z. f. Meteorol., *17*, S. 216-230.

GABRIEL, B. (1970): Die Terrassen des Enneri Dirennao. Beiträge zur Geschichte eines Trockentales im Tibestigebirge. — Dipl.-Arb. am II. Geogr. Inst. der FU Berlin, 93 S.

GABRIEL, B. (1972): Terrassenentwicklung und vorgeschichtliche Umweltbedingungen im Enneri Dirennao (Tibesti, östl. Zentral-Sahara). — Z. f. Geomorph., N. F., Suppl. Bd. *15*, S. 113-128.

GABRIEL, B. (1973): Von der Routenaufnahme zum Gemini-Photo. Die Tibestiforschung seit Gustav Nachtigal. — Kartogr. Miniaturen, *4*, Berlin, 96 S.

GANSSEN, R. (1968): Trockengebiete. Böden, Bodennutzung, Bodenkultivierung, Bodengefährdung. — B. I.-Hochschultaschenbücher, 354/354 a, 186 S.

GAVRILOVIC, D. (1969): Klima-Tabellen für das Tibestigebirge. Niederschlagsmenge und Lufttemperatur. — Berliner Geogr. Abh., *8*, S. 47-48.

GAVRILOVIC, D. (1970): Die Überschwemmungen im Wadi Bardagué im Jahr 1968 (Tibesti, Rép. du Tchad). — Z. f. Geomorph., N. F., *14*, S. 202-218.

GAVRILOVIC, D. (1972): Experimente zur Klimageomorphologie; Flußterrassen und Pedimente. — Z. f. Geomorph., N. F., *16*, S. 315-331.

GEZE, B.; HUDELEY, H.; VINCENT, P. M.; WACRENIER, P. (1959): Les volcans du Tibesti. — Bull. volcanol. C. R. de la XIe Ass. générale à Toronto 1957, Neapel, S. 135-172.

GÖBEL, P.; LESER, H.; STÄBLEIN, G. (1973): Geomorphologische Kartierung — Richtlinien zur Herstellung geomorphologischer Karten 1 : 25 000. — Arbeitskreis Geomorph. Karte der BRD, Geogr. Inst. der Univ. Marburg, 25 S.

GOSSMANN, H. (1970): Theorien zur Hangentwicklung in verschiedenen Klimazonen. — Würzburger Geogr. Arb., *31*, 146 S.

GROVE, A. T. (1960): Geomorphology of the Tibesti region with special references to western Tibesti. — Geogr. Journal, *126*, S. 18-27.

GRUNERT, J. (1972 a): Die jungpleistozänen und holozänen Flußterrassen des oberen Enneri Yebbigué im zentralen Tibestigebirge (Rép. du Tchad) und ihre klimatische Deutung. — Berliner Geogr. Abh. *16*, S. 124-137.

GRUNERT, J. (1972 b): Zum Problem der Schluchtbildung im Tibestigebirge (Rép. du Tchad). — Z. f. Geomorph., N. F., Suppl. Bd. *15*, S. 144-155.

HABERLAND, W. (1970): Vorkommen von Krusten, Wüstenlacken und Verwitterungshäuten sowie einigen Kleinformen der Verwitterung entlang eines Profils von Misratah (an der libyschen Küste) nach Kanaya (am Nordrand des Erg de Bilma). — Dipl.-Arb. am II. Geogr. Inst. der FU Berlin, 60 S.

HAGEDORN, H. (1966): Landforms of the Tibesti Region. — South Central Libya and Northern Chad. ed. J. J. WILLIAMS and E. KLITZSCH, Tripoli, S. 53-58.

HAGEDORN, H. (1967): Beobachtungen an Inselbergen im westlichen Tibestivorland. — Berliner Geogr. Abh., *5*, S. 17-22.

HAGEDORN, H. (1969): Studien über den Formenschatz der Wüste an Beispielen aus der Südostsahara. — Tagungsber. u. wiss. Abh. Deutscher Geogr. Tag, Bad Godesberg, 1967, S. 401-411.

HAGEDORN, H. (1971): Untersuchungen über Relieftypen arider Räume an Beispielen aus dem Tibestigebirge und seiner Umgebung. — Z. f. Geomorph., N. F. Suppl. Bd. *11*, Habil.-Arb., 251 S.

HAGEDORN, H.; JÄKEL, D. (1969): Bemerkungen zur quartären Entwicklungen des Reliefs im Tibestigebirge (Tchad). — Bull. Ass. Sénégal. Quatern. Ouest Afr., *23*, S. 25-41.

HECKENDORFF, W. D. (1969): Witterung und Klima im Tibestigebirge. — Unveröff. Staatsex.-Arb., Geomorph. Labor der FU Berlin, 217 S.

HECKENDORFF, W. D. (1972): Zum Klima des Tibestigebirges. — Berliner Geogr. Abh., *16*, S. 123-143.

HEMPEL, L. (1966): Klimamorphologische Taltypen und die Frage einer humiden Höhenstufe in europäischen Mittelmeerländern. — Petermanns Geogr. Mitt., *110*, S. 81-96.

HERVOUET, M. (1958): Le B. E. T. (Borkou-Ennedi-Tibesti). — Fort Lamy, 108 S.

HJULSTRÖM, F. (1932): Das Transportvermögen der Flüsse und die Bestimmung des Erosionsbetrages. — Geogr. Annaler, *XIV*, S. 244-258.

HÖLLERMANN, P. (1972): Zur Frage der unteren Strukturbodengrenze in Gebirgen der Trockengebiete. — Z. f. Geomorph., N. F., Suppl. Bd. *15*, S. 156-166.

HÖVERMANN, J. (1954): Über die Höhenlage der Schneegrenze in Äthiopien und ihre Schwankungen in historischer Zeit. — Nachr. Akad. d. Wiss. Göttingen, Math. Phys. Klasse, *4*, S. 111-137.

HÖVERMANN, J. (1960): Schollenrutschungen und Erdfließungen im nördlichen Elburs (Iran). — Z. f. Geomorph., N. F. Suppl. Bd. *1*, S. 206-210.

HÖVERMANN, J. (1962): Über Verlauf und Gesetzmäßigkeit der Strukturbodengrenze. — Biul. Periglac. *11*, S. 201-207.

HÖVERMANN, J. (1963): Vorläufiger Bericht über eine Forschungsreise ins Tibesti-Massiv. — Die Erde, 94, S. 126-135.

HÖVERMANN, J. (1967 a): Die wissenschaftlichen Arbeiten der Station Bardai im ersten Arbeitsjahr (1964/65). — Berliner Geogr. Abh., *5*, S. 7-10.

HÖVERMANN, J. (1967 b): Hangformen und Hangentwicklung zwischen Syrte und Tchad. — Les Congr. et Coll. de l'Univ. de Liège, *40*, S. 139-156.

HÖVERMANN, J. (1972): Die periglaziale Region des Tibesti und ihr Verhältnis zu angrenzenden Formungsregionen. — Gött. Geogr. Abh., *60*, Festschrift H. POSER, S. 261-284.

HORMANN, K. (1964): Torrenten in Friaul und die Längsprofilentwicklung auf Schottern. — Münchener Geogr. Hefte, *26*.

INDERMÜHLE, D. (1972): Mikroklimatische Untersuchungen im Tibestigebirge (Sahara). — Hochgebirgsforschung, *2*, S. 121-142.

JÄKEL, D. (1967): Vorläufiger Bericht über Untersuchungen fluviatiler Terrassen im Tibestigebirge. — Berliner Geogr. Abh., *5*, S. 39-49.

JÄKEL, D. (1971): Erosion und Akkumulation im Enneri Bardagué-Arayé des Tibestigebirges (zentrale Sahara) während des Pleistozäns und Holozäns. — Berliner Geogr. Abh. *10*, 52 S.

JÄKEL, D.; SCHULZ, E. (1972): Spezielle Untersuchungen an der Mittelterrasse im Enneri Tabi (Tibestigebirge). — Z. f. Geomorph., N. F., Suppl. Bd. *15*, S. 129-143.

JANNSEN, G. (1969): Einige Beobachtungen zu Transport- und Abflußvorgängen im Enneri Bardagué bei Bardai in den Monaten April, Mai und Juni 1966. — Berliner Geogr. Abh., *8*, S. 41-46.

JANNSEN, G. (1970): Morphologische Untersuchungen im nördlichen Tarso Voon (zentrales Tibesti). — Berliner Geogr. Abh., *9*, 36 S.

JANNSEN, G. (1972): Periglazialerscheinungen in Trockengebieten — ein vielschichtiges Problem. — Z. f. Geomorph., N. F., Suppl. Bd. *15*, S. 167-176.

JUX, U.; KEMPF, E. K. (1971): Stauseen durch Travertinabsatz im zentralafghanischen Hochgebirge. — Z. f. Geomorph., N. F., Suppl. Bd. *12*, S. 107-138.

KAISER, E. (1926): Die Diamantenwüste Südwestafrikas. — 2 Bände, Berlin.

KAISER, K. (1970): Über Konvergenzen arider und „periglazialer" Oberflächenformung und zur Frage einer Trockengrenze solifluidaler Wirkungen am Beispiel des Tibestigebirges. — Abh. des I. Geogr. Inst. der FU Berlin, *13*, S. 147-188, Festschrift J. H. SCHULTZE.

KAISER, K. (1972 a): Der känozoische Vulkanismus im Tibestigebirge. — Berliner Geogr. Abh., *16*, S. 7-36.

KAISER, K. (1972 b): Prozesse und Formen der ariden Verwitterung am Beispiel des Tibestigebirges und seiner Rahmenbereiche in der zentralen Sahara. — Berliner Geogr. Abh., *16*, S. 59-92.

KAISER, K. (1972 c): Das Tibestigebirge in der zentralen Ostsahara und seine Rahmenbereiche. Geologie und Naturlandschaft. — Die Sahara und ihre Randgebiete, ed. H. Schiffers, Bd. III, München.

KALLENBACH, H. (1972): Petrographie ausgewählter quartärer Lockersedimente und eisenreicher Krusten der libyschen Sahara. — Berliner Geogr. Abh., 16, S. 83-94.

KANTER, H. (1963): Eine Reise in NO-Tibesti (Republik Tschad) 1958. — Petermanns Geogr. Mitt., 107, S. 21-30.

KING, L. C. (1967): The morphology of the earth. A study and synthesis of world scenery. — Edinburgh et al., 2. Aufl.

KLITZSCH, E. (1965): Zur regionalgeologischen Position des Tibesti-Massivs. — MAX-RICHTER-Festschrift, Clausthal-Zellerfeld, S. 11-125.

KLITZSCH, E. (1966): Bericht über starke Niederschläge in der Zentralsahara (Herbst 1963). — Z. f. Geomorph. N. F., 10, S. 161-168.

KLITZSCH, E. (1970): Die Strukturgeschichte der Zentralsahara. — Geol. Rundschau, 59, S. 459-527.

KNETSCH, G.; REFAI, E. (1955): Über Wüstenverwitterung, Wüstenfeinrelief und Denkmalszerfall in Ägypten. — Neues Jahrb. f. Geol. u. Paläont., 101, S. 227 bis 256.

KUBIENA, W. L. (1955): Über die Braunlehmrelikte des Atakor (Hoggar-Gebirge, zentrale Sahara. — Erdkunde, 9, S. 115-132.

LAMB, H. H. (1964): Klimaänderungen in der Sahara und in Zentralasien. — Umschau, 21.

LAPPARENT, A. F. de (1966): Les dépôts de travertins des montagnes Afghanes à l'ouest de Kabul. — Rév. Géogr. Phys. et Géol. Dyn., 2. Sér., 8, S. 351-357.

LEOPOLD, L. B.; WOOLMANN, M. G.; MILLER, J. P. (1964): Fluvial Processes in Geomorphology. — San Francisco and London, 552 S.

LEOPOLD, L. B.; EMMETT, W. W.; MYRICK, R. M. (1966): Channel and Hillslope Processes in a Semiarid Area, New Mexico. — US Geol. Survey Prof. Paper 352-G, S. 193-253.

LOUIS, H. (1957): Der Reliefsockel als Gestaltungsmerkmal des Abtragungsreliefs. — Stuttgarter Geogr. Studien, 69, Festschr. H. Lautensach.

LOUIS, H. (1964): Über Rumpfflächen und Talbildung in den wechselfeuchten Tropen, besonders nach Studien in Tanganjika. — Z. f. Geomorph., N. F. 8, S. 43-70.

LOUIS, H. (1968): Allgemeine Geomorphologie. — Berlin et al., 3. Aufl., 522 S.

LOUIS, H. (1973): Fortschritte und Fragwürdigkeiten in neueren Arbeiten zur Analyse fluvialer Landformung besonders in den Tropen. — Z. f. Geomorph., N. F. 17, S. 1-43.

MACHATSCHEK, F. (1938/40): Das Relief der Erde. — 2 Bde., 2. Aufl., Berlin 1955.

MAULL, O. (1938): Geomorphologie. — Enzyklopädie der Erdkunde, 2. Aufl., Leipzig und Wien, 1958.

MALEY, J. (1973): Paléoclimatologie. — Les variations climatiques dans le bassin du Tchad durant le dernier millénaire; essai d'interprétation climatique de l'Holocène Africain. — C. R. Acad. Sci. Paris, A., 276, Sér. D, S. 1673-1675.

MALEY, J.; COHEN, J.; FAURE, H.; ROGNON, P.; VINCENT, P. M. (1970): Quelques formations lacustres et fluviatiles associées à différentes phases du volcanisme du Tibesti (Nord du Tchad). — Cah. ORSTOM, sér. Géol. II, 1, S. 127-152.

MALEY, J.; COUR, P.; GUINET, Ph.; COHEN, J.; DUZER, D. (1971): Reconnaissance des flux polliniques et de la sédimentation actuelle au Sahara nord-occidental. — Actes de la III. Conf. Internat. de Palynologie, Novosibirsk.

MAUNY, R. (1956): Préhistoire et zoologie: la grande „Faune Ethiopienne" du Nord-Ouest Africain du paléolithique à nos jours. — Bull. Inst. Franc. Afric. Noire, XVIII, A, S. 246-279.

MECKELEIN, W. (1959): Forschungen in der zentralen Sahara. — Braunschweig. 181 S.

MENSCHING, H. (1955): Das Quartär in den Gebirgen Marokkos. — Petermanns Geogr. Mitt., Erg.-H. 256, 79 S.

MENSCHING, H. (1969): Bergfußflächen und das System der Flächenbildung in den (semi)ariden Subtropen und Tropen. — Geol. Rundschau, 58, S. 62-82.

MENSCHING, H.; GIESSNER, K.; STUCKMANN, G. (1970): Sudan-Sahel-Sahara. — Jahrb. d. Geogr. Ges. Hannover, 1969, 219 S.

MENSCHING, H.; GIESSNER, K.; STUCKMANN, G. (1970): Die Hochwasserkatastrophe in Tunesien im Herbst 1969. — Geogr. Zeitschr., 58, S. 81-94.

MESSERLI, B. (1972 a): Tibesti — zentrale Sahara. Arbeiten aus der Hochgebirgsregion. Grundlagen. — Hochgebirgsforschung, 2, S. 7-23.

MESSERLI, B. (1972 b): Formen und Formungsprozesse in der Hochgebirgsregion des Tibesti. — Hochgebirgsforschung, 2, S. 23-81.

MEYER, B.; MOSHREFI, N. (1969): Experimente zur Entstehung von Einwaschungstonlamellen in Böden und Sedimenten durch Fließvorgänge im ungesättigten Feuchtezustand. — Gött. Bodenkundl. Ber., 7.

MOLLE, H. G. (1969): Terrassenuntersuchungen im Gebiet des Enneri Zoumri (Tibestigebirge). — Berliner Geogr. Abh., 8, S. 23-31.

MOLLE, H. G. (1971): Gliederung und Aufbau fluviatiler Terrassenakkumulation im Gebiet des Enneri Zoumri (Tibestigebirge). — Berliner Geogr. Abh., 13, 52 S.

MORTENSEN, H. (1927): Der Formenschatz der nordchilenischen Wüste. — Abh. d. Ges. d. Wiss. zu Göttingen, math.-phys. Kl. N. F. XII, 1, S.

MORTENSEN, H. (1930): Scheinbare Wiederbelebung der Erosion. — Peterm. Geogr. Mitt., 76, S. 15-16.

MORTENSEN, H. (1933): Die „Salzsprengung" und ihre Bedeutung für die regionalklimatische Gliederung der Wüste. — Peterm. Geogr. Mitt., 79, S. 130-135.

MORTENSEN, H. (1942): Zur Theorie der Flußerosion. — Nachr. d. Akad. d. Wiss. zu Göttingen, math.-phys. Kl. 3, S. 35-56.

MORTENSEN, H. (1950): Das Gesetz der Wüstenbildung. — UNIVERSITAS, 5, Stuttgart, S. 801-814.

MORTENSEN, H. (1953): Neues zum Problem der Schichtstufenlandschaft. Einige Ergebnisse einer Reise durch den Südwesten der USA. Sommer und Herbst 1952. — Nachr. d. Akad. d. Wiss. in Göttingen, math.-phys. Kl., 2, S. 3-22.

MORTENSEN, H. (1960): Über Wandverwitterung und Hangabtragung in semiariden und vollariden Gebieten. — Union Géogr. Internat., Commission pour l'Etude des Versants, Amsterdam, S. 96-104.

MORTENSEN, H.; HÖVERMANN, J. (1957): Filmaufnahmen der Schotterbewegungen im Wildbach. — Peterm. Geogr. Mitt., Erg.-H. 262, Festschrift F. MACHATSCHEK, S. 43-52.

NACHTIGAL, G. (1879): Sahara und Sudan. — 2. Bde., Berlin.

OBENAUF, K. P. (1967): Beobachtungen zur pleistozänen und holozänen Talformung im Nordwest-Tibesti. — Berliner Geogr. Abh., *5*, S. 27-37.

OBENAUF, K. P. (1971): Die Enneris Gonoa, Toudoufou, Oudingueur und Nema Yesko im nordwestlichen Tibesti. Beobachtungen zu Formen und zur Formung in den Tälern eines ariden Gebirges. — Berliner Geogr. Abh., *12*, 70. S.

PACHUR, H. J. (1966): Untersuchungen zur morphoskopischen Sandkornanalyse. — Berliner Geogr. Abh., *4*, 35 S.

PACHUR, H. J. (1970): Zur Hangformung im Tibestigebirge (Rép. du Tchad). — Die Erde, *101*, S. 41-54.

PACHUR, H. J. (1972): Geomorphologische Untersuchungen in der Serir Tibesti. — Habil.-Arb. am F. B. 24, Geowiss., der FU Berlin.

PASSARGE, S. (1927): Die Ausgestaltung der Trockenwüsten im heißen Gürtel. — Düsseld. Geogr. Vortr. und Erört., Breslau, S. 54-66.

PASSARGE, S. (1929): Morphologie der Erdoberfläche. — Breslau.

PENCK, W. (1924): Die morphologische Analyse. — Stuttgart.

POSER, H.; HÖVERMANN, J. (1952): Beiträge zur morphometrischen Schotteranalyse. — Abh. d. Braunschweig. Wiss. Ges., *4*, S. 12-36.

QUEZEL, P. (1965): La Végétation du Sahara. — Stuttgart.

RICHTHOFEN, F. von (1886): Führer für Forschungsreisende. — Hannover.

ROGNON, P. (1961): Les types d'encroûtements calcaires dans les vallées du Nord de l'Atakor. — Bull. de la Soc. d'Histoire Nat. de l'Afrique du Nord, XXXXXII, Alger, S. 94-103.

ROGNON, P. (1967 a): Le massif de l'Atakor et ses bordures. — ed. CNRS, Paris, 562 S.

ROGNON, P. (1967 b): Climatic Influences on the African Hoggar during the Quaternary, based on Geomorphologic Observations. — Ann. of the Ass. of Americ. Geogr., *57*, 1, S. 115-127.

ROHDENBURG, H. (1968): Zur Deutung der quartären Taleintiefung in Mitteleuropa. — Die Erde, *99*, S. 297 bis 304.

ROHDENBURG, H. (1970): Morphodynamische Aktivitäts- und Stabilitätszeiten statt Pluvial- und Interpluvialzeiten. — Eiszeitalter u. Gegenw., *21*, S. 81-96.

ROHDENBURG, H; SABELBERG, U. (1969): Kalkkrusten und ihr klimatischer Aussagewert. Neue Beobachtungen aus Spanien und Nordafrika. — Göttinger Bodenkundl. Ber., *7*, S. 3-26.

RUELLAN (1967): Individualisation et Accumulation du Calcaire dans les Sols et les Dépôts Quaternaires du Maroc. — Cah. ORSTOM, sér. Pédol., *5*, 4, S. 421-460.

RUST, U. (1970): Beiträge zum Problem der Inselberglandschaften aus dem mittleren Südwestafrika. — Hamburger Geogr. Studien, *23*, 280 S.

RUTTE, E. (1958): Kalkkrusten in Spanien. — Neues Jb. Geol. Paläontol., *106*, S. 52-138.

RUTTE, E. (1960): Kalkkrusten im östlichen Mittelmeergebiet. — Z. d. Deutschen Geol. Ges., *112*, S. 81-90.

SCHARLAU, K. (1958): Zum Problem der Pluvialzeiten in Nordost-Iran. — Z. f. Geomorph. N. F., 2, S. 258-277.

SCHIFFERS, H. (1973): Die Sahara und ihre Randgebiete. — 3 Bde., München.

SCHINDLER, P.; MESSERLI, B. (1972): Das Wasser der Tibesti-Region. — Hochgebirgsforschung, 2, S. 143-152.

SCHMITT, M. (1957): Gerinnehydraulik. — VEB Technik und Bau GmbH, Berlin und Wiesbaden.

SCHOLZ, H. (1967): Baumbestand, Vegetationsgliederung und Klima des Tibestigebirges. — Berliner Geogr. Abh., *5*, S. 11-16.

SCHULZ, E. (1970): Bericht über pollenanalytische Untersuchungen quartärer Sedimente aus dem Tibestigebirge und dessen Vorland. — Manuskr. am Geomorph. Labor der FU Berlin.

SCHULZ, E. (1973): Zur quartären Vegetationsgeschichte der zentralen Sahara unter Berücksichtigung eigener pollenanalytischer Untersuchungen aus dem Tibesti-Gebirge. — Unveröff. Staatsex.-Arb., Geomorph. Lobar der FU Berlin, 141 S.

SCHUMM, S. A. (1956): Evolution of Drainage Systems and Slopes in Badlands at Perth Amboy. — N. J. Bull. Geol. Soc. of America, 67, S. 597-646.

SCHUMM, S. A. (1961): Effect of Sediment Characteristics on Erosion and Deposition in Ephemeral Channels. — US Geol. Survey Prof. Paper, *352*.

SCHWARZBACH, M. (1953): Das Alter der Wüste Sahara. — N. Jb. für Geol., Mineral. und Paläontol., 4, S. 157 bis 174.

SCHWARZBACH, M. (1964): Edaphisch bedingte Wüsten. Mit Beispielen aus Island, Teneriffa und Hawaii. — Z. f Geomorph. N. F., *8*, S. 440-452.

SEMMEL, A. (1971): Zur jungquartären Klima- und Reliefentwicklung in der Danakilwüste (Äthiopien). — Erdkunde, 3, S. 199-208.

SERVANT, M. (1970): Données stratigraphiques sur le Quaternaire supérieur et récent au Nord-Est du Lac Tchad. — Cah. ORSTOM, sér. Géol., S. 95-114.

SEUFFERT, O. (1970): Die Reliefentwicklung der Grabenregion Sardiniens. Ein Beitrag zur Frage der Entstehung von Fußflächen und Fußflächensystemen. — Würzburger Geogr. Arb., *24*, 129 S.

SMITH, K (1958): Erosional Processes and Landforms in Badlands National Monument, South Dakota. — Bull. Geol. Soc. of America, 69, S. 975-1008.

STOCK, P. (1972): Photogeologische und tektonische Untersuchungen am Nordrand des Tibestigebirges, Zentralsahara, Tschad. — Berliner Geogr. Abh., *14*.

STOCK, P.; PÖHLMANN, G. (1969): Ofouni 1 : 50 000. Geologisch-morphologische Luftbildinterpretation. — Beilage in STOCK, P. (1972), Berliner Geogr. Abh., *14*.

TRICART, J.; CAILLEUX, A. (1960/61): Le modelé des régions sèches. Tome I und II, Paris, 129 S. und 179 S.

TROLL, C. (1941): Studien zur vergleichenden Geographie der Hochgebirge der Erde. — Ber. 23. Hauptvers. d. Ges. v. Freunden d. Univ. Bonn, Bonn, S. 49-96.

TROLL, C. (1957): Tiefenerosion, Seitenerosion und Akkumulation der Flüsse im fluvioglazialen und periglazialen Bereich. — Peterm. Geogr. Mitt. Erg.-H. *262*, Festschr. F. MACHATSCHEK, S. 213-226.

TROLL, C. (1959): Die tropischen Gebirge. Ihre dreidimensionale klimatische und pflanzengeographische Zonierung. — Bonner Geogr. Abh., *25*, 93 S.

TRUCKENBRODT, E. (1968): Strömungsmechanik. Grundlagen und technische Anwendungen. — Berlin, Heidelberg, New York.

TUAN, Y. F. (1966): New Mexican Gullies: a critical Review and some recent Observations. — Ann. Assoc. Americ. Geogr., 56, S. 573-597.

VILLINGER, H. (1967): Statistische Auswertung von Hangneigungsmessungen im Tibestigebirge. — Berliner Geogr. Abh., 5, S. 51-65.

VINCENT, P. M. (1963): Les volcans tertiaires et quaternaires du Tibesti — occidental et central (Sahara du Tchad). — Mém. Bur. Rech. Géol. et Min., 23, ed. BRGM, Paris, 307 S.

VOLK, O. H.; GEYGER, E. (1970): „Schaumböden" als Ursache der Vegetationslosigkeit in ariden Gebieten. — Z. f. Geomorph. N. F., 14, S. 79-94.

WACRENIER, Ph. (1958): Notice explicative de la Carte Géologique provisoire du B.-E.-T. au 1 : 1 Mill. — Inst. équator. rech. et d'étud. géol. et min., Brazzaville, S. 1-24.

WEISE, O. (1970): Zur Morphodynamik der Pediplanation mit Beispielen aus Iran. — Z. f. Geomorph. N. F., 10, S. 64-87.

WENZENS, G. (1972): Morphologische Entwicklung der „Basin-Ranges" in der Sierra Madre Oriental (Nordmexiko). — Z. f. Geomorph. N. F. Suppl.-Bd. 15, S. 39 bis 54.

WERNER, D. J. (1971): Böden mit Kalkanreicherungshorizonten in NW-Argentinien. — Göttinger Bodenkundl. Ber., 19, S. 167-181.

WERTZ, J. B. (1964): Les phénomènes d'érosion et de dépôt dans les vallées habituellement sèches du Sud-Ouest des Etats-Unis. — Z. f. Geomorph. N. F., 8, S. 71-104.

WERTZ, J. B. (1966): The Flood Cycle of ephemeral Mountain Streams in the south western United States. — Ann. Assoc. Americ. Geogr., 56, S. 598-633.

WERTZ, J. B. (1970): The Start of an ephemeral Stream. — Z. f. Geomorph. N. F., 14, S. 96-102.

WILHELMY, H. (1958): Klimamorphologie der Massengesteine. — Braunschweig, 238 S.

WINIGER, M. (1972): Die Bewölkungsverhältnisse der zentral-saharischen Gebirge aus Wettersatellitenbildern. — Hochgebirgsforschung, 2, S. 87-120.

WIRTH, E. (1958): Morphologische und bodenkundliche Beobachtungen in der syrischen Wüste. — Erdkunde, 12, S. 26-42.

WISSMANN, H. von (1951): Über seitliche Erosion. Beiträge zu ihrer Beobachtung, Theorie und Systematik im Gesamthaushalt fluviatiler Formenbildung. — Coll. Geogr., 1, Bonn, 71 S.

WUNDT, W. (1962): Aufriß und Grundriß der Flußläufe vom physikalischen Standpunkt aus betrachtet. — Z. f. Geomorph. N. F., 6, S. 198-217.

ZEUNER, F. F. (1953): Das Problem der Pluvialzeiten. — Geol. Rundschau, 41, S. 242-253.

ZIEGERT, H. (1969): Gebel ben Ghnema und Nord-Tibesti. Pleistozäne Klima- und Kulturenfolge in der zentralen Sahara. — Wiesbaden, 164 S.

ZINDEREN BAKKER, E. M. van (1969): The Pluvial Theory — an Evaluation in the Light of new Evidence, especially for Africa. — The Palaeobot, 15, S. 128-134.

ZURBUCHEN, M.; MESSERLI, B.; INDERMÜHLE, D. (1972): Emi Koussi — eine Topographische Karte vom höchsten Berg der Sahara. — Hochgebirgsforschung, 2, S. 161-179.

Karten und Luftbilder:

Carte de l'Afrique 1 : 1 000 000, die Blätter NF 33 (Djado), NF 34 (Tibesti Est), NE 33 (Bilma) und NE 34 (Largeau), Institut Géographique National, Paris.

Carte Géologique Provisoire du Borkou-Ennedi-Tibesti 1 : 1 000 000 par Ph. WACRENIER, 1958, Brazzaville.

Minute Photogrammétriue 1 : 200 000, die Blätter NF 33 VI (Tarso Yéga), NF 33 XII (Aozou), NF 34 I (Yebbi Bou) und NF 34 VII (Guézenti). — Institut Géographique National, Paris.

Luftbilder im ungefähren Maßstab 1 : 50 000, die Serien NF 33 VI (Tarso Yéga), NF 33 XII (Aozou), NF 34 I (Yebbi Bou) und NF 34 VII (Guézenti). — Institut Géographique National, Paris.

Abb. 1 SCI-Flachrelief südwestlich von Yebbi Zouma in 1400 m bis 1450 m Höhe. Das Flachrelief, das hier in einer hohen Stufe zum Yebbigué-Tal abbricht, steigt in niedrigen Schichtstufen nach Süden zum Tarso Tieroko hin an. Die Erhebung im linken Bildmittelgrund stellt einen Zeugenberg dar.
(Alle unbenannten Abbildungen stammen vom Verfasser)

Abb. 2 Große Schotterschwemmebene im östlichen Vorland des Tarso Tieroko (1500 m bis 1600 m). Der Blick geht vom Fuß des Tieroko-Massivs nach Nordosten über die weite, mit einzelnen Akazien bestandene Ebene bis zum N-S verlaufenden Hochrücken des Osttibesti im Hintergrund. Dessen höchste Erhebung im linken Bildteil ist der Mouskorbé (3376 m). Die hellen Bänder im Vorder- und Mittelgrund des Bildes stellen mit dürrem Gras bestandene Tiefenlinien dar

Abb. 3 Zwei Talgenerationen 3 km oberhalb Yebbi Bou in 1400 m Höhe: Im Vordergrund die junge Talbasaltschlucht mit bis zu 50 m hohen Wänden, im Hintergrund die über die fast ebene Talbasaltoberfläche aufragenden SCI-Hänge des alten, geräumigen Yebbigué-Tales.

Abb. 4 Yebbigué-Tal: beckenartige Erweiterung der Yebbigué-Schlucht 4 km unterhalb von Yebbi Bou in 1300 m Höhe. Im Vordergrund Talbasaltblöcke, im Hintergrund die über 200 m hohen, gestuften SCI-Hänge der alten, geräumigen Yebbigué-Talung.

Abb. 5 Yebbigué-Tal: Talbasaltschlucht des Yebbigué oberhalb von Yebbi Zouma in etwa 1200 m Höhe. Die Schlucht ist hier im jüngeren Talbasalt ausgebildet. Im Hintergrund Ausläufer des SCI-Flachreliefs.

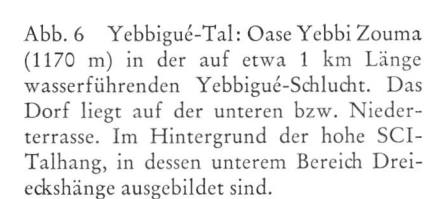

Abb. 6 Yebbigué-Tal: Oase Yebbi Zouma (1170 m) in der auf etwa 1 km Länge wasserführenden Yebbigué-Schlucht. Das Dorf liegt auf der unteren bzw. Niederterrasse. Im Hintergrund der hohe SCI-Talhang, in dessen unterem Bereich Dreieckshänge ausgebildet sind.

Abb. 7 Yebbigué-Tal: Talbasaltschlucht des Yebbigué 3 km unterhalb von Yebbi Zouma (Profil 45, 1150 m). Die Schlucht ist an der Nahtstelle zwischen älterem (rechts) und jüngerem Talbasalt (links) eingetieft und daher asymmetrisch. Im Hintergrund der hohe SCI-Talhang, rechts mit aufgesetztem Trachytkegel.

Abb. 8 Yebbigué-Tal: Die gleiche Stelle wie Abb. 7, von der Höhe des südlich gelegenen SCI-Hanges aufgenommen. Deutlich lassen sich die beiden verschieden alten Basaltstromgenerationen unterscheiden. Der ältere Basaltstrom besitzt eine graubraune, der jüngere dagegen eine fast schwarze Oberfläche. Die helle Linie ist die Autopiste.

Abb. 9 Yebbigué-Tal in Höhe von Profil 54 (1080 m): Das breite, sedimentreiche Tal bildet einen scharfen Gegensatz zur engen Basaltschlucht. Der Talbasaltstrom endet 3 km oberhalb von dieser Stelle in einer schmalen Zunge. Im Bildmittelgrund ist ein ausgedehntes Vorkommen der oberen bzw. Hauptterrasse zu erkennen.

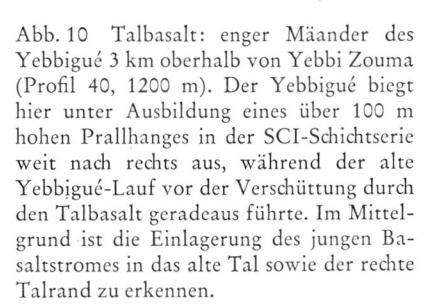

Abb. 10 Talbasalt: enger Mäander des Yebbigué 3 km oberhalb von Yebbi Zouma (Profil 40, 1200 m). Der Yebbigué biegt hier unter Ausbildung eines über 100 m hohen Prallhanges in der SCI-Schichtserie weit nach rechts aus, während der alte Yebbigué-Lauf vor der Verschüttung durch den Talbasalt geradeaus führte. Im Mittelgrund ist die Einlagerung des jungen Basaltstromes in das alte Tal sowie der rechte Talrand zu erkennen.

Abb. 11 Talbasalt: Yebbigué-Schlucht 4 km südlich von Yebbi Zouma (Profil 39). Unter dem 30 m mächtigen jüngeren Talbasalt ist eine 5 m mächtige, rote Schotterakkumulation aufgeschlossen (Bildhintergrund). Im Vordergrund das blockübersäte Flußbett.

Abb. 12 Talbasalt: Yebbigué-Schlucht 5 km südlich von Yebbi Bou (Profil 17, 1480 m Höhe). Rotviolett gefrittete Schotterakkumulation unter dem älteren Talbasalt. Als Größenmaßstab dient das Feldbuch im Format DIN A 5.

Abb. 13 Terrassen: Tarso Tieroko, Calderenausgang in 1900 m Höhe (Profil 1). Im Vordergrund ist das breite, schutt- und kiesreiche Flußbett, im Mittelgrund links die 25 m hohe obere bzw. Hauptterrasse mit mehreren, leicht vorstehenden bodenartigen Bänken und im Hintergrund die Steilwand der Caldera mit „Hangglacis" (MENSCHING, 1970) am Unterhang zu erkennen.

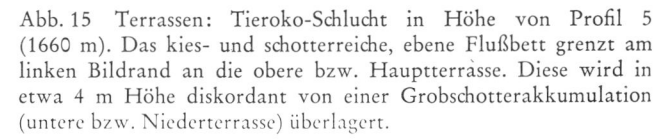

Abb. 15 Terrassen: Tieroko-Schlucht in Höhe von Profil 5 (1660 m). Das kies- und schotterreiche, ebene Flußbett grenzt am linken Bildrand an die obere bzw. Hauptterrasse. Diese wird in etwa 4 m Höhe diskordant von einer Grobschotterakkumulation (untere bzw. Niederterrasse) überlagert.

Abb. 14 Terrassen: Aufschluß der oberen bzw. Hauptterrasse im Mittellauf der Tieroko-Schlucht, zwischen Profil 4 und Profil 5, in 1700 m Höhe. Die gut geschichtete Terrasse im Hintergrund besitzt eine viel geringere Materialgröße als das heutige Flußbett im Vordergrund.

Abb. 16 Terrassen: Blick von Profil 7 in 1540 m Höhe nach SW gegen das Tieroko-Massiv. Das Flußbett ist hier schwemmfächerartig breit und leicht gewölbt — zusammen mit den einsedimentierten Akazien ein Hinweis auf rezente Akkumulation. Am linken Bildrand grenzt es an die ausgedehnte Niederterrassenflur des großen Tieroko-Vorlandschwemmfächers.

Abb. 17 Terrassen: obere bzw. Hauptterrasse auf der Schwemmebene südlich von Yebbi Zouma (1200 m). Über hellen, seekreideähnlichen Sedimenten liegt konkordant eine Grobmaterialakkumulation.

Abb. 18 Terrassen: Schwemmebene südlich von Yebbi Zouma (Profil 43). Der mächtige rotbraune Boden am linken Bildrand wird im Bildmittelgrund von der hellen, überwiegend seekreideartigen oberen bzw. Hauptterrasse überlagert.

Abb. 19 Terrassen: Äußerlich stark verkrustete Feinmaterialakkumulation der oberen bzw. Hauptterrasse auf der unteren Schotterschwemmebene südlich von Yebbi Bou (Profil 14, 1500 m). Die Feinmaterialakkumulation geht nach unten konkordant in eine Grobmaterialakkumulation über.

Abb. 20 Terrassen: Aufschluß an gleicher Stelle (Profil 14). Unter der harten Außenkruste ist die Akkumulation weich und bodenartig und enthält zahlreiche Schneckenschalen (helle Punkte). In Höhe des Hammerstiels sind schwarze Torfhorizonte angeschnitten.

Abb. 21 Terrassen: „Wasserfall" in der Basaltschlucht südlich von Yebbi Bou (Profil 19, 1450 m). Die Oberfläche der hier in der Schlucht als Kalktuffakkumulation ausgebildeten Feinmaterialakkumulation der oberen bzw. Hauptterrasse zieht sich glatt über die 11 m hohe Stufe hinweg. Oberhalb der Stufe erniedrigt sich die Tuffakkumulation auf 50 cm, während sie 30 m unterhalb 9 m Höhe erreicht (siehe Kalktuffklotz am rechten Bildrand sowie an der Basaltwand angebackener Rest auf der linken Seite). Standort: Oberfläche eines 7 m hohen Kalktuffklotzes.

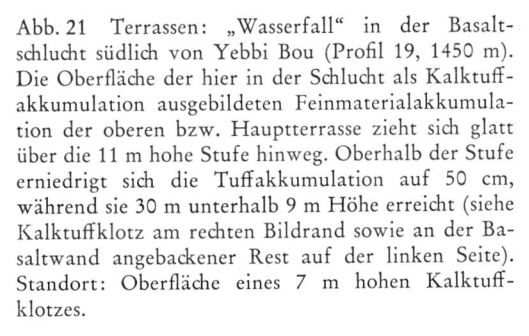

Abb. 22 Terrassen: Schlucht südlich von Yebbi Bou in Höhe von Profil 20 (1440 m). In eine Nische der harten Kalktuffakkumulation ist eine weiche Seekreideakkumulation eingelagert (Bildmitte und links). Sie enthält massenhaft Schneckenschalen, Schilf- und Characeenbruchstücke. In Profil 20 wurde das gleiche Sediment mit 8180±70 J. b. p. datiert (14-C-Datierung).

Abb. 23 Terrassen: Schlucht südlich von Yebbi Bou in Höhe von Profil 21 (1430 m). An den Schluchthang angebackener überhängender Rest der mächtigen Kalktuffakkumulation (Aufnahme D. BUSCHE). Die folgende Detailaufnahme ist mit der Blickrichtung schräg nach oben gegen die überhängende Wand der Tuffakkumulation aufgenommen.

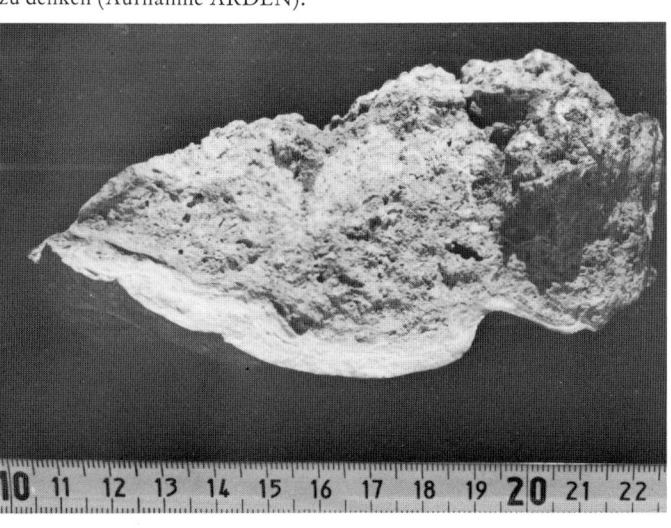

Abb. 24 Nahaufnahme: An der überhängenden Kalktuffwand haben sich dicke, lackartige Überzüge sowie tropfsteinähnliche Gebilde aus sehr hartem Kalksinter gebildet.

Abb. 26 Terrassen: Kalktuffbrücke in der Schlucht südlich von Yebbi Bou (Profil 23, 1420 m). Am Übergang der klammartig engen Yebbigué-Schlucht (Bildhintergrund) in eine Talweitung ist in 15 m bis 20 m Höhe über dem rezenten Flußbett eine Kalktuffbrücke ausgebildet. Darunter tritt am Fuß der Felswand eine stark schüttende Quelle aus. Das Flußbett führt daher Wasser. Einen Hinweis auf das reiche Wasserangebot gibt die üppige Vegetation am Rande des Flußbettes.

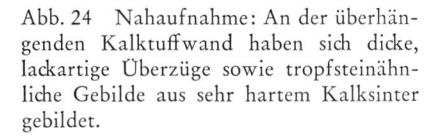

Abb. 25: Detailaufnahme eines abgeschlagenen Kalktuffstückes: Deutlich hebt sich die poröse, zellige Struktur des Kalktuffs gegen die dichte, jahresringartige Struktur des Kalksinters ab. Das horizontal liegende Handstück ist in Wirklichkeit auf der Spitze senkrecht stehend zu denken (Aufnahme ARDEN).

Abb. 27 Flußbett: Schlucht 5 km südlich von Yebbi Bou in Höhe von Profil 18 (1480 m). Das sand- und kiesreiche Flußbett ist von kubikmetergroßen, kantengerundeten Basalt- und Rhyolithblöcken übersät, die gegenwärtig beim Abkommen des Flusses noch bewegt werden. Die Flutmarke verläuft an der linken Schluchtwand in 4 m Höhe.

Abb. 28 Flußbett: Schlucht 5 km südlich von Yebbi Bou, etwas unterhalb von Profil 18. Zugerundeter Rhyolith-Riesenblock von über 2 m Länge (der Hammer auf dem Block dient als Maßstab). Der Block wird gegenwärtig beim Abkommen des Flusses wahrscheinlich kurzzeitig rollend fortbewegt.

Abb. 29 Flußbett: Yebbigué-Tal zwischen Profil 33 und Profil 34 (1220 m). Das Flußbett ist hier als reines Erosionsbett im anstehenden älteren Talbasalt ausgebildet.

Abb. 30 Flußbett: wasserführende Schluchtstrecke, 6 km südlich von Yebbi Zouma (Profil 35, Profil 36, 1200 m). Das Bild zeigt im Vordergrund eine wassergefüllte Übertiefung, eine sog. Guelta, im Mittelgrund ein dicht mit Sauergräsern (*Carex* u. a) und dahinter mit Schilf *(Typha)* bewachsenes wasserführendes Flußbett.

Abb. 31 Flußbett: Yebbigué-Schlucht bei Kiléhégé (Profil 47, 1130 m). Das Treibholz markiert die Höhe der letzten Flut. Der helle Streifen rechts im Bildmittelgrund ist ein Salzausblühungshorizont.

Abb. 32 Flußbett: östlicher Nebenfluß kurz vor der Einmündung in den Yebbigué (500 m nördlich von Profil 52, 1090 m Höhe). Auf dem schwemmfächerartig breiten Flußbett wird gegenwärtig kräftig akkumuliert, wie aus den normalerweise hochstämmigen, hier aber bis zur Krone einsedimentierten Akazien im Bildmittelgrund zu ersehen ist.

Abb. 33 Klimatischer Vergleich: Yebbigué-Schlucht bei der Oase Yebbi Zouma (1170 m Höhe). Die blockschuttbedeckten Schluchthänge und die Talbasaltoberfläche sind infolge der extremen Trockenheit nahezu völlig vegetationsfrei. Das Flußbett ist absolut trocken und nur von wenigen trockenresistenten Akazien bestanden.

Abb. 34 Klimatischer Vergleich: Basaltschlucht nördlich des Van-Sees, 20 km nördlich Patnos in der Osttürkei (etwa 2000 m Höhe). Im Gegensatz zur Yebbigué-Schlucht sind hier, als Ausdruck des winterkalten und überwiegend winterfeuchten semi-ariden Klimas, Talhänge und Hochflächen von einer dichten Kurzgras-Steppenvegetation bedeckt. Der Fluß führt ganzjährig Wasser (Aufnahme B. RASTER).

Luftbilder

(die Luftbilder im ungefähren Maßstab 1 : 50 000 sind alle genordet und sollen dem Vergleich mit der Karte dienen; bei allen Luftbildern handelt es sich um clichés des Institut Géographique National, Paris).

1. *NF 34 I, 37 IGN, Paris:* Quadrant 18° 20' bis 18° 30' ö. L. und 20° 50' bis 21° 00' n. Br., Höhe 1900 bis 2200 m. Das Luftbild liegt etwas außerhalb der Karte.

Die von einzelnen Sandsteinmassiven überragte Basalthochfläche (SN3) ist von ausgedehnten fossilen, vor allem aber auch rezenten Schwemmfächern bzw. -ebenen bedeckt — ein Ausdruck der in dieser Höhenregion des Gebirges (etwa 2000 m) stark wirksamen flächenhaften Formungstendenz. Hierbei handelt es sich auf Basalt um Schotterschwemmfächer bzw. -ebenen, im Vorland der Sandsteinmassive um Sandschwemmfächer bzw. -ebenen.

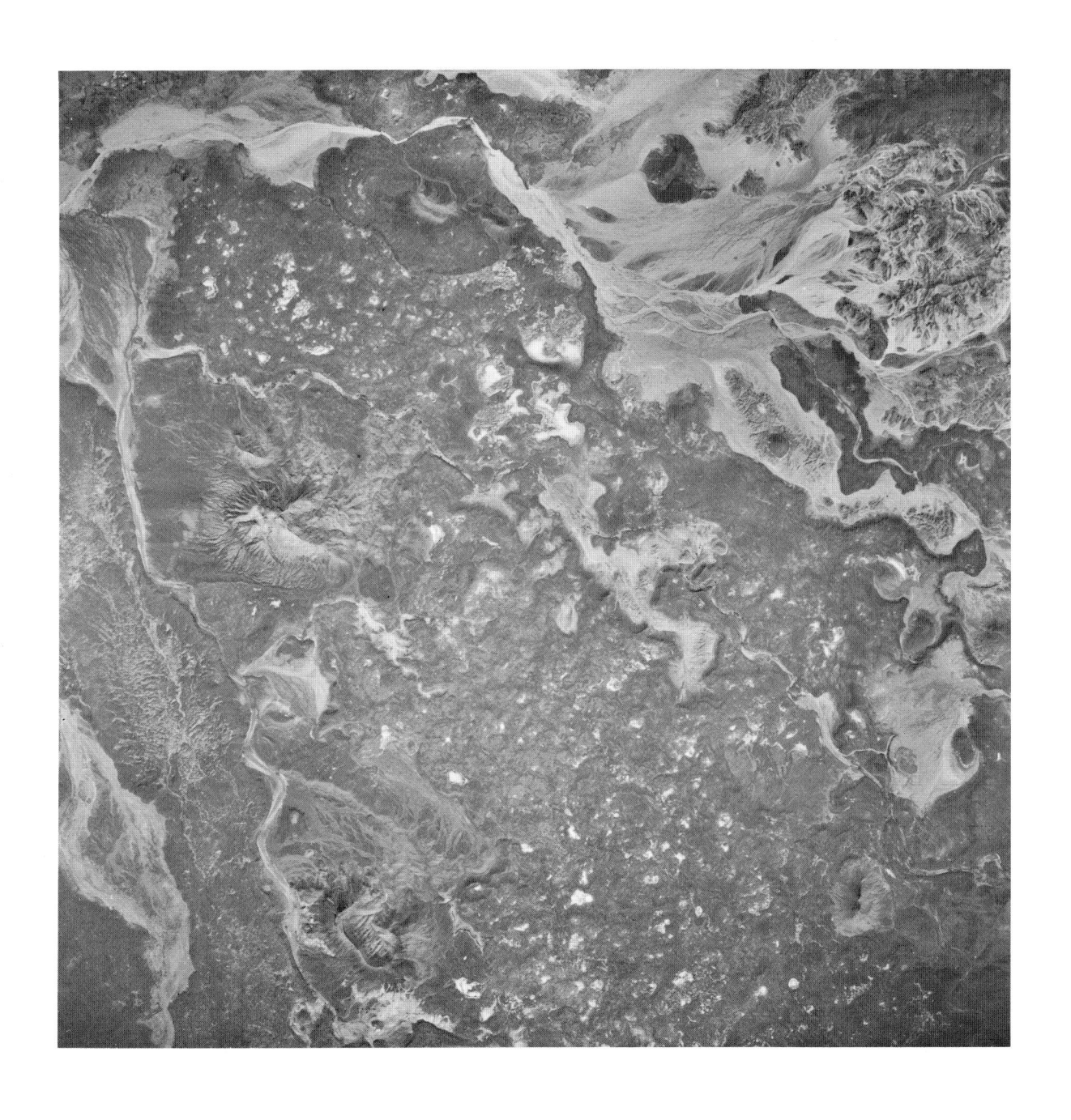

2. *NF 34 I, 84 IGN, Paris:* Quadrant 18° 10' bis 18° 20' ö. L. und 20° 40' bis 20° 50' n. Br., Höhe 1600 bis 1800 m.
Die Basalthochfläche (SN3) besitzt ein schlecht entwickeltes Gewässernetz, dafür aber zahlreiche abflußlose Depressionen (als helle Flecken sichtbar). Am linken Bildrand ist ein sehr junger Basaltstrom gut zu erkennen (SN4).

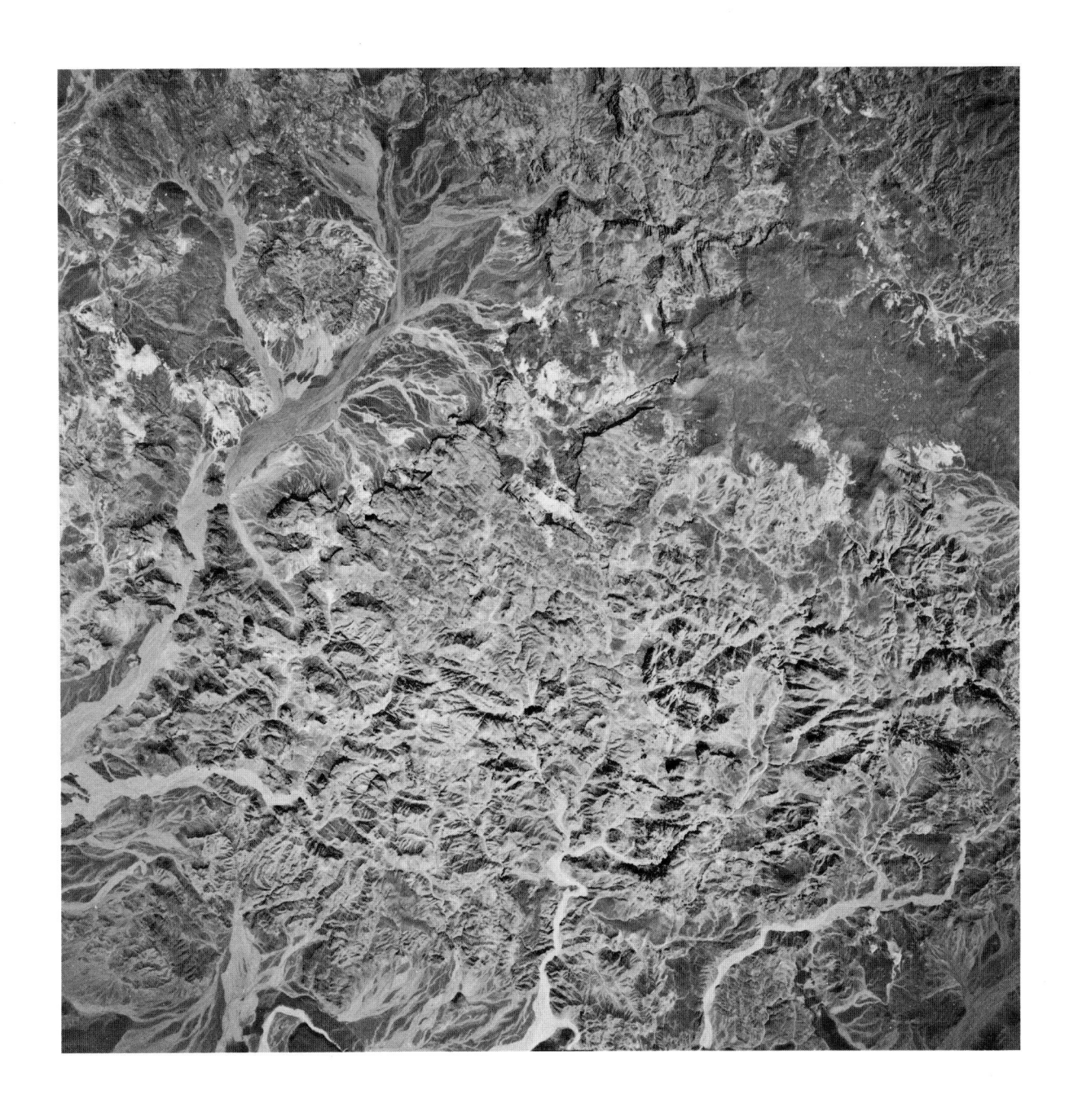

3. *NF 34 I, 76 IGN, Paris:* Quadrant 18° 10' bis 18° 20' ö. L. und 20° 50' bis 21° 00' n. Br., Höhe 1600 bis 2000 m.
Das an seinen Rändern stark zerschnittene Sandsteinplateau weist ein sehr unübersichtliches Gewässernetz auf. Die Täler folgen im allgemeinen den Kluftlinien. Typisch sind die engen klammartigen Oberläufe der Täler. Im rechten oberen Bildteil wird das Sandsteinplateau von einem Basaltstrom überdeckt.

4. *NF 34 I, 21 IGN, Paris:* Quadrant 18° 00' bis 18° 10' ö. L. und 20° 50' bis 21° 00' n. Br., Höhe 1250 bis 1500 m.
Auf dem Bild sind die beiden Talgenerationen des oberen Yebbigué zu erkennen: die geräumige, tief in das SCI-Plateau eingeschnittene alte Yebbigué-Talung und die enge, junge Basaltschlucht des heutigen Yebbigué. In der rechten Bildhälfte ist die Schlucht im älteren Talbasalt (SN3), in der linken oberen Bildhälfte im jüngeren Talbasalt ausgebildet. Der jüngere Talbasalt zieht als schmaler Strom aus einem östlichen Seitental in das Yebbigué-Tal hinab (obere Bildhälfte). Am rechten unteren Bildrand liegt die Oase Yebbi Bou.

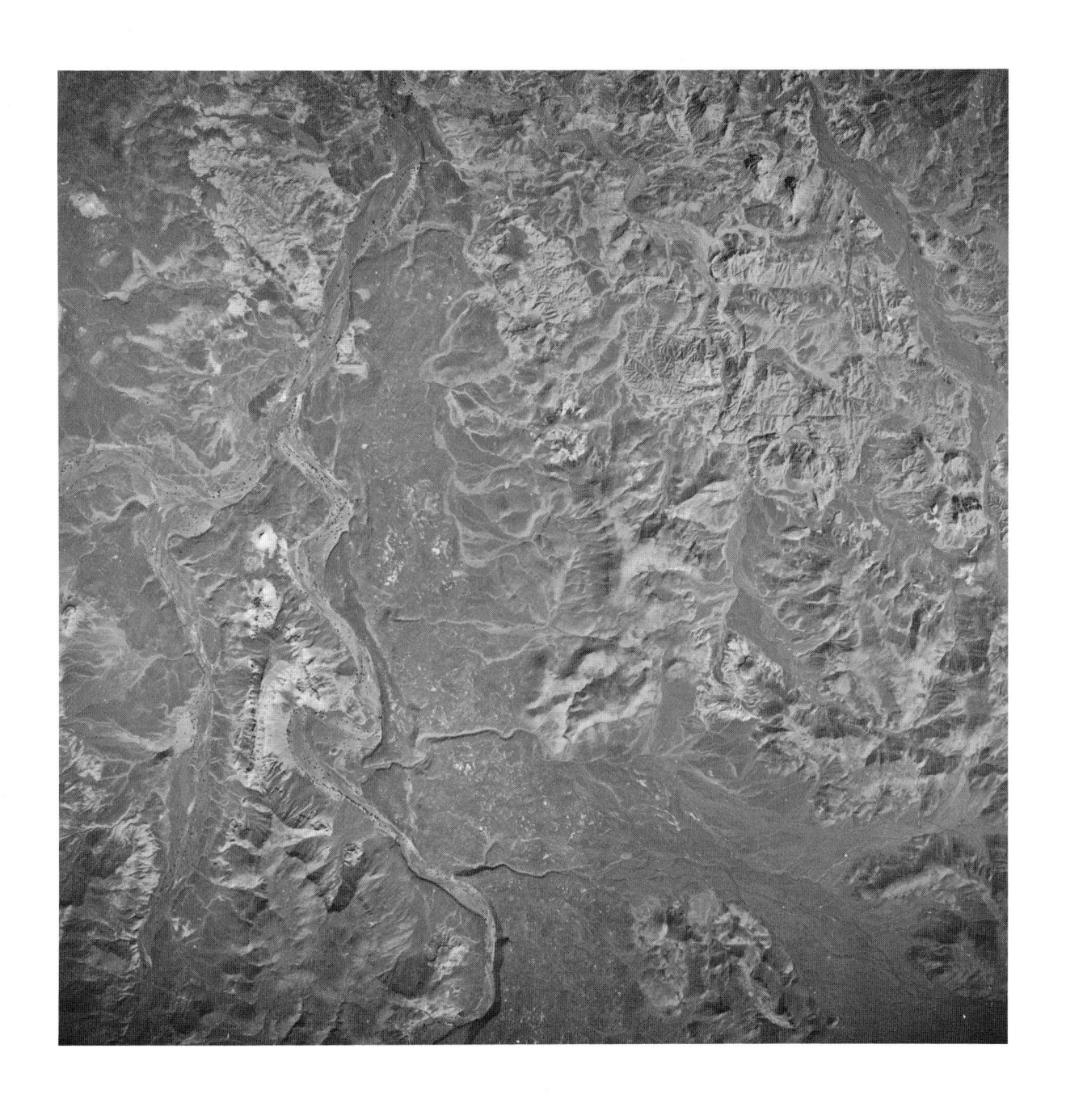

5. *NF 33 XII, 193 IGN, Paris:* Quadrant 17° 50' bis 18° 00' ö. L. und 21° 10' n. Br., Höhe 1100 bis 1300 m.
Nach der Vereinigung mit dem von Westen kommenden Iski/Djiloa weitet sich die vorher relativ enge, gefällsreiche und stark mäandrierende Yebbigué-Schlucht beträchtlich aus und geht in ein breites, gefällsarmes Sohlental über. Der an der dunklen Färbung erkennbare Talbasaltstrom des Yebbigué-Tales endet in einer schmalen Zunge am oberen Bildrand.

6. *NF 33 XII, 204 IGN, Paris:* Quadrant 17° 40' bis 17° 50' o. L. und 21° 00' bis 21°' n. Br., Höhe 1500 bis 2300 m.
Das Bild zeigt einen Ausschnitt aus dem charakteristischen Grat- und Schluchtenrelief von der Nordabdachung des Tarso Toon (SN2-Vulkanmassiv). Die vom Kraterrand (linke untere Ecke des Bildes) strahlenförmig ausgehenden, sehr gefällsreichen Schluchten weisen einen hohen Sedimenttransport auf — ein Befund, der insbesondere durch die breite Sohle der Schlucht im Mittelteil des Bildes angedeutet ist. Die beträchtlichen Sedimentmengen werden am Fuß des Vulkanmassivs in ausgedehnten Schwemmfächern abgelagert.

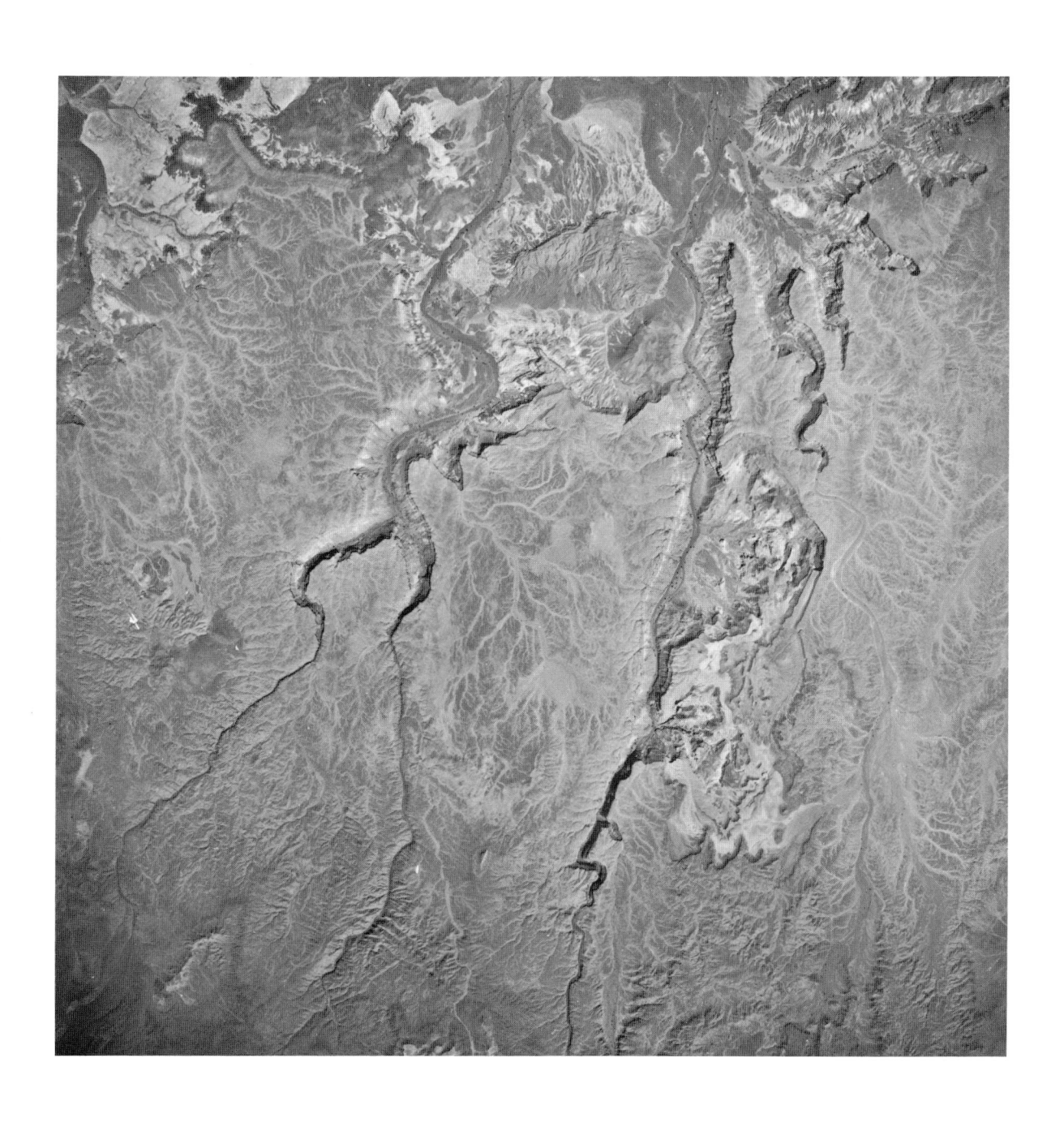

7. *NF 33 XII, 189 IGN, Paris:* Quadrant 17° 40' bis 17° 50' ö. L. und 21° 10' n. Br., Höhe 1200 bis 1500 m.
Das leicht nach Norden abgedachte SCI-Plateau läßt ein dichtes Muster von gut entwickelten baumförmigen bzw. dendritischen Talnetzen erkennen. Die breitsohligen, kaum eingeschnittenen Tälchen weiten sich an mehreren Stellen zu unregelmäßig geformten, flachen Depressionen (als helle Flecken sichtbar). Der Rand des Plateaus ist von den Flüssen zerschnitten und wirkt daher stark zerlappt. Dies gilt insbesondere für den Mittelteil des Bildes, wo die trichterartigen Täler zweier größerer Flüsse tief in die Hochfläche zurückgreifen.

Verzeichnis

der bisher erschienenen Aufsätze (A), Mitteilungen (M) und Monographien (Mo)
aus der Forschungsstation Bardai/Tibesti

BÖTTCHER, U. (1969): Die Akkumulationsterrassen im Ober- und Mittellauf des Enneri Misky (Südtibesti). Berliner Geogr. Abh., Heft 8, S. 7-21, 5 Abb., 9 Fig., 1 Karte. Berlin. (A)

BÖTTCHER, U.; ERGENZINGER, P.-J.; JAECKEL, S. H. (†) und KAISER, K. (1972): Quartäre Seebildungen und ihre Mollusken-Inhalte im Tibesti-Gebirge und seinen Rahmenbereichen der zentralen Ostsahara. Zeitschr. f. Geomorph., N. F., Bd. 16, Heft 2, S. 182-234. 4 Fig., 4 Tab., 3 Mollusken-Tafeln, 15 Photos. Stuttgart. (A)

BRUSCHEK, G. J. (1972): Soborom — Souradom — Tarso Voon — Vulkanische Bauformen im zentralen Tibesti-Gebirge — und die postvulkanischen Erscheinungen von Soborom. — Berliner Geogr. Abh., Heft 16, S. 35-47, 9 Fig., 14 Abb. Berlin. (A)

BRUSCHEK, G. J. (1974): Zur Geologie des Tibesti-Gebirges (Zentrale Sahara). — FU Pressedienst Wissenschaft, Nr. 5/74, S. 15-36. Berlin. (A)

BUSCHE, D. (1972): Untersuchungen an Schwemmfächern auf der Nordabdachung des Tibestigebirges (République du Tchad). Berliner Geogr. Abh., Heft 16, S. 113-123. Berlin. (A)

BUSCHE, D. (1972): Untersuchungen zur Pedimententwicklung im Tibesti-Gebirge (République du Tchad). Zeitschr. f. Geomorph., N. F., Suppl.-Bd. 15, S. 21-38. Stuttgart. (A)

BUSCHE, D. (1974): Die Entstehung von Pedimenten und ihre Überformung, untersucht an Beispielen aus dem Tibesti-Gebirge, République du Tchad. — Berliner Geogr. Abh., Heft 18, 130 S., 57 Abb., 22 Fig., 1 Tab., 6 Karten. Berlin. (Mo)

ERGENZINGER, P. (1966): Road Log Bardai — Trou au Natron (Tibesti). In: South-Central Libya and Northern Chad, ed. by J. J. WILLIAMS and E. KLITZSCH, Petroleum Exploration Society of Libya, S. 89-94. Tripoli. (A)

ERGENZINGER, P. (1967): Die natürlichen Landschaften des Tschadbeckens. Informationen aus Kultur und Wirtschaft. Deutsch-tschadische Gesellschaft (KW) 8/67. Bonn. (A)

ERGENZINGER, P. (1968): Vorläufiger Bericht über geomorphologische Untersuchungen im Süden des Tibestigebirges. Zeitschr. f. Geomorph., N. F., Bd. 12, S. 98-104. Berlin. (A)

ERGENZINGER, P. (1968): Beobachtungen im Gebiet des Trou au Natron/Tibestigebirge. Die Erde, Zeitschr. d. Ges. f. Erdkunde zu Berlin, Jg. 99, S. 176-183. (A)

ERGENZINGER, P. (1969): Rumpfflächen, Terrassen und Seeablagerungen im Süden des Tibestigebirges. Tagungsber. u. wiss. Abh. Deut. Geographentag, Bad Godesberg 1967, S. 412-427. Wiesbaden. (A)

ERGENZINGER, P. (1969): Die Siedlungen des mittleren Fezzan (Libyen). Berliner Geogr. Abh., Heft 8, S. 59-82, Tab., Fig., Karten. Berlin. (A)

ERGENZINGER, P. (1972): Reliefentwicklung an der Schichtstufe des Massiv d'Abo (Nordwesttibesti). Zeitschr. f. Geomorph., N. F., Suppl.-Bd. 15, S. 93-112. Stuttgart. (A)

ERGENZINGER, P. (1972): Siedlungen im westlichen Teil des südlichen Libyen (Fezzan). — In: Die Sahara und ihre Randgebiete, Bd. II, ed. H. Schiffers, S. 171-182, 11 Abb. Weltforum Vlg. München. (A)

GABRIEL, B. (1970): Bauelemente präislamischer Gräbertypen im Tibesti-Gebirge (Zentrale Ostsahara). Acta Praehistorica et Archaeologica, Bd. 1, S. 1-28, 31 Fig. Berlin. (A)

GABRIEL, B. (1972): Neuere Ergebnisse der Vorgeschichtsforschung in der östlichen Zentralsahara. Berliner Geogr. Abh., Heft 16, S. 181-186. Berlin. (A)

GABRIEL, B. (1972): Terrassenentwicklung und vorgeschichtliche Umweltbedingungen im Enneri Dirennao (Tibesti, östliche Zentralsahara). Zeitschr. f. Geomorph., N. F., Suppl.-Bd. 15, S. 113-128. 4 Fig., 4 Photos. Stuttgart. (A)

GABRIEL, B. (1972): Beobachtungen zum Wandel in den libyschen Oasen (1972). — In: Die Sahara und ihre Randgebiete, Bd. II, ed. H. Schiffers, S. 182-188. Weltforum Vlg. München. (A)

GABRIEL, B. (1972): Zur Vorzeitfauna des Tibestigebirges. — In: Palaeoecology of Africa and of the Surrounding Islands and Antarctica, Vol. VI, ed. E. M. van Zinderen Bakker, S. 161-162. A. A. Balkema. Kapstadt. (A)

GABRIEL, B. (1972): Zur Situation der Vorgeschichtsforschung im Tibesti-Gebirge. — In: Palaeoecology of Africa and of the Surrounding Islands and Antarctica, Vol. VI, ed. E. M. van Zinderen Bakker, S. 219-220. A. A. Balkema, Kapstadt. (A)

GABRIEL, B. (1973): Steinplätze: Feuerstellen neolithischer Nomaden in der Sahara. — Libyca A. P. E., Bd. 21, Algier (im Druck). 27 S. Mskr., 9 Fig. (A)

GABRIEL, B. (1973): Von der Routenaufnahme zum Weltraumphoto. Die Erforschung des Tibesti-Gebirges in der Zentralen Sahara. — Kartographische Miniaturen Nr. 4, 96 S., 9 Karten, 12 Abb., ausführl. Bibliographie. Vlg. Kiepert KG, Berlin. (Mo)

GABRIEL, B. (1974): Probleme und Ergebnisse der Vorgeschichte im Rahmen der Forschungsstation Bardai (Tibesti). — FU Pressedienst Wissenschaft, Nr. 5/74, S. 92-105, 10 Abb. Berlin. (A)

GABRIEL, B. (1974): Die Publikationen aus der Forschungsstation Bardai (Tibesti). — FU Pressedienst Wissenschaft, Nr. 5/74, S. 118-126. Berlin. (A)

GAVRILOVIC, D. (1969): Inondations de l'ouadi de Bardagé en 1968. Bulletin de la Société Serbe de Géographie, T. XLIX, No. 2, p. 21-37. Belgrad (In Serbisch). (A)

GAVRILOVIC, D. (1969): Klima-Tabellen für das Tibesti-Gebirge. Niederschlagsmenge und Lufttemperatur. Berliner Geogr. Abh., Heft 8, S. 47-48. Berlin. (M)

GAVRILOVIC, D. (1969): Les cavernes de la montagne de Tibesti. Bulletin de la Société Serbe de Géographie, T. XLIX, No. 1, p. 21-31. 10 Fig. Belgrad. (In Serbisch mit ausführlichem franz. Résumé.) (A)

GAVRILOVIC, D. (1970): Die Überschwemmungen im Wadi Bardagué im Jahr 1968 (Tibesti, Rép. du Tchad). Zeitschr. f. Geomorph., N. F., Bd. 14, Heft 2, S. 202-218, 1 Fig., 8 Abb., 5 Tabellen. Stuttgart. (A)

GAVRILOVIC, D. (1971): Das Klima des Tibesti-Gebirges. — Bull. de la Société Serbe de Géographie, T. Ll, No. 2, S. 17-40, 19 Tab., 9 Abb. Belgrad. (In Serbisch mit ausführlicher deutscher Zusammenfassung.) (A)

GEYH, M. A. und D. JÄKEL (1974): 14C-Altersbestimmungen im Rahmen der Forschungsarbeiten der Außenstelle Bardai/Tibesti der Freien Universität Berlin. — FU Pressedienst Wissenschaft, Nr. 5/74, S. 106-117. Berlin. (A)

GRUNERT, J. (1972): Die jungpleistozänen und holozänen Flußterrassen des oberen Enneri Yebbigué im zentralen Tibesti-Gebirge (Rép. du Tchad) und ihre klimatische Deutung. Berliner Geogr. Abh., Heft 16, S. 124-137. Berlin. (A)

GRUNERT, J. (1972): Zum Problem der Schluchtbildung im Tibesti-Gebirge (Rép. du Tchad). Zeitschr. f. Geomorph., N. F., Suppl.-Bd. 15, S. 144-155. Stuttgart. (A)

GRUNERT, J. (1975): Beiträge zum Problem der Talbildung in ariden Gebieten, am Beispiel des zentralen Tibesti-Gebirges (Rép. du Tchad). — Berliner Geogr. Abh., Heft 22, 95 S., 3 Tab., 6 Fig., 58 Profile, 41 Abb., 2 Karten. Berlin. (Mo)

HABERLAND, W. (1974): Untersuchungen an Krusten, Wüstenlacken und Polituren auf Gesteinsoberflächen der mittleren Sahara (Libyen und Tchad). — Berliner Geogr. Abh., Heft 21. Berlin. (Mo)

HAGEDORN, H. (1965): Forschungen des II. Geographischen Instituts der Freien Universität Berlin im Tibesti-Gebirge. Die Erde, Jg. 96, Heft 1, S. 47-48. Berlin. (M)

HAGEDORN, H. (1966): Landforms of the Tibesti Region. In: South-Central Libya and Northern Chad, ed. by J. J. WILLIAMS and E. KLITZSCH, Petroleum Exploration Society of Libya, S. 53-58. Tripoli. (A)

HAGEDORN, H. (1966): The Tibu People of the Tibesti Moutains. In: South-Central Libya and Northern Chad, ed. by J. J. WILLIAMS and E. KLITZSCH, Petroleum Exploration Society of Libya, S. 59-64. Tripoli. (A)

HAGEDORN, H. (1966): Beobachtungen zur Siedlungs- und Wirtschaftsweise der Toubous im Tibesti-Gebirge. Die Erde, Jg. 97, Heft 4, S. 268-288. Berlin. (A)

HAGEDORN, H. (1967): Beobachtungen an Inselbergen im westlichen Tibesti-Vorland. Berliner Geogr. Abh., Heft 5, S. 17-22, 1 Fig., 5 Abb. Berlin. (A)

HAGEDORN, H. (1967): Siedlungsgeographie des Sahara-Raums. Afrika-Spectrum, H. 3, S. 48 bis 59. Hamburg. (A)

HAGEDORN, H. (1968): Über äolische Abtragung und Formung in der Südost-Sahara. Ein Beitrag zur Gliederung der Oberflächenformen in der Wüste. Erdkunde, Bd. 22, H. 4, S. 257-269. Mit 4 Luftbildern, 3 Bildern und 5 Abb. Bonn. (A)

HAGEDORN, H. (1969): Studien über den Formenschatz der Wüste an Beispielen aus der Südost-Sahara. Tagungsber. u. wiss. Abh. Deut. Geographentag, Bad Godesberg 1967, S. 401-411, 3 Karten, 2 Abb. Wiesbaden. (A)

HAGEDORN, H. (1970): Quartäre Aufschüttungs- und Abtragungsformen im Bardagué-Zoumri-System (Tibesti-Gebirge). Eiszeitalter und Gegenwart, Jg. 21.

HAGEDORN, H. (1971): Untersuchungen über Relieftypen arider Räume an Beispielen aus dem Tibesti-Gebirge und seiner Umgebung. Habilitationsschrift an der Math.-Nat. Fakultät der Freien Universität Berlin. Zeitschr. f. Geomorph. Suppl.-Bd. 11, 251 S. (Mo)

HAGEDORN, H.; JÄKEL, D. (1969): Bemerkungen zur quartären Entwicklung des Reliefs im Tibesti-Gebirge (Tchad). Bull. Ass. sénég. Quatern. Ouest afr., no. 23, novembre 1969, p. 25-41. Dakar. (A)

HAGEDORN, H.; PACHUR, H.-J. (1971): Observations on Climatic Geomorphology and Quaternary Evolution of Landforms in South Central Libya. In: Symposium on the Geology of Libya, Faculty of Science, University of Libya, p. 387-400. 14. Fig. Tripoli. (A)

HECKENDORFF, W. D. (1972): Zum Klima des Tibestigebirges. Berliner Geogr. Abh., Heft 16, S. 145-164. Berlin. (A)

HECKENDORFF, W. D. (1973): Die Hochgebirgswelt des Tibesti. Klima. — In: Die Sahara und ihre Randgebiete, Bd. III ed. H. Schiffers, S. 330-339, 6 Abb., 4 Tab. Weltforum Vlg. München. (A)

HECKENDORFF, W. D. (1974): Wettererscheinungen im Tibesti-Gebirge. — FU Pressedienst Wissenschaft, Nr. 5/74, S. 51—58, 3 Abb. Berlin. (A)

HERRMANN, B.; GABRIEL, B. (1972): Untersuchungen an vorgeschichtlichem Skelettmaterial aus dem Tibestigebirge (Sahara). Berliner Geogr. Abh., Heft 16, S. 165-180. Berlin. (A)

HÖVERMANN, J. (1963): Vorläufiger Bericht über eine Forschungsreise ins Tibesti-Massiv. Die Erde, Jg. 94, Heft 2, S. 126-135. Berlin. (M)

HÖVERMANN, J. (1965): Eine geomorphologische Forschungsstation in Bardai/Tibesti-Gebirge. Zeitschr. f. Geomorph. NF, Bd. 9, S. 131. Berlin. (M)

HÖVERMANN, J. (1967): Hangformen und Hangentwicklung zwischen Syrte und Tschad. Les congrés et colloques de l'Université de Liège, Vol. 40. L'évolution des versants, S. 139-156. Liège. (A)

HÖVERMANN, J. (1967): Die wissenschaftlichen Arbeiten der Station Bardai im ersten Arbeitsjahr (1964/65). Berliner Geogr. Abh., Heft 5, S. 7-10. Berlin. (A)

HÖVERMANN, J. (1971): Die periglaziale Region des Tibesti und ihr Verhältnis zu angrenzenden Formungsregionen. — Göttinger Geogr. Abh., Heft 60 (HANS-POSER-Festschr.), S. 261 bis 283, 4 Abb. Göttingen. (A)

HÖVERMANN, J. (1972): Die periglaziale Region des Tibesti und ihr Verhältnis zu angrenzenden Formungsregionen. Göttinger Geogr. Abh., Heft 60 (Hans-Poser-Festschr.), S. 261-283. 4 Abb. Göttingen. (A)

INDERMÜHLE, D. (1972): Mikroklimatische Untersuchungen im Tibesti-Gebirge (Sahara). Hochgebirgsforschung — High Mountain Research, Heft 2, S. 121-142. Univ. Vlg. Wagner. Innsbruck—München. (A)

JÄKEL, D. (1967): Vorläufiger Bericht über Untersuchungen fluviatiler Terrassen im Tibesti-Gebirge. Berliner Geogr. Abh., Heft 5, S. 39-49, 7 Profile, 4 Abb. Berlin. (A)

JÄKEL, D. (1971): Erosion und Akkumulation im Enneri Bardagué-Arayé des Tibesti-Gebirges (zentrale Sahara) während des Pleistozäns und Holozäns. Berliner Geogr. Abh., Heft 10, 52 S. Berlin. (Mo)

JÄKEL, D. (1974): Organisation, Verlauf und Ergebnisse der wissenschaftlichen Arbeiten im Rahmen der Außenstelle Bardai/Tibesti, Republik Tschad. — FU Pressedienst Wissenschaft, Nr. 5/74, S. 6-14. Berlin. (A)

JÄKEL, D.; SCHULZ, E. (1972): Spezielle Untersuchungen an der Mittelterrasse im Enneri Tabi, Tibesti-Gebirge. Zeitschr. f. Geomorph., N. F., Suppl.-Bd. 15, S. 129-143. Stuttgart. (A)

JANKE, R. (1969): Morphographische Darstellungsversuche in verschiedenen Maßstäben. Kartographische Nachrichten, Jg. 19, H. 4, S. 145-151. Gütersloh (A)

JANNSEN, G. (1969): Einige Beobachtungen zu Transport- und Abflußvorgängen im Enneri Bardagué bei Bardai in den Monaten April, Mai und Juni 1966. Berliner Geogr. Abh., Heft 8, S. 41-46, 3 Fig., 3 Abb. Berlin. (A)

JANNSEN, G. (1970): Morphologische Untersuchungen im nördlichen Tarso Voon (Zentrales Tibesti). Berliner Geogr. Abh., Heft 9, 36 S. Berlin. (Mo)

JANNSEN, G. (1972): Periglazialerscheinungen in Trockengebieten — ein vielschichtiges Problem. Zeitschr. f. Geomorph., N. F., Suppl.-Bd. 15, S. 167-176. Stuttgart. (A)

KAISER, K. (1967): Ausbildung und Erhaltung von Regentropfen-Eindrücken. In: Sonderveröff. Geol. Inst. Univ. Köln (Schwarzbach-Heft), Heft 13, S. 143-156, 1 Fig., 7 Abb. Köln. (A)

KAISER, K. (1970): Über Konvergenzen arider und „periglazialer" Oberflächenformung und zur Frage einer Trockengrenze solifluidaler Wirkungen am Beispiel des Tibesti-Gebirges in der zentralen Ostsahara. Abh. d. 1. Geogr. Inst. d. FU Berlin, Neue Folge, Bd. 13, S. 147-188, 15 Photos, 4 Fig., Dietrich Reimer, Berlin. (A)

KAISER, K. (1971): Beobachtungen über Fließmarken an leeseitigen Barchan-Hängen. Kölner Geogr. Arb. (Festschrift für K. KAYSER), 2 Photos, S. 65-71. Köln. (A)

KAISER, K. (1972): Der känozoische Vulkanismus im Tibesti-Gebirge. Berliner Geogr. Abh., Heft 16, S. 7-36. Berlin. (A)

KAISER, K. (1972): Prozesse und Formen der ariden Verwitterung am Beispiel des Tibesti-Gebirges und seiner Rahmenbereiche in der zentralen Sahara. Berliner Geogr. Abh., Heft 16, S. 59—92. Berlin. (A)

KAISER, K. (1973): Materialien zu Geologie, Naturlandschaft und Geomorphologie des Tibesti-Gebirges. — In: Die Sahara und ihre Randgebiete, Bd. III, ed. H. Schiffers, S. 339-369, 12 Abb. Weltforum Vlg., München. (A)

LIST, F. K.; STOCK, P. (1969): Photogeologische Untersuchungen über Bruchtektonik und Entwässerungsnetz im Präkambrium des nördlichen Tibesti-Gebirges, Zentral-Sahara, Tschad. Geol. Rundschau, Bd. 59, H. 1, S. 228-256, 10 Abb., 2 Tabellen. Stuttgart. (A)

LIST, F. K.; HELMCKE, D. (1970): Photogeologische Untersuchungen über lithologische und tektonische Kontrolle von Entwässerungssystemen im Tibesti-Gebirge (Zentrale Sahara, Tschad). Bildmessung und Luftbildwesen, Heft 5, 1970, S. 273-278. Karlsruhe.

MESSERLI, B. (1970): Tibesti — zentrale Sahara. Möglichkeiten und Grenzen einer Satellitenbild-Interpretation. Jahresbericht d. Geogr. Ges. von Bern, Bd. 49, Jg. 1967-69. Bern. (A)

MESSERLI, B. (1972): Formen und Formungsprozesse in der Hochgebirgsregion des Tibesti. Hochgebirgsforschung — High Mountain Research, Heft 2, S. 23-86. Univ. Vlg. Wagner. Innsbruck—München. (A)

MESSERLI, B. (1972): Grundlagen [der Hochgebirgsforschung im Tibesti]. Hochgebirgsforschung — High Mountain Research, Heft 2, S. 7-22. Univ. Vlg. Wagner. Innsbruck—München. (A)

MESSERLI, B.; INDERMÜHLE, D. (1968): Erste Ergebnisse einer Tibesti-Expedition 1968. Verhandlungen der Schweizerischen Naturforschenden Gesellschaft 1968, S. 139-142. Zürich. (M)

MESSERLI, B.; INDERMÜHLE, D.; ZURBUCHEN, M. (1970): Emi Koussi — Tibesti. Eine topographische Karte vom höchsten Berg der Sahara. Berliner Geogr. Abh., Heft 16, S. 138 bis 144. Berlin. (A)

MOLLE, H. G. (1969): Terrassenuntersuchungen im Gebiet des Enneri Zoumri (Tibestigebirge). Berliner Geogr. Abh., Heft 8, S. 23-31, 5 Fig. Berlin. (A)

MOLLE, H. G. (1971): Gliederung und Aufbau fluviatiler Terrassenakkumulationen im Gebiet des Enneri Zoumri (Tibesti-Gebirge). Berliner Geogr. Abh., Heft 13. Berlin. (Mo)

OBENAUF, K. P. (1967): Beobachtungen zur pleistozänen und holozänen Talformung im Nordwest-Tibesti. Berliner Geogr. Abh., Heft 5, S. 27-37, 5 Abh., 1 Karte. Berlin. (A)

OBENAUF, K. P. (1971): Die Enneris Gonoa, Toudoufou, Oudingueur und Nemagayesko im nordwestlichen Tibesti. Beobachtungen zu Formen und zur Formung in den Tälern eines ariden Gebirges. Berliner Geogr. Abh., Heft 12, 70 S. Berlin. (Mo)

OBENAUF, K. P. (1974): Zur Frage der Neubildung von Grundwasser unter ariden Bedingungen. Ein Beitrag zur Hydrologie des Tibesti-Gebirges. — FU Pressedienst Wissenschaft, Nr. 5/74, S. 70-91. Berlin. (A)

OKRUSCH, M.; G. STRUNK-LICHTENBERG und B. GABRIEL (1973): Vorgeschichtliche Keramik aus dem Tibesti (Sahara). I. Das Rohmaterial. — Berichte der Deutschen Keramischen Gesellschaft, Bd. 50, Heft 8, S. 261-267, 7 Abb., 2 Tab. Bad Honnef. (A)

PACHUR, H. J. (1967): Beobachtungen über die Bearbeitung von feinkörnigen Sandakkumulationen im Tibesti-Gebirge. Berliner Geogr. Abh., Heft 5, S. 23-25. Berlin. (A)

PACHUR, H. J. (1970): Zur Hangformung im Tibestigebirge (République du Tchad). Die Erde, Jg. 101, H. 1, S. 41-54, 5 Fig., 6 Bilder, de Gruyter, Berlin. (A)

PACHUR, H. J. (1974): Geomorphologische Untersuchungen im Raum der Serir Tibesti. — Berliner Geogr. Abh., Heft 17, 62 S., 39 Photos, 16 Fig. und Profile, 9 Tab. Berlin. (Mo)

PACHUR, H. J. (1975): Zur spätpleistozänen und holozänen Formung auf der Nordabdachung des Tibesti-Gebirges. — Die Erde, 4. Jg. 106, H. 1/2, S. 21-46, 3 Fig., 4 Photos, 1 Tab. Berlin. (A)

PÖHLMANN, G. (1969): Eine Karte der Oase Bardai im Maßstab 1 : 4000. Berliner Geogr. Abh., Heft 8, S. 33-36, 1 Karte. Berlin. (A)

PÖHLMANN, G. (1969): Kartenprobe Bardai 1 : 25 000. Berliner Geogr. Abh., Heft 8, S. 36-39, 2 Abb., 1 Karte. Berlin. (A)

ROLAND, N. W. (1971): Zur Altersfrage des Sandsteines bei Bardai (Tibesti, Rép. du Tchad). 4 Abb. N. Jb. Geol. Paläont., Mh., S. 496-506. (A)

ROLAND, N. W. (1973): Die Anwendung der Photointerpretation zur Lösung stratigraphischer und tektonischer Probleme im Bereich von Bardai und Aozou (Tibesti-Gebirge, Zentral-Sahara). — Bildmessung und Luftbildwesen, Bd. 41, Heft 6, S. 247-248. Karlsruhe. (A)

ROLAND, N. W. (1973): Die Anwendung der Photointerpretation zur Lösung stratigraphischer und tektonischer Probleme im Bereich von Bardai und Aozou (Tibesti-Gebirge, Zentral-Sahara). — Berliner Geogr. Abh., Heft 19, 48 S., 35 Abb., 10 Fig., 4 Tab., 2 Karten. Berlin. (Mo)

ROLAND, N. W. (1974): Methoden und Ergebnisse photogeologischer Untersuchungen im Tibesti-Gebirge, Zentral-Sahara. — FU Pressedienst Wissenschaft, Nr. 5/74, S. 37-50, 5 Abb. Berlin. (A)

ROLAND, N. W. (1974): Zur Entstehung der Trou-au-Natron-Caldera (Tibesti-Gebirge, Zentral-Sahara) aus photogeologischer Sicht. — Geol. Rundschau, Bd. 63, Heft 2, S. 689-707, 7 Abb., 1 Tab., 1 Karte. Stuttgart. (A)

SCHOLZ, H. (1966): Beitrag zur Flora des Tibesti-Gebirges (Tschad). Willdenowia, 4/2, S. 183 bis 202. Berlin. (A)

SCHOLZ, H. (1966): Die Ustilagineen des Tibesti-Gebirges (Tschad). Willdenowia, 4/2, S. 203 bis 204. Berlin. (A)

SCHOLZ, H. (1966): Quezelia, eine neue Gattung aus der Sahara (Cruziferae, Brassiceae, Vellinae). Willdenowia, 4/2, S. 205-207. Berlin. (A)

SCHOLZ, H. (1971): Einige botanische Ergebnisse einer Forschungsreise in die libysche Sahara (April 1970). Willdenowia, 6/2, S. 341-369. Berlin. (A)

SCHOLZ, H. und B. GABRIEL (1973): Neue Florenliste aus der libyschen Sahara. — Willdenowia, VII/1, S. 169-181, 2 Abb. Berlin (A)

SCHULZ, E. (1972): Pollenanalytische Untersuchungen pleistozäner und holozäner Sedimente des Tibesti-Gebirges (S-Sahara). — In: Palaeoecology of Africa and of the Surrounding Islands and Antarctica, Vol. VII, ed. E. M. van Zinderen Bakker, S. 14-16, A. A. Balkema, Kapstadt. (A)

SCHULZ, E. (1974): Pollenanalytische Untersuchungen quartärer Sedimente aus dem Tibesti-Gebirge. — FU Pressedienst Wissenschaft, Nr. 5/74, S. 59-69, 8 Abb. Berlin. (A)

STOCK, P. (1972): Photogeologische und tektonische Untersuchungen am Nordrand des Tibesti-Gebirges, Zentralsahara, Tchad. Berliner Geogr. Abh., Heft 14. Berlin. (Mo)

STOCK, P.; PÖHLMANN, G. (1969): Ofouni 1 : 50 000. Geologisch-morphologische Luftbildinterpretation. Selbstverlag G. Pöhlmann, Berlin.

STRUNK-LICHTENBERG, G.; B. GABRIEL und M. OKRUSCH (1973): Vorgeschichtliche Keramik aus dem Tibesti (Sahara). II. Der technologische Entwicklungsstand. — Berichte der Deutschen Keramischen Gesellschaft, Bd. 50, Heft 9, S. 294-299, 6 Abb. Bad Honnef. (A)

VILLINGER, H. (1967): Statistische Auswertung von Hangneigungsmessungen im Tibesti-Gebirge. Berliner Geogr. Abh., Heft 5, S. 51-65, 6 Tabellen, 3 Abb. Berlin. (A)

ZURBUCHEN, M.; MESSERLI, B. und INDERMÜHLE, D. (1972): Emi Koussi — eine Topographische Karte vom höchsten Berg der Sahara. Hochgebirgsforschung — High Mountain Research, Heft 2, S. 161-179. Univ. Vlg. Wagner. Innsbruck—München. (A)

Unveröffentlichte Arbeiten:

BÖTTCHER, U. (1968): Erosion und Akkumulation von Wüstengebirgsflüssen während des Pleistozäns und Holozäns im Tibesti-Gebirge am Beispiel von Misky-Zubringern. Unveröffentlichte Staatsexamensarbeit im Geomorph. Lab. der Freien Universität Berlin. Berlin.

BRIEM, E. (1971): Beobachtungen zur Talgenese im westlichen Tibesti-Gebirge. Dipl.-Arbeit am II. Geogr. Institut d. FU Berlin. Manuskript.

BRUSCHEK, G. (1969): Die rezenten vulkanischen Erscheinungen in Soborom, Tibesti, Rép. du Tchad, 27 S. und Abb. (Les Phénomenes volcaniques récentes à Soborom, Tibesti, Rép. du Tchad.) Ohne Abb. Manuskript. Berlin/Fort Lamy.

BRUSCHEK, G. (1970): Geologisch-vulkanologische Untersuchungen im Bereich des Tarso Voon im Tibesti-Gebirge (Zentrale Sahara). Diplom-Arbeit an der FU Berlin. 189 S., zahlr. Abb. Berlin.

BUSCHE, D. (1968): Der gegenwärtige Stand der Pedimentforschung (unter Verarbeitung eigener Forschungen im Tibesti-Gebirge). Unveröffentlichte Staatsexamensarbeit am Geomorph. Lab. der Freien Universität Berlin. Berlin.

ERGENZINGER, P. (1971): Das südliche Vorland des Tibesti. Beiträge zur Geomorphologie der südlichen zentralen Sahara. Habilitationsschrift an der FU Berlin vom 28. 2. 1971. Manuskript 173 S., zahlr. Abb., Diagramme, 1 Karte (4 Blätter). Berlin.

GABRIEL, B. (1970): Die Terrassen des Enneri Dirennao. Beiträge zur Geschichte eines Trockentales im Tibesti-Gebirge. Diplom-Arbeit am II. Geogr. Inst. d. FU Berlin. 93 S. Berlin.

GRUNERT, J. (1970): Erosion und Akkumulation von Wüstengebirgsflüssen. — Eine Auswertung eigener Feldarbeiten im Tibesti-Gebirge. Hausarbeit im Rahmen der 1. (wiss.) Staatsprüfung für das Amt des Studienrats. Manuskript am II. Geogr. Institut der FU Berlin (127 S., Anlage: eine Kartierung im Maßstab 1 : 25 000).

HABERLAND, W. (1970): Vorkommen von Krusten, Wüstenlacken und Verwitterungshäuten sowie einige Kleinformen der Verwitterung entlang eines Profils von Misratah (an der libyschen Küste) nach Kanaya (am Nordrand des Erg de Bilma). Diplom-Arbeit am II. Geogr. Institut d. FU Berlin. Manuskript, 60 S.

HECKENDORFF, W. D. (1969): Witterung und Klima im Tibesti-Gebirge. Unveröffentlichte Staatsexamensarbeit am Geomorph. Labor der Freien Universität Berlin, 217 S. Berlin.

INDERMÜHLE, D. (1969): Mikroklimatologische Untersuchungen im Tibesti-Gebirge. Dipl.-Arb. am Geogr. Institut d. Universität Bern.

JANKE, R. (1969): Morphographische Darstellungsversuche auf der Grundlage von Luftbildern und Geländestudien im Schieferbereich des Tibesti-Gebirges. Dipl.-Arbeit am Lehrstuhl f. Kartographie d. FU Berlin. Manuskript, 38 S.

SCHULZ, E. (1973): Zur quartären Vegetationsgeschichte der zentralen Sahara unter Berücksichtigung eigener pollenanalytischer Untersuchungen aus dem Tibesti-Gebirge. — Hausarbeit für die 1. (wiss.) Staatsprüfung, FB 23 der FU Berlin, 141 S. Berlin.

TETZLAFF, M. (1968): Messungen solarer Strahlung und Helligkeit in Berlin und in Bardai (Tibesti). Dipl.-Arbeit am Institut f. Meteorologie d. FU Berlin.

VILLINGER, H. (1966): Der Aufriß der Landschaften im hochariden Raum. — Probleme, Methoden und Ergebnisse der Hangforschung, dargelegt aufgrund von Untersuchungen im Tibesti-Gebirge. Unveröffentlichte Staatsexamensarbeit am Geom. Labor der Freien Universität Berlin.

Arbeiten, in denen Untersuchungen aus der Forschungsstation Bardai in größerem Umfang verwandt worden sind:

GEYH, M. A. und D. JÄKEL (1974): Spätpleistozäne und holozäne Klimageschichte der Sahara aufgrund zugänglicher 14-C-Daten. — Zeitschr. f. Geomorph., N. F., Bd. 18, S. 82-98, 6 Fig., 3 Photos, 2 Tab. Stuttgart—Berlin. (A)

HELMCKE, D.; F. K. LIST und N. W. ROLAND (1974): Geologische Auswertung von Luftaufnahmen und Satellitenbildern des Tibesti (Zentral-Sahara, Tschad). — Zeitschr. Deutsch. Geol. Ges., Bd. 125 (im Druck). Hannover. (A)

JUNGMANN, H. und J. WITTE (1968): Magensäureuntersuchungen bei Tropenreisenden. — Medizinische Klinik, 63. Jg., Nr. 5, S. 173-175, 1 Abb. München u. a. (A)

KALLENBACH, H. (1972): Petrographie ausgewählter quartärer Lockersedimente und eisenreicher Krusten der libyschen Sahara. Berliner Geogr. Abh., Heft 16, S. 93-112. Berlin. (A)

KLAER, W. (1970): Formen der Granitverwitterung im ganzjährig ariden Gebiet der östlichen Sahara (Tibesti). Tübinger Geogr. Stud., Bd. 34 (Wilhelmy-Festschr.), S. 71-78. Tübingen. (A)

LIST, F. K.; D. HELMCKE und N. W. ROLAND (1973): Identification of different lithological and structural units, comparison with aerial photography and ground investigations, Tibesti Mountains, Chad. — S R No. 349, NASA Report I-01, July 1973. (A)

LIST, F. K.; D. HELMCKE und N. W. ROLAND (1974): Vergleich der geologischen Information aus Satelliten- und Luftbildern sowie Geländeuntersuchungen im Tibesti-Gebirge (Tschad). — Bildmessung und Luftbildwesen, Bd. 142, Heft 4, S. 116-122. Karlsruhe. (A)

PACHUR, H. J. (1966): Untersuchungen zur morphoskopischen Sandanalyse. Berliner Geographische Abhandlungen, Heft 4, 35 S. Berlin.

REESE, D. (1972): Zur Petrographie vulkanischer Gesteine des Tibesti-Massivs (Sahara). Dipl.-Arbeit am Geol.-Mineral. Inst. d. Univ. Köln, 143 S.

SCHINDLER, P.; MESSERLI, B. (1972): Das Wasser der Tibesti-Region. Hochgebirgsforschung — High Mountain Research, Heft 2, S. 143-152. Univ. Vlg. Wagner. Innsbruck—München. (A)

SIEGENTHALER, U.; SCHOTTERER, U.; OESCHGER, H. und MESSERLI, B. (1972): Tritiummessungen an Wasserproben aus der Tibesti-Region. Hochgebirgsforschung — High Mountain Research, Heft 2, S. 153-159. Univ. Vlg. Wagner. Innsbruck—München. (A)

TETZLAFF, G. (1974): Der Wärmehaushalt in der zentralen Sahara. — Berichte des Instituts für Meteorologie und Klimatologie der TH Hannover, Nr. 13, 113 S., 23 Abb., 15 Tab. Hannover. (Mo)

VERSTAPPEN, H. Th.; VAN ZUIDAM, R. A. (1970): Orbital Photography and the Geosciences — a geomorphological example from the Central Sahara. Geoforum 2, p. 33-47, 8 Fig. (A)

WINIGER, M. (1972): Die Bewölkungsverhältnisse der zentral-saharischen Gebirge aus Wettersatellitenbildern. Hochgebirgsforschung — High Mountain Research, Heft 2, S. 87-120. Univ. Vlg. Wagner. Innsbruck—München. (A)

WITTE, J. (1970): Untersuchungen zur Tropenakklimatisation (Orthostatische Kreislaufregulation, Wasserhaushalt und Magensäureproduktion in den trocken-heißen Tropen). Med. Diss., Hamburg 1970. Bönecke-Druck, Clausthal-Zellerfeld, 52 S. (Mo)

ZIEGERT, H. (1969): Gebel ben Ghnema und Nord-Tibesti. Pleistozäne Klima- und Kulturfolge in der zentralen Sahara. Mit 34 Abb., 121 Taf. und 6 Karten, 164 S. Steiner, Wiesbaden.